油气微生物勘探技术理论与实践

汤玉平　许科伟　任　春　赵克斌　杨　帆　著

科学出版社

北京

内 容 简 介

在现代油气藏评价中,油气微生物勘探技术主要研究近地表土壤层中微生物异常与地下深部油气藏之间的关系,能为初期勘探提供廉价有效的方法,指示和预测有利勘探区块,以降低勘探风险。而在成熟开发区,这项技术能将地震勘探查明的地质构造划分成各种含烃级别,并指示油、气、水的分布位置,从而为开发油气藏服务。本书从其技术原理与当前发展现状展开,概括了当前的检测技术,探讨了其勘探作用机理,并对具体的油气田进行了初步的应用。

本书可供从事地质学与生物学交叉学科的教学、科研和生产人员以及高等院校本科生和研究生参考。

图书在版编目(CIP)数据

油气微生物勘探技术理论与实践/汤玉平等著. —北京:科学出版社,2017
ISBN 978-7-03-055544-1

Ⅰ.①油… Ⅱ.①汤… Ⅲ.①微生物学-应用-油气勘探-研究 Ⅳ.①P618.130.8

中国版本图书馆 CIP 数据核字(2017)第 286439 号

责任编辑:王腾飞 李亚佩/责任校对:彭珍珍
责任印制:张 伟/封面设计:许 瑞

*科 学 出 版 社*出版
北京东黄城根北街 16 号
邮政编码:100717
http://www.sciencep.com

北京建宏印刷有限公司 印刷
科学出版社发行 各地新华书店经销
*

2017 年 12 月第 一 版 开本:720×1000 1/16
2017 年 12 月第一次印刷 印张:20 1/4
字数:410 000

定价:198.00 元
(如有印装质量问题,我社负责调换)

前　言

油气微生物勘探是地表油气藏评价的一个分支，主要研究近地表土壤层中微生物异常与地下深部油气藏之间的关系。在现代油气藏评价中，油气微生物勘探技术能为初期勘探提供廉价有效的方法，指示和预测有利勘探区块，以降低勘探风险。而在成熟开发区，这项技术能将地震勘探查明的地质构造划分成各种含烃级别，并指示油、气、水的分布位置，从而为油气藏开发服务。现代生物技术飞速发展，极大地推动了微生物勘探技术的发展；传统勘探风险增大、成本剧增，也为廉价有效的微生物勘探技术推广应用提供了良好机遇。目前，油气微生物勘探理论探索及检测技术研发已成为国际上的前沿性课题。

本书是一部介绍油气微生物勘探技术的专著，比较系统和集中地反映了作者及其研究团队近年来在油气微生物勘探技术的新理论、新方法及其地质应用的研究成果。重点探讨了油气微生物勘探作用机理，介绍了新发展的微生物培养检测技术和分子生物学检测技术，以及这些新技术在典型含油气区块应用探索的实例。同时结合我国油气勘探的现实需求和国内外油气勘查地球化学勘探的发展趋势，就微生物勘探前沿技术及发展进行了简要阐述。

本书共分四章。第一章由汤玉平、赵克斌、许科伟等执笔，介绍了油气微生物勘探技术的发展历史、理论基础、应用领域与最新发展趋势。第二章由许科伟、高俊阳等执笔，介绍了油气指示微生物培养检测技术和基于轻烃降解基因定量的分子生物学检测技术，以及结合分子指纹、稳定同位素探针和高通量测序等建立的油气指示微生物群落解析技术。第三章由许科伟、顾磊等执笔，依托人工模拟条件下油气微生物种群和数量变化机理研究，以及地表环境、烃类与油气指示微生物数量和类群分布相关性研究，探讨了油气微生物勘探的作用机理。第四章由杨帆、汤玉平、任春等执笔，介绍了典型含油气区块开展的油气微生物勘探应用实践。全书由许科伟统稿。

在本书完成之际，作者诚恳地感谢在研究、编写和出版过程中给予大力支持的中国石油化工股份有限公司科技部、中国石化石油勘探开发研究院和中国石化石油勘探开发研究院无锡石油地质研究所。本书受中国科技部国家科技重大专项"大型油气田及煤层气开发"下第 2 课题第 8 任务（编号 2017ZX05036002008）资助。此外，我们对参与国家自然科学基金"典型油气藏上方气态烃氧化微生物类群分布异常的深度解析"（批准号：41202241）、中国石油化工股份有限公司科技部项目"油气微生物勘探技术及应用研究"（合同号：P11058）和"典型油气微生物异常特征与预测技术研究"（合同号：P14042）的全体人员和中国石化石油勘探开发研究院无锡石油地质研究所地球化学勘探项目部的全体人员表示深深的感谢。作者还要诚挚地感谢江南大学刘和教授、符波副教授、杨旭、邵明瑞、梅泽等，以及中国科学院南京土壤研究所贾仲君研究员、王保战副研究员、任改弟博士、蔡元峰博士等在合作研究中提供的重要实验数据和资料。

　　由于作者水平有限，内容难免有疏漏之处，恳请读者指正！

作　者

2017 年 8 月

目　录

第一章 油气微生物勘探技术原理与发展现状

第一节 概 述

油气微生物勘探（microbial prospecting for oil and gas，MPOG）是地表油气藏评价的一个分支，主要研究近地表土壤层中微生物异常与地下深部油气藏之间的关系。在现代油气藏评价中，油气微生物勘探技术能为初期勘探提供廉价有效的方法，指示和预测有利勘探区块，以降低勘探风险。而在成熟开发区，这项技术能将地震勘探查明的地质构造划分成各种含烃级别，并指示油、气、水的分布位置，从而为油气藏开发服务。

石油的生成、演化、运移、成藏，乃至采油、储运、加工、使用，一直伴随着生物地球化学作用，油气藏的分布与其相关的微生物生态紧密关联。20 世纪后期，现代生物技术飞速发展，越来越广泛地渗透到科学和经济的各个领域，也极大地推动着微生物勘探技术的发展。资源匮乏、能源紧缺，传统勘探风险增大、成本剧增，为廉价有效的微生物勘探技术的推广应用提供了良好机遇。

油气微生物勘探技术作为一种新的油气藏评价技术，是由地质微生物学家和地球化学家发展起来的。经过 80 年的曲折发展，油气微生物勘探技术终于以其直接、有效、多解性小及经济等优势日益受到全球油气专家的高度重视[1]。

经过 60 多年的勘探，我国大多数含油气盆地的勘探程度已相当高，找到了大批易于发现的油气田。但是，随着勘探的深入发展，剩余油气资源分布分散，油气藏规模小，而且非构造油气藏居多，常规勘探难度增大，勘探成本增高。因此，应用油气微生物勘探技术对预测非常规油气藏和深部油气藏，确定地质构造的含烃级别和油气分布，以及指明油气藏位置均具有重要意义，能够提高我国油气勘探和开发的效益[1]。

第二节 油气微生物勘探的发展历史

油气微生物勘探技术源于苏联。早在 1937 年，苏联地质微生物学家 Mogilevskii 发现烃氧化菌繁殖引起的近地表土壤中烃气发生季节性的变化，进而提出了石油和天然气的微生物勘探方法，并在实践中运用甲烷氧化菌作为地下气藏的指示微生物[1, 2]。1937～1939 年，В.С. 布特凯维奇、Е.В. 季阿洛娃、С.И. 库兹涅佐夫、E.H. 布克娃、T.П. 斯拉夫尼娜等微生物学家进行了大量的研究工作,研究结果证实了这种方法原理的正确性,同时拟定了具体的操作方法。随后,该方法在苏联得到了广泛的应用,实际效果相当好。据统计,1943～1953 年油气微生物勘探技术的成功率达到了 65%[1, 3]。

20 世纪 50 年代末,美国菲利普斯石油公司 Hitzman 等提出微生物石油勘探技术(microbial oil survey technique,MOST)[4, 5]。1985 年成立地质微生物技术公司,主要对地表微生物和轻烃指标进行研究与应用。该公司至今已在众多国家和地区进行过微生物勘探,仅 2000～2002 年,地质微生物技术公司就在阿根廷、澳大利亚、玻利维亚、加拿大、哥伦比亚、意大利、马达加斯加、阿曼、秘鲁、巴布亚新几内亚、西班牙、斯洛伐克、西伯利亚、委内瑞拉、也门、沙特和美国等国家和地区进行过油气地球化学勘探。勘探中涉及的地质环境有亚洲和中东地区的沙漠、南美的丛林地带、气候温和的美国草原及严寒的北极滨海平原等[6-11]。

几乎在美国学者提出微生物石油勘探技术的同时,德国研究者提出油气微生物勘探,20 世纪 90 年代初该技术的应用开始从西北欧陆地拓展到北海[12]。在 6000km² 勘探区域,先后发现和证实了 17 个油田,这些油藏最深的可达 3500m,其成功率达 90%。到 90 年代末,油气微生物勘探技术的物理化学和微生物学的理论基础、方法技术和应用进入成熟阶段,形成了现代油气微生物勘探技术。该技术主要涉及的内容有:①烃氧化菌纵向和横向分布;②不同生态条件对微生物活性的影响;③兼性烃氧化菌与专性烃氧化菌的分离方法;④含烃区域背景值的界定。

我国自 1955 年,由中国科学院菌种保藏委员会(现中国科学院微生物研究所)与原石油工业部合作进行了微生物方法勘探石油的研究[1]。20 世纪 60 年代,中国石油化工股份有限公司合肥石油化探研究所的前身原地矿部石油地质 101 队也与中国科学院微生物研究所协作,在已知油田和未知区开展了微生物研究工作。在 20 世纪 90 年代中期以后,微生物油气勘探技术重新引起了我国油气勘探者的重视。

2001 年长江大学在中国石油天然气股份有限公司的资助下,在华北油田开始了地表微生物油气勘探技术的研究。以"华北油田油气微生物勘探先导试验研究"项目为契机,与德国微生物油气勘探机构合作,引进油气微生物勘探技术,以国外研究机构—高校—油田三结合的方式,在不同地区展开了大量的地表微生物油气勘探应用研究[13]。主要采用甲烷氧化菌与短链烃氧化菌的测量单元指标,不再使用单一的浓度指标。通过四级划分方式将测量单元划分为"异常 A"、"异常 B"、不确定区与背景值区,从而确定出最有利的微生物异常区。2000～2002 年,采用这种方法,先后在二连盆地马尼特拗陷[13]、渤海湾盆地华北油田洪特试验区、塔南试验区、廊东试验区和西柳试验区,以及江汉盆地松滋区块等地进行了微生物试验研究；后来，又在鄂尔多斯盆地西峰油田（2004 年）和长庆桥地区（2004年）、河套盆地呼和凹陷（2005 年）、松辽盆地大庆卫星油田（2006 年）及渤海湾盆地港西构造西端（2007 年）等众多地区进行了油气微生物勘探技术研究[14, 15]，获得了一大批实测资料，积累了丰富的工作经验。

在地表微生物油气勘探研究中，值得一提的还有盘亿泰地质微生物技术（北京）有限公司。它是一家以新兴交叉边缘学科——以地质微生物学为基础的全方位服务于石油工业的勘探、开发和环保的高新技术企业，主要通过与美国地质微生物技术公司合作，引进美国地质微生物技术公司的微生物石油勘探技术，进行微生物油气勘探研究，近几年已在海域、山地、盐碱、戈壁进行实验性研究，取得了一定的成果。

2006 年至今，中国石化石油勘探开发研究院无锡石油地质研究所地球化学勘探项目部，在中国石油化工股份有限公司科技部的持续支持下，分别在江苏油田、胜利油田、松辽盆地、江汉油田、塔里木盆地、准噶尔盆地、柴达木盆地和川东北地区等多个区域开展了油气微生物勘探工作，取得了良好的应用效果。

目前国内将此项技术应用于勘探的队伍有：中国石化石油勘探开发研究院无锡石油地质研究所、长江大学、盘亿泰地质微生物技术（北京）有限公司、胜利油田、中国地质科学院水文地质环境地质研究所等。

第三节　油气微生物勘探的理论基础

油气微生物勘探技术作为一种勘探方法，就其本质而言并未脱离"根据露头，寻找油源"的基本原则。它是以石油地质学、微生物学、环境生态学、生物地球化学等学科为基础，利用现代分析技术的支持而形成的一种油气勘探技术，可以直接揭示油气分布规律；通过综合研究，可以揭示油气运移、成藏特征，可以预测储层、油水界限、剩余油分布，可以评价资源量，估算可探明储量。

一、油气微生物勘探的原理

油气微生物勘探的原理是：在油气藏压力的驱动下，油气藏的轻烃气体持续地向地表作垂直扩散和运移，土壤中的专性微生物以轻烃气作为唯一能量来源，在油气藏正上方的地表土壤中以非常规发育形成微生物异常。采用油气微生物勘探技术可以检测出这种微生物异常并预测下伏油气藏的存在（图 1-1）。

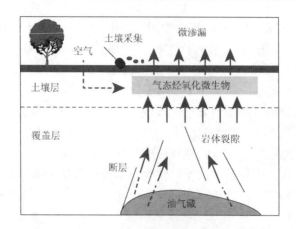

图 1-1　油气微生物勘探示意图

二、油气微生物勘探的物理–化学基础

现在已没人怀疑：形成并圈闭于深部构造的热成因烃会逃逸至地表并呈现油苗。然而，烃类在运移过程中的物理状态还不确定。烃类以溶液或胶束形式的水相，或是分散的油相，还是气相运移是目前正在讨论的问题。

（一）微渗漏证据

轻烃从油藏到地表的垂向或近垂向运移理论是油气微生物勘探的基础，这种运移理论多年来一直备受争议。然而，人们一直没有注意这样一个事实：用传统的地震和高分辨率的地震方法也可以找到轻烃垂直运移的证据。图 1-2 为典型由于轻烃垂向微渗漏形成的气烟囱[16]。

油气宏渗通常与断层有关，通过在泄漏带上钻井已发现很多油气田。如果油藏不能通过宏渗排油，那么更小的微渗也不会排油。而且，地下许多活泼的油气烃源岩持续缓慢生烃和排烃，并随后向相关油藏再充注过程是十分合理的。因此，一个油藏中的石油量是一个再充注速度和宏渗及微渗引起的损失之间的动态平衡结果。

一般认为，轻烃微渗最有效的通用科学模式是微泡垂直上浮，它比地层水的水平运动要快得多，因此，由地层水运动引起的侧向偏移是非常微小的。

轻烃微渗的近垂向运移的最佳证据是，多年来地球化学家经常在土壤气和土壤中检测到轻烃异常，大多数情况下这些轻烃异常都直接位于石油沉积物上方。1986 年，Price 等研究并提出了证实轻烃微渗垂直运移的很好证据，发现地表轻烃异常直接位于两个深度约 1700m、地震证实的含油圈闭的上方，而并未位于油田边界之外[17]。Saunders 等描述了土壤气烃异常和土壤磁化系数异常，这异常离得克萨斯 Leon 郡 Eileen Sullivan 油田的生产井边界侧向偏移小于 305m，而生产层位埋深为 2680m[18]。

图 1-2　阿根廷内乌肯盆地 Centenario 储层所观察到的气体云[16]

通过研究，除了少数油田以外，在其他油田都可以至少用一种方法检测出证据确凿的轻烃微渗垂直运移现象。少数几个油田没有检测到的原因是上覆层的裂隙少、渗透率低、油藏压力低、气象与土壤条件及其他未知因素。

Klusman、Schumacher 等总结了轻烃从油藏逸出向上运移过程中，改变上覆沉积物化学组分和物理性质的很多证据[19, 20]。图 1-3 给出了轻烃微渗的通用模型，以及轻烃微渗引起的对土壤和沉积物的各种地球化学与地球物理作用。这些地球化学和地球物理的变化包括：①沉积物、土壤、地下水，甚至地表空气中的烃浓度异常；②微生物异常；③非烃气体如氦和氡的浓度异常；④矿物成分的改变，如方解石、黄铁矿、铀、元素硫及某些磁性氧化铁和硫化铁等矿物的形成；⑤黏土矿物的改变；⑥放射性异常；⑦地热及水文异常；⑧植物地理学异常；⑨土壤及沉积物声、电、磁性的改变[1]。

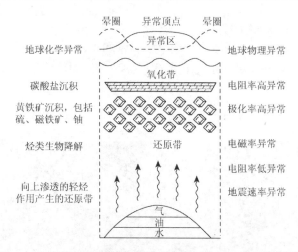

图1-3 轻烃微渗透模型及轻烃对土壤和沉积物成分的作用[1]

实际上，在来源于深层油气藏的轻烃垂直微渗进入表层沉积物的过程中，发生了微生物介入的生物地球化学作用，引起了一系列的氧化还原反应，使部分轻烃发生生物降解生成还原性自生矿物；与此同时，表层沉积物的地球物理性质发生相应的变化。因此，在轻烃向上运移过程中地球化学异常和地球物理异常是相伴发生、紧密相关的，正是这两类异常构成了现代油气地表勘探法的基本依据。

长江大学地质微生物实验室在我国大港油田发现部分含油气井段钻遇黄铁矿晶体，在鄂尔多斯盆地发现油气藏上覆地层白云化的现象。

土壤烃气与来源于下伏沉积物的热成因气具有相同的C同位素比值，而与地表的生物成因气的C同位素比值不同。Jones和Drozd于1983年论证了地表土壤中微渗烃与下伏沉积物中的热成因烃类具有良好的化学组成相关性。这些证据很好地证明了轻烃垂直运移理论的合理性[21]。

（二）微泡上浮运移

地下深处和浅处油气的二次排烃是一个复杂的动态平衡过程。在详细地分析了能量动力、运移烃的物理状态，以及它们在运移过程中的化学变化及浓度变化机理的基础上，建立了一个二次排烃模型。这个模型的基础是假定烃类在运移时呈游离相，同时与非均质岩石相互作用。由微裂隙水驱替微气泡上升的垂直运移机理为微泡上浮运移。

Price综述了轻烃从油藏到地表的垂直运移的可能机理，他认为最可信的假设是轻烃以极小的（胶束）气泡通过如MacElvain所述的相互连接的充满地下水的微裂隙网络垂直上升[17]。这种方式解释了为什么在土壤气组成中没有戊烷及更大分子量的烃。因为这类烃在近地表温度和压力下是液态，浮力太小，不能运移到地表[1]。

胶束大小的轻烃气泡很容易被周边水向上驱替，速率约为 36m/d。气体从一个深 180m 的煤气发生器内泄漏速度可达 12～91m/d[18, 21]。气体从 Patrick Draw 油藏渗透到地表的速率为 0.2～0.8m/d。相比较而言，澳大利亚的 Artesian 盆地地下水的侧向运移速度估计为 0.003～0.012m/d。这些数据可以解释新充注的气藏上方土壤气烃异常快速形成，枯竭后的油藏这类地表烃异常快速消失，以及地层水侧向运动并不影响地表烃异常改变。

此外，Price 还列出了其他几种运移机理：①扩散作用；②喷发作用；③深部盆地水引起的烃的侧向运移；④渗透作用，但是提出者未作解释。

反对扩散作用最重要的论点为：一是扩散作用是球面分散，不能解释很多烃沉积物的尖峰状地表异常边缘；二是速度太慢难以解释由油藏压力变化引起的地表异常的快速形成和消失。

"喷发"指的是石油或天然气沿断层或裂缝的单相流体，作间歇性或连续性的单相流动，形成了宏观的油气泄漏，其地表高浓度烃异常近线形排列。

虽然确实有明显的深部盆地水流沿大断裂带向上充注的证据，但是似乎还没有清楚的证据证明水流垂直穿过轻微或中等复杂构造，特别是穿过含油圈闭；而且，两相液体流原理和达西定律指明了水流不可能垂直穿过含烃沉积物充油孔隙。

在烃气泄漏处以下的海洋声波记录中已经检测出海底沉积物中的声波浊流垂直热柱。有些热柱被解释成沉积物孔隙水中烃气微泡的富集，气体通过未固结沉积物的运动是一个间歇性的过程。微泡可能会被低于最小渗透率的地层暂时圈闭，积聚压力一直到产生裂隙，最小渗透率失效，继续向上释放气体。裂隙也会被地震活动、风暴中的波动或固体潮而裂解。

在固结沉积物中，大多数烃气垂向运移都在裂缝、节点、层理面所形成的网络中进行。在对地下煤气发生器产生的蒸馏气的地表监测中，气体沿着地下陡倾砂岩中的节点和层理面运移到近地表，那些裂缝、节点和层理面等为气体穿过岩体提供了最大渗透率的近地表路径，即微泡垂直运移的优选路径。间歇性渗漏确实会发生，这是因为海底发生的触发事件，如地震活动或固体潮会引起裂缝、节点和层理面的间歇性微张促使烃气的间歇性泄漏。

Brown 则提出了气体的持续气缝流理论，他认为这种方式更快更有利，根据不同的地质情况，提出了另一种运移机理即扩散理论[22]。由于很高的毛细管压力，在德国北部深层石炭系及二叠系的红色盖层中，气体以扩散运移为主。此外，流量（达西定律计算的流量）起着很小的作用。与断层有关的高渗透率均可能因原地次生矿化过程和页岩的轻微变形而迅速减小甚至消失。在这些情况下，在盖层之上流量起控制作用。与每一百多万年 1000m 的扩散速度相比，通过微泡上浮的流体模型，在那些地区运移速度为每年 100～1000m，是相当高的。

长江大学地质微生物实验室认为，地层压力是烃气垂向运移的主要因素，深部地层与地表之间存在巨大垂向压差，而地层横向是一个相对平衡的压力场，如因微弱压差而横向偏移，其量也微弱。对于已投入开发的油气田，其地层横向压力平衡被破坏，垂向压差减小，烃气垂向运移就需考虑此因素。目前已经发现多处注水井区油气微生物异常值降低的实例。

三、油气微生物勘探的微生物学基础

细菌对不同营养源异常高的适应性及广泛分布是微生物勘探的基础。与其他类型的细菌一样，烃氧化菌分布于全世界。在北海及巴伦支海的沉积物样品、北欧的土壤样品、（阿曼）沙漠和盐漠地区的样品、澳大利亚干旱草原的样品，以及永冻层土壤样品中，均探测到了这类细菌。只要有生命存在的地方，只要土壤中有痕量烃类存在，就明显有这类专性细菌繁殖。这种专性有可能使细菌根据其自身的生物化学特性而呈现不同的群体分布。与微生物勘探相关的细菌有两类，即甲烷氧化菌和烃氧化菌。

甲烷氧化菌是一个专门利用 C_1 化合物（包括甲烷、甲醇、甲胺等，以甲烷为主）的细菌群体。它们仅能利用 C_1 化合物，而不能利用糖类或其他有机物，具有高度的专一性。进行选择性培养可以将甲烷氧化菌从其他细菌中分离出来[23, 24]。

甲烷氧化菌新陈代谢过程是由 Leadbetter 和 Breznak 提出来的[25]。甲烷氧化菌甲烷氧化作用首先是通过甲烷加氧酶的作用活化甲烷，在有氧存在的条件下生成甲醇，进一步氧化可生成甲醛。甲醛可直接被同化产生物质或被氧化成 CO_2 并产生能量（图 1-4）[1]。

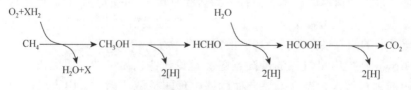

图 1-4　甲烷氧化菌的新陈代谢[1]

由于这种细菌的高度专属性，可以将甲烷氧化菌从其他细菌中分离出来并加以分析。这些高度专一细菌的成功鉴别提供了土样中存在甲烷的一定指示作用[1]。甲烷氧化菌是最早用于油气勘探的细菌，原因是天然气中98%以上是甲烷，甲烷氧化菌的异常可以指示地下气藏的分布。但后续研究发现，该类细菌在勘探应用中存在一些问题，主要是甲烷的来源问题。这是由于近地表介质中存在着大量的有机物，产甲烷菌可以在局部厌氧条件下把这些有机物还原，甲烷浓度增加，从而引发甲烷氧化菌的发育。因此，只有在产甲烷菌浓度较低时，才能使用甲烷氧化菌作为油气勘探指标[26]。所以，在地表微生物油气勘探中，甲烷氧化菌必须与产甲烷菌同时使用，或同时进行同位素分析，以确定甲烷的来源和类型[27]。

烃氧化菌是一类利用短链烃（$C_2 \sim C_4$①）作为能量来源的微生物群体。这些微生物不能够代谢甲烷，但短链烃（乙烷、丙烷、丁烷）可以被其大量利用。在该过程中，可利用此类烃的细菌种类和数量随烷烃链长增加而线性增加的特性。烷烃的降解先通过单氧酶对烷烃进行末端氧化，再通过 β 氧化进一步降解为乙酰辅酶 A，最终进入乙酰辅酶 A 途径，它是大量生化反应的前体物质（图 1-5）[1, 28]。与甲烷氧化菌相比，烃氧化菌受近地表的干扰相对较小，这是由于乙烷、丙烷和丁烷等难以由地表作用产生，主要是地下油气藏烃组分的运移产物[26]，因而特异性较高。但遗憾的是，虽然长链烷烃的降解途径已比较清楚，但作为油气藏和某些水合物中重要组成的短链烃（乙烷、丙烷和丁烷）的氧化机理还知之甚少[28]。目前为止，已分离的轻烃氧化菌还非常有限，主要为棒状杆菌属（*Corynebacterium*）、分枝杆菌属（*Mycobacterium*）、诺卡氏菌属（*Nocardia*）和红球菌属（*Rhodococcus*），统称 CMNR族。少数的革兰氏阴性菌也能在气态烷烃中生长，如丁烷假单胞菌（*Pseudomonas butanovora*）[29]。2010 年，加利福尼亚大学 Valentine 等[30]采用稳定性同位素探针技术结合克隆文库，研究墨西哥湾海底微渗漏时发现，烃氧化菌群在整个微生物群落中所占的比例很小，同时检测到了归属于甲基球菌科（Methylococcaceae）和 γ-变形菌亚门（γ-Proteobacteria）的乙烷和丙烷氧化新种。

然而，与甲烷相反，烃类不代表单一的某种物质，这意味着烃氧化菌也可以利用多糖类和单糖类（纤维素、葡萄糖）。即使这类细菌在自然环境中（土样）不存在，在实验室条件下也能靠短链烃生存。当然，在细菌细胞体中基本的蛋白质和酶的产生需要好几天的适应期（图 1-6）[1]。这些具有非活化状态的烃降解潜能的微生物可描述为兼性菌；与此相比，另一类微生物群体已适应其生长的自然环境，在实验室条件下不需要适应期，并立即以乙烷、丙烷和丁烷为食料而迅速生长，这类群体被称为专性菌。图 1-6 显示了这两类烃氧化菌在以烃类氧化能力作为

---

① C_2 为碳数为 2 的烃类，C_4 为碳数为 4 的烃类。下文中 C_t 为碳数为 t 的烃类。

检测指标的生化代谢活性的典型趋势[1]。

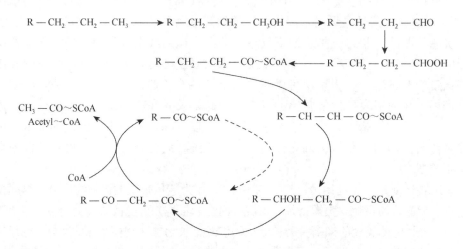

图 1-5　正构烷烃通过 β 氧化降解成乙酰辅酶 A[1]

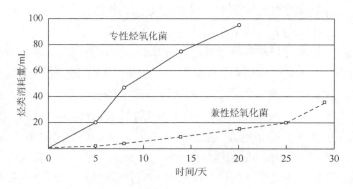

图 1-6　不同类型烃氧化菌的代谢活动[1]

对不需任何适应期即可将碳数为 2~8 的正构烷烃（气态和挥发性烃）氧化的细菌进行检测，可以表明在研究的土样中存在过短链烃，进而指示地下油的聚集。在那些以这种方式检测到短链烃和甲烷的地区，依据信号的强度，可以推断含大量短链烃的热成因气藏或具有气顶的油藏[1]。

在土样和沉积物样品中，烃氧化菌的细胞含量和活性相对较低的事实（相对于其他生理机能的细菌群），使运用油气微生物勘探方法探测油气藏成为可能。依据生态条件和计数的步骤（使用荧光原位杂交技术、利用定量 PCR 检测），细胞含量为 10^3~10^6 个/g，在极端地区如水稻田和沼泽地，每克土壤甲烷氧化菌达 10^8 个[1]。

用其他技术也可以确定土样中活体细菌的含量。可应用检测固体培养基上的菌落形成单位（CFU，colony-forming units）（CFU 法），以及营养溶液中利用最大可能数法（MPN 法）来确定土样中的活菌数。该方法建立的背景值最大可达 10^3 个/g。在取自油气藏之上的样品中，甲烷氧化菌和烃氧化菌的细胞数量相当高，达 $10^4\sim10^6$ 个/g。这些微生物在细胞数量和（或）活性方面显著增加，在此可定义为"微生物异常 A 或 B"[1]。

当然，在油气藏之上的烃氧化菌不仅在细胞含量上而且在代谢活性方面也远远高于无油气前景地区的烃氧化菌含量及活性[1]。

德国 MicroPro 实验室采用多种生化和微生物测试手段可以确定烃氧化菌的代谢活性，同时进行了全面研究工作，最终开发了一套检测程序，可以评价生态参数（温度、季节变化、湿度、盐度、pH）的影响、其他微生物（特别是沉积物中的硫酸盐还原菌）及生物成因的甲烷[1]。

四、油气微生物勘探的理论模型

根据广泛的实例研究，可以建立烃类在油藏中的理想运移情况与油藏上方烃类气体和烃氧化菌分布的理论模型（图 1-7）[4]。油气藏中的轻烃向上运移 [图 1-7（a）]，在上覆盖层中形成持续的烃类气流 [图 1-7（b）]。烃类组成在 1000m 以上的垂直运移距离上变化不大。土壤吸附气分析的结果证实了烃气从深部油气藏向上垂直运移到近地表沉积物的机理。而且进一步说明了微生物异常的基础是来源于下伏油气藏的良好的烃供给，而不是沉积物中现代成因的生物甲烷气[1]。

专性烃氧化菌依赖于轻烃供给作为其唯一的能源，这类微生物在任何地方都能利用浓度极低的连续的轻烃气流。当烃浓度接近 10^{-6}%或更高时，微生物发育的规模极大，土壤或沉积物中的细胞数可达 $10^3\sim10^6$ 个/mL [图 1-7（c）]。油气微生物勘探通过对比区域内无烃的背景值，能检测出烃氧化菌异常并预测其正下方深层油气藏的存在[1]。

油气微生物勘探理论模型表明，表层土壤中的微生物异常即烃消耗异常，一方面对应于下伏油气藏正上方的烃浓度异常；另一方面也对应于土壤中残余烃的负异常。故同一个油气藏上方的表层沉积物中，微生物正异常和残余烃负异常通常具有互补关系，即微生物勘探的结果与化探的结果存在着互补性。综合这两方面的勘探结果并与地质、地震资料相结合就可以比较准确地评价一个探区的油气前景和勘探方向，最终提供经得起钻井结果检验的设计井位[1]。

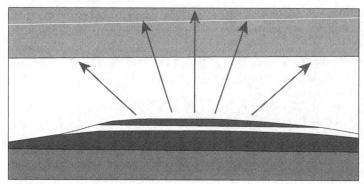

(a) 烃类运移

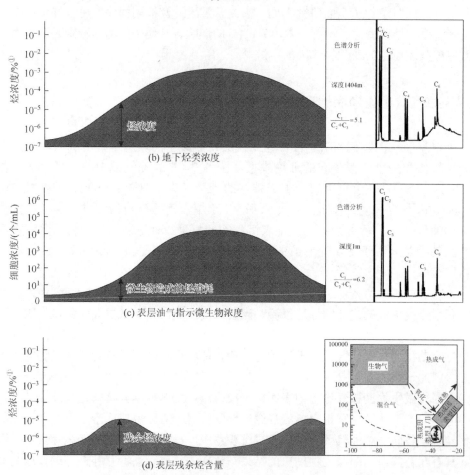

(b) 地下烃类浓度

(c) 表层油气指示微生物浓度

(d) 表层残余烃含量

图 1-7 MPOG 理论模型图[4]

———————

① %为体积分数。

第四节　油气微生物勘探的技术优势与应用领域

油气微生物勘探技术相对于其他地球化学技术的优点主要表现在以下三个方面。

（1）微生物技术与土壤游离气技术相比，其测量结果有更好的重现性/重复性。所检测的微生物起到了轻烃气体的微小收集器或捕食器的作用，它们生活在土壤和沉积物中等待着新的轻烃微渗漏的供给。由于轻烃气体的逃逸性，在野外实施土壤游离气技术往往很困难而且价格昂贵。早上对土壤游离气的测量有可能与下午的测量结果完全不同。相比而言，微生物技术的测量结果更加稳定。

（2）微生物技术受环境因素影响较小。油气微生物信息直接反映轻烃微渗漏。它们并不受其他环境因素（如土壤类型，丛林、沙漠、草地、冻土和农作区等）的显著影响，而其他地球化学技术常常受到环境条件的限制，同时也受到微生物活动的影响。

（3）微生物样品采集简单易行。微生物技术被证实在大多数野外条件下都是有效的。很难有其他方法比得上一个人徒步用锹取浅层（30～90cm）土壤样品这么简单（或取海底取样器顶部的沉积物样品）。样品保存和运输也非常容易。其他方法往往采样步骤烦琐，更多的步骤意味着更高的成本。

应用领域方面，油气微生物勘探技术发展至今，已经获得了较大的发展，在应用领域方面也得到了不断拓展。目前，该技术不仅适用于油气勘探各个阶段，从普查阶段的矿权选择、含油远景评价，到圈闭评价和含油气范围圈定及其油气属性的判别，甚至可用于钻前快速评价和优选；而且可用于地下储层连通性与含油气性评价，在老油气田滚动扩边方面发挥作用。特别需要指出的是，在针对岩性油气藏、地层油气藏和其他隐蔽油气藏的勘探中，微生物异常往往是判断潜伏含油气系统存在与否的可靠标志，它与三维地震技术结合，将促使勘探成功率的大幅度提高，目前已成为一种常用的辅助方法。以下通过一些成功的勘探实例来具体说明。

一、未采区含油气性预测

地表微生物油气勘探技术固然可以独立地使用，但在目前综合勘探已是大势所趋的形势下，微生物技术在对未采区含油气性进行评价时，更多地与其他一些勘探方法联合使用，尤其是与地震资料结合使用时，显示出了它特有的吸引力。一方面，地表微生物油气勘探可在获取地震资料之后进行，通过确定地震探明构造中存在烃类物质的可能性，评价地震探明构造的含油气远景级别；另一方面，在布置地震测线之前，综合考虑微生物普查结果有助于将地震测线布置于最有利的含油气远景区之内。两者相比，目前微生物油气勘探技术更多地应用于地震探明构造的含油气性评价之中。

（一）美国沃思堡盆地

1. 勘探背景

微生物勘探研究区位于得克萨斯州蒙塔古县（Montague County）森塞特（Sunset）以西约 1mile①处，属沃思堡盆地（图 1-8）。沃思堡盆地为一南北向延伸的浅盆状洼地，面积约 38100km²。盆地内发育地层主要有寒武系、奥陶系、密西西比亚系、宾夕法尼亚亚系、二叠系和白垩系。

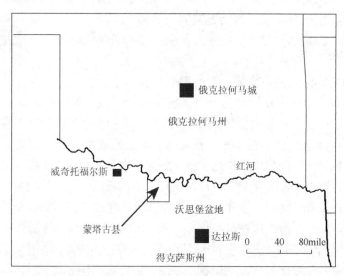

图 1-8　美国沃思堡盆地地表微生物勘探研究区示意图[31]

测区微生物勘探前已进行过三维地震勘探，但尚未实施钻探。三维地震勘探结果揭示，测区北部下奥陶统存在一背斜构造，即深 7200ft②的艾伦堡构造，岩性为 Salona 组砂岩，厚度为 30～70ft，构造闭合度达 50ft。因此，预测艾伦堡构造具一级含油气远景。但同时，地质分析发现该构造储集层为致密砂岩层，因而难以确定其含油气性。

2. 勘探策略

为了更好地确认该地震探明构造的含油气远景，1995 年 12 月布置了地表微

---

① 1mile=1609.344m。

② 1ft=0.3048m。

生物普查，采集近地表土壤样品 63 个，通过 CFU 法对丁烷氧化菌进行了检测。勘探结果表明，艾伦堡构造上方只存在一个面积较小、强度微弱的微生物异常，而在构造南部 1mile 处的北西–南东向凹槽构造内却出现了大面积的微生物高强度异常（图 1-9）。该凹槽构造为一地层圈闭，岩性为 Atokan 组砾岩。根据此前的勘探经验，砾岩层油气勘探难度很大，因为这类地区的油气只产于砾岩层与上部地层发生削蚀尖灭的部位。测区最好的 Atokan 组砾岩储集体都位于较低构造中，以粗粒石英砂岩为主，通常为点砂坝沉积、分流河口坝沉积、分流河道充填沉积、曲流河道充填沉积及决口扇的产物，平均渗透率通常为 4～10mD[①]。

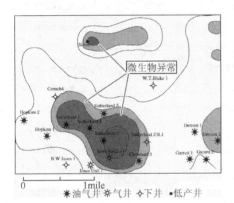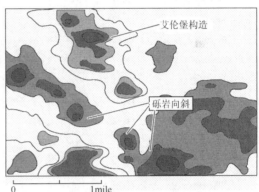

图 1-9　美国沃思堡盆地地表微生物勘探与三维地震综合勘探成果[31]

　　稳妥起见，1996 年 2 月在同一测区进行了地表微生物加密勘探，在前期采样基础上，采集了 104 个近地表土壤样品，分析结果再次证实地震探明艾伦堡构造正上方只存在微生物低值异常，而构造南部 1mile 处的凹槽构造区则呈微生物高强度异常。两次地表微生物勘探结果均表明，艾伦堡构造南部的凹槽构造区具有更好的含油气潜力。

　　3. 钻探结果

　　1996 年 3 月，首先在艾伦堡构造实施钻探，布于该构造顶部的 Silver-1 井钻遇 6ft 厚的致密砂岩层，完井后仅获得边缘产能，3 年累计产油量只有 340 桶。

　　1996 年 10 月，经对艾伦堡构造南部微生物高值异常区进一步勘探，确定了 Sutherland 1 井井位，该井钻遇两个砾岩层段，每个层段含 10ft 厚的产油层，其中较深的砾岩层段初始日产气 $5 \times 10^5 ft^3$，日产原油 5 桶。接下来的一口探井钻遇 3 个含油砾岩层段，较深的层段含 22ft 厚的产油层，初始产气量为 $1 \times 10^6 ft^3/d$。其后的一段时间在该凹槽构造区共打出 14 口产油气井（表 1-1），建立了 Park Springs 油气田

---

　　① 1mD=0.987×$10^{-3}\mu m^2$。

（图 1-9）；此外也打出 4 口干井，但 4 口干井均位于地表微生物低值异常区或背景区。

表 1-1　美国沃思堡盆地地表微生物异常区钻井结果[31]

井名	API 度[①]	完井时间	至 1999 年 5 月累计产量	产层
Silver 井	33065	1996 年 3 月	337 BO[②]	艾伦堡构造
Sutherland 1 井	33119	1996 年 10 月	588 BC；98 MMCF[③]	Park Springs 砾岩体
Blake 1 井	1888	1996 年 11 月	干井	
Sutherland A1 井	33131	1996 年 12 月	500 MMCF	Park Springs 砾岩体
Cleveland 2 井	33137	1997 年 1 月	11812 BO；79 MMCF	Park Springs 砾岩体
Jones Unit 1 井	33139	1997 年 5 月	92 MMCF	Park Springs 砾岩体
Hopkins 1 井	33146	1997 年 6 月	1463 BO；138 MMCF	Park Springs 砾岩体
Sutherland 2 井	33147	1997 年 8 月	8936 BO；321 MMCF	Park Springs 砾岩体
Denson 1 井	33171	1997 年 9 月	488 BC；8 MMCF	Park Springs 砾岩体
Garrett 1 井	33191	1997 年 10 月	2887 BC；246 MMCF	Park Springs 砾岩体
Cleveland 3 井	33198	1997 年 12 月	计入 Cleveland 2 井	Park Springs 砾岩体
Denson 2 井	33233	1998 年 2 月	2395 BO；8 MMCF	Park Springs 砾岩体
Crouch 1 井	33229	1998 年 2 月	干井	
Hopkins 2 井	33154	1998 年 2 月	计入 Hopkins 1 井	Park Springs 砾岩体
Sutherland JDL 1 井	33234	1998 年 4 月	干井	
Garrett 2 井	33231	1998 年 5 月	440 BC；7 MMCF	Park Springs 砾岩体
Sutherland 3 井	33189	1998 年 6 月	616 BO；69 MMCF	Park Springs 砾岩体
Janes 1 井	33161	1998 年 11 月	干井	
Sutherland 4 井	33248	1999 年 1 月	计入 Sutherland 1 井	Park Springs 砾岩体

①API 度，用以表示石油及石油产品密度的一种量度；

②BO，barrels of oil，桶；

③MMCF，million cubic feet，百万 ft³

　　沃思堡盆地艾伦堡构造区的地表微生物油气勘探，生动地呈现了微生物勘探结果对地下油气充注的指示意义，是地表微生物油气勘探与地震勘探相结合并获成功应用的典型范例。如果勘探者能够在钻前采信地表微生物勘探结果，则可避免在艾伦堡构造顶部微生物低值异常区内布钻，节省 Silver-1 井的钻探成本。

　　在美国得克萨斯州东部，相同的微生物勘探与地震勘探结合应用，同样取得了很好的勘探效果。在得克萨斯州东部的卡顿瓦利（Cotton Valley）地区侏罗系海相碳酸盐岩地层中，发现了一个极具勘探潜力的小型点礁群。这些点礁体面积很小，只有 0.08～0.32km²；埋深较大，达 4300～5400m；处于超压状态，压力为123.58～137.76MPa。但这些礁体到底哪些有油气充注，哪些不含油气，是油气勘探风险的关键。为了确定礁体的含油气性，布置了 1300m×1300m 的小测区高精度（100m×100m）的地表微生物油气勘探。微生物勘探在 A 区识别出几个微生物高值异常，而 C 区基本为背景区（图 1-10）。后来，在 A 区的微生物高值异常区内共布置两口探井，均为气发现井；处于微生物背景区的 C 区所钻的两口井，均为干井（图 1-10）。由此可见，微生物勘探结合地震及地质资料可大幅度降低勘探成本及风险。

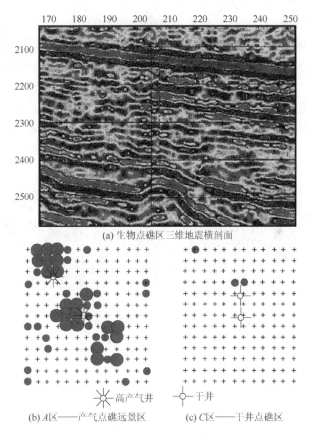

(a) 生物点礁区三维地震横剖面

(b) A 区——产气点礁远景区　　　(c) C 区——干井点礁区

图 1-10　美国得克萨斯州东部卡顿瓦利油田地震探明点礁上方的微生物勘探结果与钻探验证结果

（二）德国 Kietz 油田区

1. 勘探背景

Kietz 油田位于德国东部，石油圈闭于二叠系 Zechstein 统的 Stassfurt 组碳酸盐岩层的古构造中。该碳酸盐岩层是德国东部主要油气勘探目标之一。Kietz 油田不含气顶，油储上覆约 800m 厚的 Zechstein 统盐层。储集石油的 Stassfurt 组碳酸盐岩储层及其上覆盐层均未发生断裂作用。测区地表为低地生态特征，沼泽与潮湿的草地广泛分布，有利于微生物的生长发育。

1995 年进行地表微生物勘探时，测区内已完成大量的地质研究与地震勘探，区内只有两口产油井，KiSe 2 井和 KiSe 3 井；另有几口干井。

2. 勘探策略

Kietz 油田区的地表微生物勘探，采取沿测区内已有的地震剖面采集样品的方式，在 120km² 的面积上布置了 197 个测点，属普查性质。采用培养法，分别对甲烷氧化菌与轻烃（$C_2 \sim C_8$）氧化菌进行了检测，同时综合考虑局部地质因素，采用经校正处理后的测量单元（MU）指标作为微生物异常划分与评价的依据。

甲烷氧化菌测量结果显示，该区背景值为 0~10MU，测区绝大部分处于甲烷氧化菌背景之中，只圈划出 3 个规模较小的不确定带，没有检测出明显的甲烷氧化菌异常（图 1-11）[4]。这一结果与 Kietz 油田不含气顶的事实不谋而合。

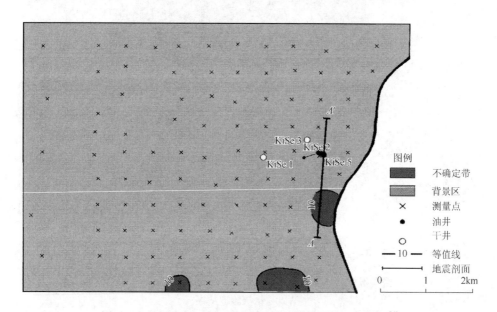

图 1-11　德国东部 Kietz 油田区地表甲烷氧化菌测量结果[4]

轻烃（$C_2 \sim C_8$）氧化菌测量，在 197 个样品中检测出 7 个样品 MU 值达到 A 类异常或 B 类异常水平（大于 45MU），其中 6 个分布比较集中，位于已知的 Kietz 油田上方。据此圈划出一个清晰的微生物高值异常区，两口产油井均位于微生物高值异常区之内，而两口干井则位于不确定区（图 1-12、图 1-13）[4]。经与 Kietz

油田地震与地质资料分析结果对比，测得的地表轻烃（$C_2 \sim C_8$）氧化菌异常分布位置与规模和油水边界分布几近相同（图 1-12），地表轻烃（$C_2 \sim C_8$）氧化菌异常没有发生侧向偏移现象。

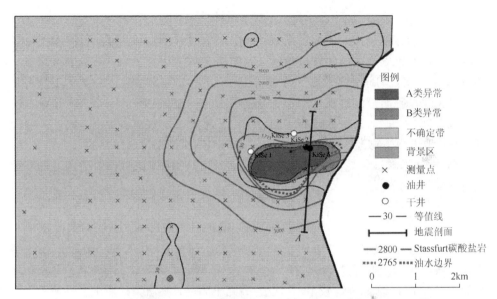

图 1-12　德国东部 Kietz 油田区地表轻烃（$C_2 \sim C_8$）氧化菌测量结果[4]

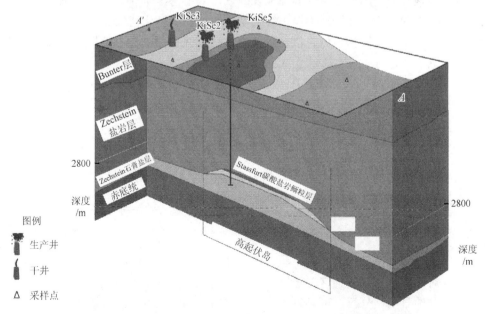

图 1-13　德国东部 Kietz 油田区地表轻烃（$C_2 \sim C_8$）氧化菌测量结果与地质成果对比[4]

（三）中国松滋油气田区

1. 勘探背景

研究区松滋油气田主要位于复Ⅰ号断块，属江汉盆地西南缘复兴场-永固复式断阶带，地理位置属于湖北省松滋市。该断块 2000 年 S3 井油气勘探取得突破，2001 年在所提交的储量含油边界处部署了一口评价井（S4 井）。2002 年 1 月实施地表微生物勘探时，区内仅有 3 口探井，即 S1 井、S2 井与 S3 井；S4 井正在钻探，尚未完井；同时，区内已布置的二维、三维地震勘探查明了测区地下主要构造特征。地表微生物勘探的目的在于：①微生物勘探结果与已知井的符合率研究；②正钻井 S4 井含油气性快速评价；③测区含油气远景预测，以便为确定下一步勘探方向提供依据[32]。

2. 勘探策略

地表微生物勘探采用 250m×250m 的网距，属精细勘探性质；在油气田范围内共采集近地表土壤样品 1296 个，在油气田范围之外采集样品 58 个，采样深度均为 1.5～2.0m；样品岩性较单一，以含砂黏土为主，其次为砂质土及黏质土。微生物检测采用培养法，分别检测了甲烷氧化菌和轻烃（C_2～C_8）氧化菌。数据处理过程中，综合考虑测区多种局部地表因素，采用德国研究者提出的 MU 转换法对微生物勘探原始数据进行了校正，获得了两种烃类氧化菌的 MU 指标。以甲烷氧化菌作为天然气勘探指标，以轻烃（C_2～C_8）氧化菌作为石油勘探指标，对测区含油气远景进行了评价。

3. 勘探结果

甲烷氧化菌的测值 MU 为 0～102.0，平均值为 26.8。以 30.0 作为异常下限、25.0～30.0 作为过渡区，圈划出甲烷氧化菌异常区 4 个（图 1-14）。轻烃（C_2～C_8）氧化菌测值 MU 为 0～129.0，平均值为 30.0。以 30.0 作为异常下限、25.0～30.0 作为过渡区，圈划异常区（图 1-15）。

4. 勘探效果

1）已知井的验证

经对比甲烷氧化菌异常、轻烃（C_2～C_8）氧化菌与已知井 S1、S3、S3 分布，结合各井油气属性分析，可以看出，以产气为主的 S1、S2 井处于甲烷氧化菌异常区之内，且处于轻烃（C_2～C_8）氧化菌非异常区与过渡区；工业油流井 S3 井处于甲烷氧化菌异常区之外，处于轻烃（$C_2 \sim C_8$）氧化菌异常区之内（图 1-14、图 1-15，表 1-2、表 1-3）。从上述勘探结果可以看出，地表微生物勘探结果与已知油气井的含油气情况较为吻合，较好地验证了甲烷氧化菌与轻烃（$C_2 \sim C_8$）氧化菌对于油气的指示作用。

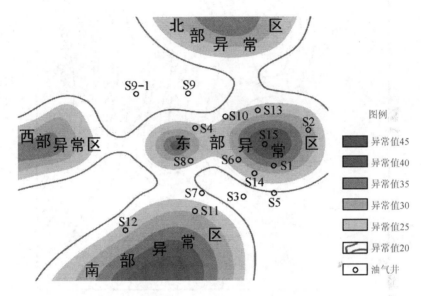

图 1-14　中国松滋油气田区地表甲烷氧化菌测量结果[32]

表 1-2　中国松滋油气田区地表甲烷氧化菌测量结果与钻探结果对比[32]

井号	甲烷氧化菌测量结果	钻井结果	符合情况
S6	异常区	高产油气井	相符
S7	非异常区	产油井（不产气）	相符
S9	非异常区	产油井（不产气）	相符
S8、S10	过渡区	产油井（低产气）	相符
S11	过渡区	产油井	基本相符
S15	异常区	高产油气井	相符
S9-1	非异常区	干井	相符
S12	过渡区	产油井	基本相符
S13、S14	过渡区	产油井（低产气）	相符
S5	非异常区	产油井（不产气）	相符

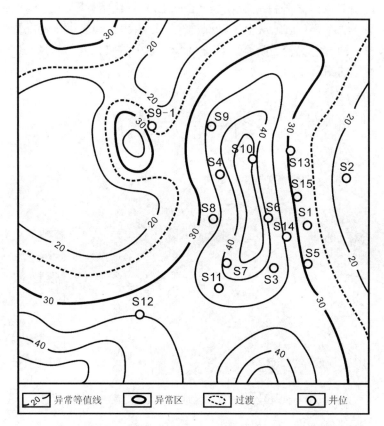

图 1-15　中国松滋油气田区地表轻烃（$C_2 \sim C_8$）氧化菌测量结果

表 1-3　中国松滋油气田区地表轻烃（$C_2 \sim C_8$）氧化菌测量结果与钻探结果对比

井号	轻烃（$C_2 \sim C_8$）氧化菌测量结果	钻井结果	符合情况
S6、S7	异常区	工业性油流井	相符
S7、S9、S10、S11	异常区	工业性油流井	相符
S15	过渡区	工业性油流井	基本相符
S9-1	非异常区	干井	相符
S12、S13、S14	异常区	工业性油流井	相符
S5	过渡区	工业性油流井	基本相符

2）正钻井 S4 井的快速评价

在地表微生物异常分布图中，S4 井处于甲烷氧化菌测值过渡区（图 1-14），同时处于轻烃（$C_2 \sim C_8$）氧化菌异常区（图 1-15）。仅从微生物勘探结果看，S4

井的含气情况应比处于甲烷氧化菌异常区的 S1 井和 S2 井差，而应好于处于甲烷氧化菌非异常区的 S3 井；从轻烃（C_2～C_8）氧化菌勘探结果推断，S4 井具有与已完钻的 S3 井类似的含油性。

2002 年 8 月，S4 井完钻，在沙市组井深 3280.5～3444.9m 层段，发现单层厚达 15.0m 的砂岩层。经测试，用 8mm 油嘴放喷获得 30.4m^3/d 的工业油流，与 S3 井的产能（32.4m^3/d）接近，同时获得初始产气量为 500m^3/d。可见，地表微生物测量评价结果与 S4 井完钻结果基本一致。

3）后续的钻探验证

自 2002 年初地表微生物油气勘探研究至 2008 年上半年，在测区新钻并完成 12 口探井。其中 6 口处于甲烷氧化菌过渡区（图 1-14），钻探结果均为产油井或产油兼低产气井；高产油气井 S15 井位于甲烷氧化菌异常区；不产气的油井与干井（S9-1 井）则位于甲烷氧化菌非异常区（表 1-2）。

钻探结果与轻烃（C_2～C_8）氧化菌异常分布区对比分析表明，干井 S9-1 井处于轻烃（C_2～C_8）氧化菌非异常区；工业油流井 S5 井和 S15 井虽处于轻烃（C_2～C_8）氧化菌过渡区，但微生物测值接近于异常下限 30.0MU；其余产油井则全部处于微生物高值异常区（图 1-15，表 1-3）。由此可以看出，不论是甲烷氧化菌还是轻烃（C_2～C_8）氧化菌，钻井结果与地表微生物钻前预测结果都非常相符。

（四）北海南部 Kotter 油田

1. 勘探背景

Kotter 油田位于北海南部荷兰近海区域 Broad Fourteens 的 K18/L16 区块。石油储存于下白垩统 Vlieland 组地层之中，为砂岩储层，平均厚度为 131m，油层厚度为 70m。储层为纯砂层，平均水平渗透率为 800～2000μm^2，平均孔隙度为 24%，平均水饱和度为 11%。含油背斜埋深约为 2500m，不含气顶，原油中含有少量溶解态轻烃。

1996 年，为了考查微生物油气勘探技术对海域油田的响应能力，在 Kotter 油田所处的 K18/L16 区块，沿两条地震测线 A—A' 和 B—B'，共采集 32 个海底沉积物样品。样品采集过程中，沿地震剖面 A—A' 延长线，使之跨过整个 Kotter 油田进行采样。在不依靠油田地质和井位分布等相关资料的情况下，独立进行了微生物、轻烃地球化学和同位素地球化学研究。微生物勘探分别采用了甲烷氧化菌和轻烃（C_2～C_8）氧化菌指标。

2. 勘探策略

表 1-4 是 A—A' 剖面微生物勘探结果。可以看出，Kotter 油田上方近地表

沉积物样品中甲烷氧化菌测量值处于正常的背景范围，未检出天然气异常，如实地反映了 Kotter 油田没有气顶的事实。轻烃（$C_2 \sim C_8$）氧化菌测量最大值出现于 211 样点处，每克土壤样品菌落数达到 10^5 个以上，活性也明显增加（图 1-16）。此外，211 样点处的轻烃测量值极低，显示存在微生物对轻烃的氧化作用。因此，211 样点处轻烃（$C_2 \sim C_8$）氧化菌综合评价指标呈现为高值，在此处圈出一个微生物高值异常（图 1-17、图 1-18）和相应的轻烃低值异常（甲烷—己烷）（图 1-18）。除 211 样点处的轻烃（$C_2 \sim C_8$）氧化菌异常之外，A—A'测线其他部位未发现微生物异常。同时，对 211 样点的吸附气甲烷 C 同位素分析结果表明，$\delta^{13}C_1$ 值为 $-36.6‰$PDB，说明此处甲烷为热成因，源于海相源岩的 II 型干酪根。

表 1-4　北海南部 K18 区块 Kotter 油田区近地表微生物结果[3]

样点号	酸解烃/(μL/kg)		微生物值（MU）	
	甲烷	乙烷—己烷	甲烷氧化菌	轻烃（$C_2 \sim C_8$）氧化菌
208	208	173	7	11
209	666	457	18	24
210	349	232	20	24
211	87	143	4	101
212	418	510	6	25
213	512	881	8	29
214	520	422	8	37

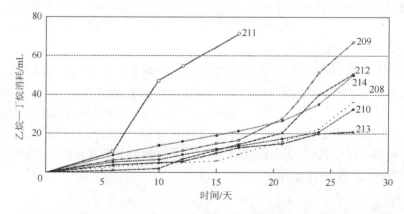

图 1-16　北海南部 K18 区块 Kotter 油田区近地表乙烷—丁烷氧化菌活性[4]

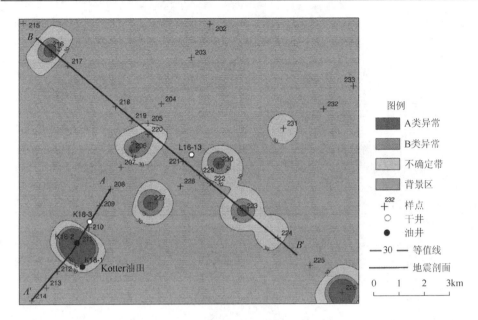

图 1-17　北海南部 K18 区块 Kotter 油田区近地表轻烃（$C_2\sim C_8$）氧化菌测量结果[4]

测区另一条微生物测线 B—B′剖面呈北西—南东向，几乎跨越了整个研究区。该剖面长 13km，共布置测点 15 个，未检出甲烷氧化菌异常，圈出 4 个独立的轻烃氧化菌低值异常（图 1-17）[4]。

3. 勘探结果对比

微生物油气勘探结束后，将其结果与地震勘探和钻探结果进行了对比。根据地震识别出的地质构造，中生代侏罗纪—白垩纪发育多条断层，将侏罗系 Delfland 组和下白垩统 Vlieland 组切割为多个断块构造。Vlieland 砂岩构造为一背斜，上覆 Vlieland 组页岩层和荷兰组泥灰岩层，可以充当良好的盖层。总之，地震勘探结果揭示，测区具备良好的油气储集和封盖条件。

从地表微生物勘探的两条剖面分布看，A—A′剖面横穿产油井 K18-2 井和干井 K18-3 井。微生物勘探在产油的 K18-2 井区（211 样点）获得了明显的轻烃（$C_2\sim C_8$）氧化菌高值异常，同时获得了轻烃低值异常，而在干井上方没有出现异常。在另一条测线 B—B′剖面上，圈出 4 个较小的轻烃（$C_2\sim C_8$）氧化菌异常（图 1-19）。本次微生物勘探实施期间施工方设计的 L16-13 井，微生物勘探值 MU 分别为甲烷氧化菌 0，轻烃（$C_2\sim C_8$）氧化菌 33，均低于 45 的异常下限，处于所圈划的异常区之外，微生物勘探结果预测为干井。完钻结果证实，L16-13 井确实钻到了 Vlieland 组砂岩层，但未获油气（图 1-19）[4]。

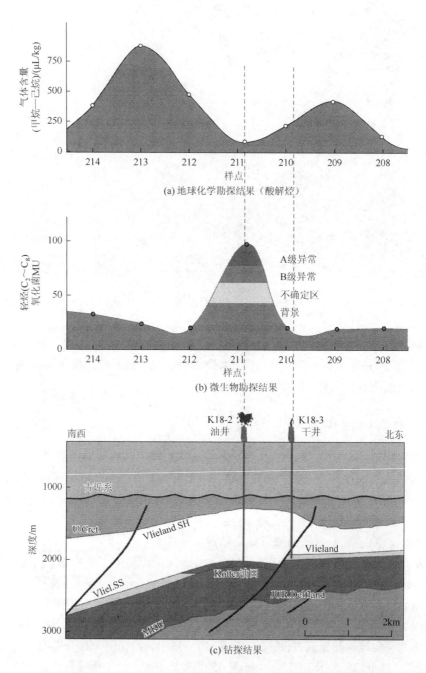

图 1-18　北海南部 K18 区块 Kotter 油田区近地表微生物测量、轻烃测量与钻探结果[4]

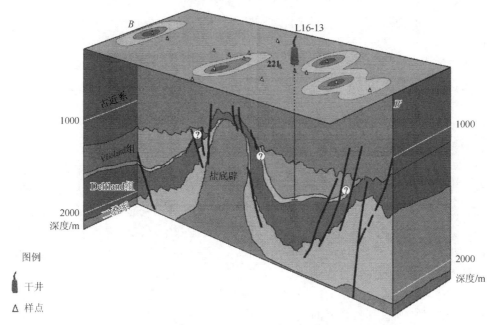

图 1-19　北海南部 L16 区块近地表微生物测量与钻探结果[4]

北海南部荷兰近海的微生物勘查，不论是已知油气田的验证还是对待钻井的预测，都取得了很好的效果，表明以海底沉积物为介质，微生物对油气仍然有很好的指示效果，能真实反映地下油气的"生命体征"。

二、微生物油藏表征

微生物油气勘探技术除可用于新探区远景区筛选与远景构造含油气性预测，还可在成熟探区油气勘探中发挥重要作用。成熟探区地表微生物技术在应用方面有自己的特点，主要表现为对测量精度的要求较高，样点布置较密，主要依据油气藏开采前后压力变化对垂直运移烃的影响，对微生物异常有一套特征性的评价模式。美国地质微生物技术公司根据地表微生物勘探在成熟探区能够发挥的作用，将成熟探区微生物勘探技术称为微生物油藏表征技术（microbial reservoir characterization，MRC）。

微生物油藏表征技术是地表微生物油气勘探技术发展到一定阶段的产物，是微生物油气勘探技术在成果解释方面的重大进展，完成了微生物油气技术向较新应用领域的延伸。这项新技术出现于 10 多年前。20 世纪 90 年代，美国地质微生物技术公司率先将微生物油气勘探技术用于地下油气储层分布状况的评价之中，由此建立了微生物油藏表征技术。根据这种技术，微生物测量结果可以反映地下油气储层的排烃半径、油气储层的分布及地层含油气均质性等方面的信息。

根据已经建立的地表微生物油气勘探模式，成熟探区尤其是开采时间较长的井区，地表微生物勘探应该呈现为特征性的低值异常。如果成熟探区出现了微生物高值异常，就应考虑是什么因素引起这种高值。微生物储层特性评价技术就是在成熟探区微生物高值异常解释方面的一种创新，这种技术根据下列准则对地下储层的性质进行判断。长期开采的生产井上方及周围，如果出现了地表微生物高值异常，可能是由于以下三种情况：①存在与生产井压力不相通的相对封闭的孤立的含油气层；②含油气储层中存在尚未发生排烃作用的区带；③生产井下方存在尚未钻达的含油气层。如果在生产井与生产井之间出现微生物低值异常区，则指示着这些部位为与生产井压力相连通的低压含油气储层分布区，或者为无明显油气聚集的区域。这样，通过对已知油气田上方地表微生物异常分布形态的分析，就可以获取地下储层含油气性信息，从而区分油气富集区与开采枯竭区或没有油气充注的区域。

微生物油藏表征技术是通过在已知油气田上方布置高密度测网来实现的。当微生物油气勘探技术应用于油藏表征研究时，采样间距应小于250m，国外文献中报道的采样间距一般都是200m，一些情况下只有100m。

微生物油藏表征技术的应用主要体现在老油气田漏失产层识别、老油气田区储层含油气均质性评价及老油气田滚动扩边等方面。

美国俄克拉何马州某成熟探区的地表微生物油藏表征技术应用研究，很好地展现了该技术对成熟探区漏失产层的识别作用。测量了两个剖面，图1-20是其中一条剖面的微生物勘探结果。该剖面横穿两口已知产油井和一口干井，同时穿越一口新近开采的生产井。两口产油井开采历史都较长，其上方微生物异常均表现为特征性的低值异常；干井区也表现为低值异常；新钻产油井上方微生物测值呈特征性的高值异常。微生物勘探结果与已知生产井和干井的分布非常相符。此外，在两口生产井之间的部位，出现两个微生物高值异常区，判断为潜在含油气区，认为是需进一步加强勘探的首选区域[33]。

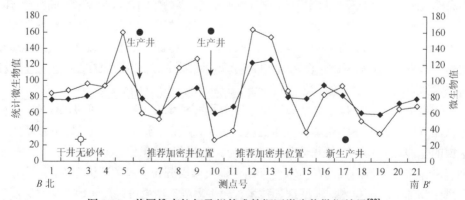

图1-20　美国俄克拉何马州某成熟探区微生物勘探结果[33]

俄克拉何马州 Kingfisher 某已知油气区的地表微生物勘探成果（图1-21），同样揭示了微生物勘探对成熟探区未采油气的反映能力。图中小黑点为采样点，大黑点表示已采井。高密度的微生物勘探在开采井之间的区带圈出 5 个异常区，认为这些异常区是很可能含有油气的区块，之后在最小的一个微生物异常区钻探加密井，终获油气发现。

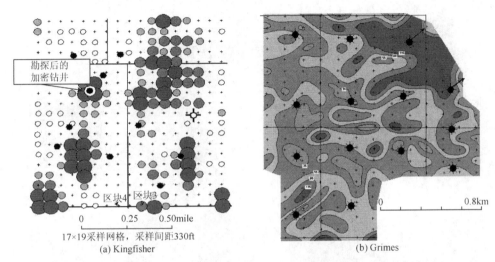

(a) Kingfisher　　(b) Grimes

图 1-21　俄克拉何马州 Kingfisher 某已知油气区和萨克拉门托盆地 Grimes
已知油气田上方微生物油藏表征[33]

　　美国萨克拉门托盆地 Grimes 已知油气田上方也开展了微生物油藏表征研究（图 1-21）。根据地表微生物异常分布，识别出了地下含油气储层最可能的分布模式：东北方向的微生物高值异常可能为潜在的含油气区，后续在该异常区所钻的两口钻井获得了商业油气发现；生产井之间的低值异常带则表示与生产井压力相连通的低压油气储层，或没有油气充注的区域。

　　在老油气田滚动扩边方面，根据微生物高值异常确定成熟探区钻井扩边方向与范围，总体上看目前这方面的工作还不多见。在以往的文献中，仅见美国相关机构在成熟探区微生物勘探时涉及过这些内容。最近，我国也有研究者在大庆卫星油田的微生物勘探工作中，对油气田扩边方面的效用进行了探讨[34]。

　　卫星油田 1976 年开钻第一口工业油气流井 W1 井，到 2006 年在油田区布置地表微生物勘探时，已经具有 30 年的开采历史。该区油气田的大规模开发活动始于 1999 年，截至 2004 年，卫星油田及其周边零散区块共部署 147 口开发井，属较成熟的开发区。在卫星油田工区内，断层的展布方向大体可分为北西向、北东向及南北向，其中近南北向断层最为发育，数量最多。测区内断层在纵向上多为树枝状交叉断层。

　　根据地表微生物勘探结果，圈定 4 个微生物高值异常区，分别为北部异常区、中部异常区、西部异常区和东南异常区，指示测区存在 4 个值得进一步加强勘探的含油气远景区带。此外，在研究区西南部的已探明远景区，微生物勘探结果显示为高值异常（图 1-22）。

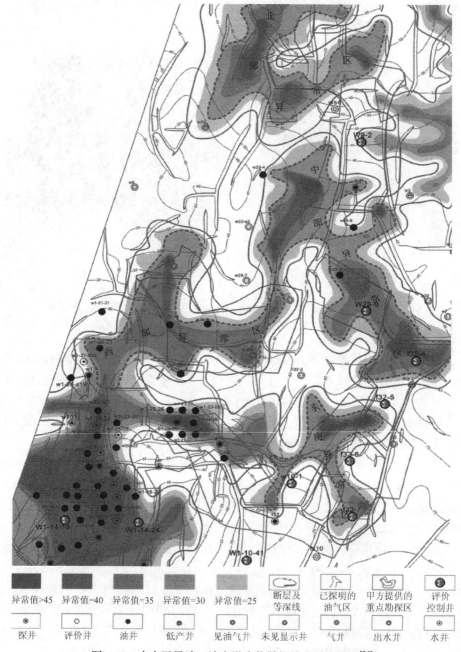

图 1-22　大庆卫星油田地表微生物勘探综合异常分布[34]

中部异常区为最有利的目标区块；北部和西部异常区为较有利的目标区块；东部异常区为有利的目标区块

　　从图 1-22 可以看出，测区地表微生物异常展布以南北向主，次为北西-南东向，与区内砂体展布方向较一致；南部较北部异常强烈，测区西南部为已探明的含油区域，微生物测值普遍较高。测区内工业油气井 W9 井、W23-1 井和 W23-2 井，因开采时间较短，仍处于微生物异常区中，但异常强度已有所减弱。

　　根据微生物勘探结果，结合测区断层、砂体展布情况，在研究区部署了 10 口评价控制井，其中 8 口井的钻探结果与微生物预测结果相符（表 1-5），为卫星油田新增探明储量 $300×10^4$t。此外，在西南异常区，尤其是在 W1-16-18 井和 W23-s21 井一线以西的断层下盘，微生物异常强烈，揭示该异常区以西仍有良好的油气前景，可以突破断层的限制，使开发区向西延伸，从地表地球化学勘探方面为油田扩边增储提供了依据。

表 1-5　　大庆卫星油田地表微生物勘探验证情况[34]

井号	微生物异常值	油层完钻情况/(m/层数)	含油气或产油/(t/d)	符合情况
W9-2	24	0.0	见油气层	相符
W23-9	30	1.0/2	7.93	相符
		2.4/2	5.12	
W10-1	18	0.0	干层	不相符
F32-4	35	1.1/1	3.403	相符
F32-5	22	0.4/1	钻遇井	相符
F32-6	22	0.3	干层	不相符
F32-7	30	0.0	MDT 测试为油层	相符
W1-14-18	40	8.8/3	4.372	相符
W1-14-24	40	0.4/1	MDT 测试为油层	相符
W1-10-41	15	5.6/3	MDT 测试为水层	相符

　　地表微生物油气勘探技术用于成熟探区，通过对地下储层含油气分布模式进行评价，不仅有助于区分生产井之间需要进一步加强勘探的含油气远景区和无油气远景的区域，识别可能的漏失产层，确定插入井的最佳井位，而且有助于厘清地下含油气储层的大体分布情况，追踪油气藏排烃范围，监测剩余油气的分布，为老油气田的滚动扩边提供技术支撑。因此，微生物油藏表征技术的建立实际上已使地表微生物技术从一种单纯的油气勘探技术演化为一种集油气勘探、开发功能于一身的技术手段，从而使这项技术能够在油气勘探开发的各个阶段发挥重要作用。

三、成功探例的启示

　　以上选取了一些比较成功的油气微生物勘探应用实例，尽量顾及了目前对油气微生物勘探技术投入研究较多的国家，同时注意涵盖陆上与近海海域两种不同环境下地表微生物油气勘探方面所取得的成果。

上述实例有一个共同的特点，均选择在前期已进行过大量地质调查与地震勘探的区域，且多为已知油气田区。微生物勘探在这些地区的应用研究，除了对已知油气井与干井进行验证，对未完钻探井进行预测之外，还对前期勘探筛选出的有利区（构造）的含油气潜力作了进一步确认。

已知区的验证性勘探，大多选择在开采程度不高的区域，如德国 Kietz 油田区、中国松滋油气田区及北海南部 Kotter 油田区。Kietz 油田区微生物勘探时，仅有两口产油井与两口干井，未形成大量开采的局面；Kotter 油田区微生物勘探时，也仅见一口产油井与两口干井；松滋油气田进行微生物勘探时，还是一个新发现油气田，2000 年 S3 井首获突破，到 2002 年实施微生物勘探时只有 3 口已知油（气）井，S4 井尚未完钻。由于已知区的勘探均选在开采程度不高或开采时间不久的区域，地下油气藏仍然保持着足够高的压力，有利于轻烃组分垂向运移，有利于深源运移成因烃在地表形成异常的轻烃通量，从而为维持以轻烃为食物源的特定地表微生物的异常发育提供物质基础，从根本上保证了地表微生物高值异常与地下油气赋存区之间的共生关系。

美国沃思堡盆地的地表微生物勘探，在未经钻探的远景区实施微生物勘探前，测区已进行了地质调查与地震勘探，对地下地层与构造情况已经比较了解，微生物勘探主要用于对地震探明构造的含油气潜力进行评价。微生物数据在地震探明构造上方只获得微弱异常，由此推断地震探明构造含油气潜力不大，并提出了新的更具潜力的区域，这些推断均获得了后来钻探结果的验证。

以上地表微生物勘探能够获得成功，不仅得益于测区的前期勘探成果，勘探设计时有意识地将微生物测区选择在经前期勘探优选出的有利区；勘探的成功还与对测区局部地质条件、气候条件等外界因素的重视存在一定相关性。所选测区大多处在适于微生物生长发育的有利环境中。从测区局部地表环境条件看，德国 Kietz 油田为低地生态特征，沼泽与潮湿的草地广泛分布；中国松滋油气田地表微生物采样区域以耕作区为主，取样层位及所取土壤样品湿度中等，绝大部分较潮湿，岩性较为单一。从勘探时间方面看，中国松滋油气田的微生物勘探于 2002 年 1 月实施；美国沃思堡盆地微生物勘探则分别实施于 1995 年 12 月与 1996 年 2 月，正处于温度较低时节，有利于微生物样品采集与保存，给采样工作带来极大便利。此外，在这些研究实例中，研究者也注重地表微生物油气勘探技术干扰因素的抑制。例如，德国研究者在德国 Kietz 油田区及在北海南部 Kotter 油田区的勘探，中国研究者在松滋油气田区的勘探，都考虑了测区专性微生物种群的浓度、活性、二氧化碳生成速率、地层压力、地层温度、样品湿度、岩性及颜色等多种参数对微生物勘探结果的影响，并按一定的方式与权重对这些因素进行加权综合，整合成单一的微生物综合指标——MU，并以此作为评价地下含油气潜力的依据。以上这些做法，在一定程度上保障了地表微生物勘探结果对地下油气的准确响应，对地表微生物勘探的成功起到了促进作用。

地表微生物勘探成功实例表明，油气微生物勘探技术，用于未钻远景区或开采程度不高、开采时间不久的油气田区，即使是普查性质的勘探，其高值异常也可以提供地下含油气信息。例如，德国 Kietz 油田区的勘探，在 120km² 的面积范围内，只布置 197 个测点，但勘探结果仍然较好地反映了油气井所在的位置，与已知油田与干井非常吻合；北海南部 Kotter 油田区的勘探，沿两条地震剖面只采集 32 个样品进行微生物测量，勘探结果却完好地指示出油井与干井之间的区别；美国沃思堡盆地地震探明构造及其邻近区的地表微生物勘探，初始勘探时只采集 63 个样品，分析结果仍然揭示地震探明远景构造含油气性并不理想，相反该构造南部的凹槽区域更具油气潜力，这一结果不仅被后来的加密勘探结果所证实，也被微生物勘探后的一系列钻探结果所证实。因此，结合地质调查与地震勘探，地表微生物勘探技术可以作为一种廉价有效的含油气潜力评价工具，尤其是与地震勘探结合应用时，对于地震探明构造含油气潜力的排序与优选，可以起到重要作用。

第五节　油气微生物勘探的发展趋势

当代微生物学和分子生物学的迅速发展，为充分利用微生物与轻烃和流体之间的相应关系来开展更精细的识别提供了强大的技术支持。因此，近十几年来油气微生物勘探技术逐渐被勘探家重视，其理论研究方法和勘查思路方面也有了较大的创新。在此就国内外近几年微生物勘探的发展趋势作一简要评述。

一、国内外微生物勘探应用研究趋势

针对空间极不规则的非常规油气藏，提高勘探成功率。近几年，长江大学先后在中国中扬子地区松滋油田，鄂尔多斯盆地长庆桥区块、西峰董志塬区块、呼和拗陷区块，松辽盆地大庆卫星油田、滨北地区、齐家北油田、徐家围子，环渤海湾大港油田港西构造、乌马营地区，胜利油田惠民凹陷、八面河、镇泾、马西地区油气田进行了生产应用，取得了较好的效果。而在这些盆地或地区发育大量

的泥页岩。例如，在渝东南渝页 2 井区页岩气微生物勘查中[35, 36]，研究人员发现，研究区剖面上北东-南西向，页岩气微生物异常强烈，且连片分布，面积较大明显好于近东西向；平面上将研究区划分为 3 个区块，由西到东依次为 A 区、B 区和 C 区，页岩气微生物异常强度逐渐减弱（图 1-23）；微生物异常受断层及剩余地层等地质条件的控制。断层发育处渗透性较好，页岩气微生物异常值较高；剩余地层厚度与页岩气微生物异常值呈正相关。

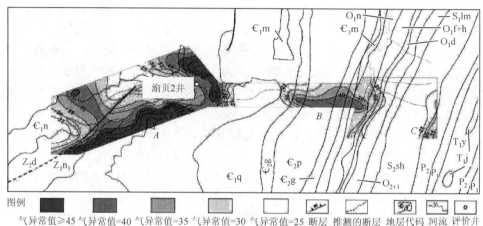

图 1-23　渝页 2 井区页岩气微生物异常分布图[36]

$\mathcal{E}_1m$ 为下寒武统明心寺组；$\mathcal{E}_1q$ 为下寒武统筇竹寺组；$\mathcal{E}_1n$ 为下寒武统牛蹄塘组；$\mathcal{E}_2p$ 为中寒武统平井组；$\mathcal{E}_2g$ 为中寒武统高台组；$\mathcal{E}_3m$ 为上寒武统明心寺组；O_1n 为下奥陶统南津关组；O_1f+h 为下奥陶统红分乡组花园组；O_1d 为下奥陶统湄潭组；O_{2+3} 为中上奥陶统；Z_2d 为上震旦统灯影组；Z_1n_3 为下震旦统南沱组三段；P_2 为上二叠统；P_1 为下二叠统；T_1y 为下三叠统夜郎组；T_1j 为下三叠统嘉陵江组；S_1lm 为下志留统龙马溪组；S_2sh 为中志留统韩家店组

　　非构造圈闭的识别是非构造油气藏勘探的难点。以柴达木盆地三湖地区为例，生物气勘探一直以构造气藏为重点，所提交的储量全部分布在此类气藏中，之后钻遍了可能的含气圈闭，未取得重大发现[37]。但资源评价预测第四系天然气资源量达万亿立方米，仍具良好的勘探前景。直到 2008 年，台南 9 井、台南 10 井、涩 34 井喜获工业气流后，显示了三湖地区岩性气藏勘探的良好前景[38]。但三湖地区第四系平缓、胶结疏松、砂泥岩薄互层，限制了地震资料对岩性圈闭群的识别。盘亿泰地质微生物技术（北京）有限公司把微生物勘探试验区选在三湖坳陷内，台南与涩北一号气田间，地表多为盐碱地，几乎无植被。已发现了台南 9 井、台南 10 井岩性生物气藏，而台东 2 井也获低产工业气流，台东 1 井水层含气性最差。气藏埋深小于 2000m，具砂泥薄互层的储盖特征。采样设计以东西向单测线穿过 4 口已知井，采样间隔

150m，分析土壤中的甲烷氧化菌。分析结果显示（图 1-24）：台南 9 井、台南 10 井岩性气藏上方发育了相对高的微生物值；为水层井的台东 1 井及低产的台东 2 井上方微生物响应不强烈，区别于岩性气藏区。表明岩性气藏区与非油气富集区的微生物值差异明显，而且微生物值与单井试气产量间存在正相关关系，表明微生物油气勘探技术在三湖地区可识别出含气丰度类似于台南 9 井、台南 10 井的气藏[39]。

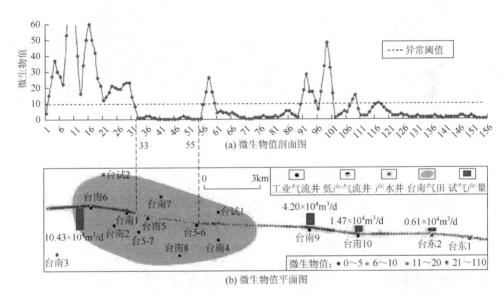

图 1-24　台南-台东地区微生物勘探东西向测线微生物值剖面图与平面图[40]

长江大学袁志华等通过在柴北缘马海构造马 10 井区进行油气微生物勘探[41]，采取 550 组样品进行天然气微生物数量及活性分析，得出该区的油气分布规律和分布范围（图 1-25），通过微生物异常值的分析得出马 10 井区微生物异常基本上为气异常，但没有大范围连成片，而油异常区几乎为背景区值。通过较成熟开发区的异常区与研究区内其他异常区微生物异常值进行对比，研究区内异常区的微生物异常值的平均值均没有前者高，合理直观地展示了马 10 井区的含油气远景。

微生物数据的地质解释。长江大学在建立微生物异常时，采取了"取之于油田，用之于油田"的思想，即结合利用现有的地质、地震、测井和钻井测试等资料，以及专性微生物的分析结果进行了精确界定，根据多年实践建立了一套较为完整的油气微生物异常区分级评价体系——PI（potential index）指标体系，即综合了油藏或天然气异常区的异常最大值、异常平均值、异常区面积、异常区形态、与构造的相互关系，在已有探井等基本资料的情况下还包括储层深度和开

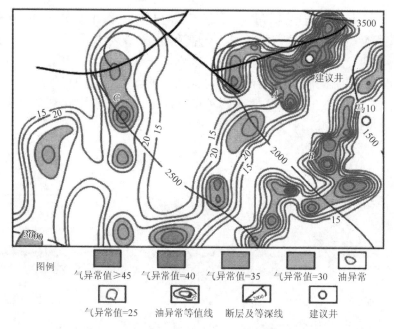

图例　气异常值≥45　气异常值=40　气异常值=35　气异常值=30　油异常

气异常值=25　油异常等值线　断层及等深线　建议井

图 1-25　马 10 井区天然气微生物异常分布

采情况等因素，将这些不同参数经过复杂的数学模型处理。PI 越高的异常区，表明其油气前景越好。在实际运用时，根据 PI 对异常区进行归类，在阳信洼陷地区的微生物勘探中取得了良好的效果[42]。盎亿泰地质微生物技术（北京）有限公司对油气微生物勘探解释模型进行了有益的尝试，即利用石油地质资料、地震数据、微生物异常数据和轻烃分析资料，运用 Petrel 建模软件通过地质建模技术、计算机图形处理技术与地质统计学方法，设计并建立油气微生物勘探解释模型[43]。此解释模型能通过可视化方式明确地表示断裂及断层的走向，显示各断层及褶皱所控制的圈闭形态，展示地表微生物异常与地质构造间的关系，还能作为研究烃类运移机理的一种方式；为以石油地质为基础、地震勘探技术为主导、微生物油气勘探技术为辅助、多学科相结合的新型综合勘探模式提供了新的科学依据。此外，美国环境生物技术公司也形成了一套运用地质统计分析方法得出钻井成功概率的微生物勘探成果地质解译方法，在南美地区取得了良好的应用效果。

　　由于微生物勘探成本低、速度快、操作简单、重复性好，将其结果与二维和三维地震勘探、沉积相、砂体展布、构造、断层、已知油气井等结果结合，进行综合分析研究，会有许多新的发现和认识。因此，目前微生物勘探技术已成为石油地质和地球物理技术的一项重要辅助技术，在常规及非常规油气藏勘探方面均有报道（表 1-6）。

表1-6　近期国内外油气微生物勘探应用概况

公司/研究机构	勘探应用区块	勘探资源类型	检测技术
中国石化石油勘探开发研究院无锡石油地质研究所	松辽盆地、渤海湾盆地、苏北盆地	常规油气 页岩气（试验）	传统培养 分子生物学
长江大学	松辽盆地、鄂尔多斯盆地、渤海湾盆地等	常规油气藏 页岩气（试验）	传统培养 分子生物学（试验）
盉亿泰地质微生物技术（北京）有限公司	柴达木盆地、四川盆地、渤海湾盆地、东海、南海	常规油气藏 冻土区水合物（试验）	传统培养 分子生物学（试验）
美国地质微生物技术公司	美洲、非洲和亚洲各大含油气盆地	常规油气、页岩气 煤层气	传统培养
E&P油田服务公司	欧洲、亚洲、美洲各大含油气盆地	常规油气、页岩气	传统培养
德国MicroPro实验室	欧洲各大盆地及北海	常规油气	传统培养
美国环境生物技术公司	美洲为主	常规油气、页岩气	传统培养
印度地球物理研究院	印度坎贝盆地、德干隆盆地、古德伯盆地	常规油气	传统培养
阿根廷Larriestia公司	萨利纳斯盆地、阿根廷内乌肯盆地等	常规油气	传统培养
英国EnviroGene公司	英国福姆比油田、中非裂谷盆地等	常规油气	分子生物学

　　控制页岩气富集的因素较多，如有机碳含量、有机质类型、热演化程度、页岩的孔隙与裂缝、埋深、压力等。在页岩气勘探中，原生页岩气藏较高的异常压力、气藏的隐蔽特性、页岩的孔隙与微裂缝越发育气藏富集程度越高等，这些有利的页岩气成藏特点，均为油气微生物勘探技术充分发挥其独特优势，提供了得天独厚的条件，可以更有效地反映页岩气的富集规律，进而圈定页岩气有利目标区，大大提高页岩气的勘探成功率，降低页岩气的勘探风险，目前美国和中国相关研究机构已进行了初步的试验性研究。

　　中国青藏高原冻土带自然地理条件恶劣，常规地球物理方法成本高、难度大，需要结合客观实际采用更加方便、快捷、可靠的检测新技术来推进冻土带的天然气水合物勘查工作。盉亿泰地质微生物技术（北京）有限公司在青海木里煤田的天然气水合物试验调查中，选用甲烷氧化菌、丁烷氧化菌和酸解烃相结合的地球化学检测方法（图1-26、图1-27），初步取得了良好的勘查效果，为冻土带天然气水合物资源勘查提供了新思路和新方法[44]。

　　海洋天然气水合物勘查方面，众所周知，在含有天然气水合物的沉积物中，丰富的碳源为微生物提供了充足的营养，微生物丰度与甲烷浓度的变化关系密切。太平洋东海岸秘鲁和喀斯喀特外海含有天然气水合物的1230站位、1244站位、1245站位和1251站位的微生物丰度随深度变化。这些点位中微生物以细菌为主，在

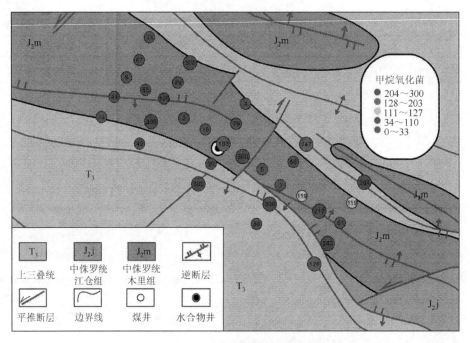

图 1-26　甲烷氧化菌异常平面图[44]

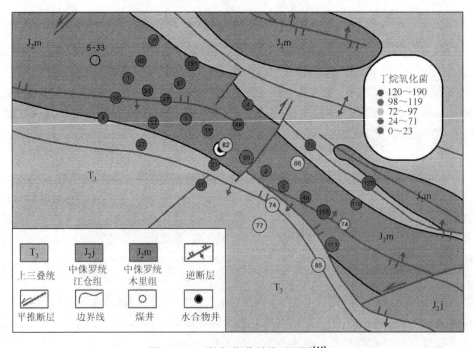

图 1-27　丁烷氧化菌异常平面图[44]

表层古菌的含量可以达到 30%，比不含水合物的 1227 站位高。日本学者 Inagaki 推测这可能是由于水合物稳定带下伏的甲烷或碳氢化合物流体上升，为表层的古菌提供了充足的氧化剂和营养物质，古菌的丰度增加[45]。在含有天然气水合物的沉积物中，丰富的碳源为微生物提供了充足的营养。微生物丰度与甲烷浓度的变化关系密切。据 Wellsbury[46]统计的 ODP 164 航次含有天然气水合物的 994 站位、995 站位和 997 站位中微生物丰度随甲烷浓度变化的关系（图 1-28）可知，表层甲烷浓度高的地方，微生物丰度大，随着深度的增加，甲烷浓度基本保持不变，微生物丰度也比较平衡。

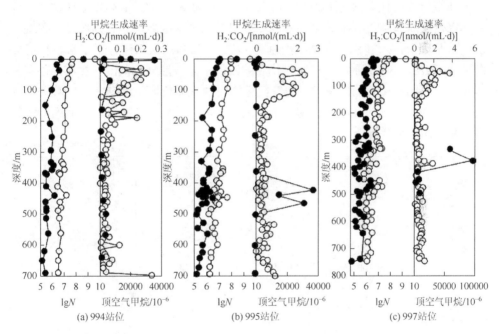

图 1-28　ODP 164 航次 994 站位、995 站位、997 站位微生物丰度与甲烷浓度对比图

N 为细胞丰度，个/mL

二、油气微生物检测技术发展趋势

分子生物学（免培养）技术逐步应用于微生物勘探。目前采用的主流的油气微生物勘探技术仍然是传统培养方法（表 1-6），即把整个土壤微生物群落视作"黑箱"，通过一段时间的充气培养后，比较油气区和背景区之间上述两类微生物数量和活性的差异，而对油气微生物在微渗漏原位的生态特征（丰度、分布和活性）却知之甚少。油气微生物，特别是难培养的微生物的形成极可能伴随着漫长的油气藏地质历史形成过程，因此，自然条件下的油气藏指示微生物极可能长期处于一种贫营养状态，属于

难培养微生物，实验室内采用 CFU 法和 MPN 法很难准确甄别难培养油气指示微生物的变化规律，很可能会严重低估其真实的多样性水平，忽略未培养微生物的贡献。因此，仅通过研究可培养的烃氧化菌异常来预测下伏油气藏的存在是不全面、不精确的。近年来，随着分子生物学技术的发展，使研究轻烃（$C_2 \sim C_8$）氧化菌在原位的种群分布、结构与功能、迁移与转归逐渐成为了可能。为此，国土资源部于 2011 年 8 月专门举办了一期油气勘探的现代微生物技术培训研讨会，旨在进一步提高我国油气微生物勘探技术水平，促进分子生物学技术在油气勘探领域的应用。

在勘探应用方面，英国 EnviroGene 公司和中国石化石油勘探开发研究院无锡石油地质研究所处于该技术研发的前列。2008 年起 EnviroGene 公司分别在兰开夏郡和巴伦支海南部进行了试验性研究，并申报两项国际专利。分别选用了甲烷单加氧酶基因 *pmoA* 和烷烃单加氧酶基因 *alkB* 对已知油气田进行了定量解析，如图 1-29 和图 1-30 所示，经过归一化后的油气基因与油气藏范围和生产井位置基本吻合。中国石化石油勘探开发研究院无锡石油地质研究所经过 3 年的攻关，具有了自主知识产权的油气微生物分子检测技术，在胜利油田和东北长岭断陷进行了初步应用，效果显著。

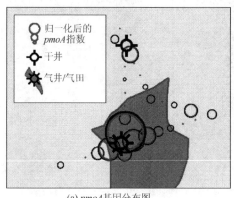
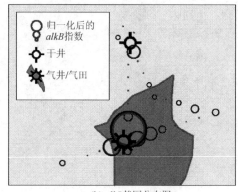

(a) *pmoA* 基因分布图　　　　　　　　　　　　(b) *alkB* 基因分布图

图 1-29　油气藏区域内 *pmoA*（气指示）和 *alkB*（油指示）基因分布图

精细化的油气微生物群落解析技术。据估计，大量的油气指示微生物可能是难培养微生物，无法通过纯培养技术开展研究[47, 48]。21 世纪以来，分子生态学技术飞速发展，特别是近年来得到广泛关注的稳定性同位素核酸探针（DNA/RNA-SIP）技术，使研究者能利用稳定性同位素原位示踪复杂环境中的油气指示微生物核酸 DNA/RNA，在分子水平鉴定油气形成过程中活性微生物群落的演替规律，明确鉴别具有较强勘探价值的油气微生物种类，丰富油气微生物遗传数据库，提高微生物勘探精度。目前，有关甲烷氧化菌的 DNA/RNA-SIP 研究已经相对比较成熟，人们已经能够准确地提取在甲烷渗漏点原位真实起作用的微生物信息，包括那些

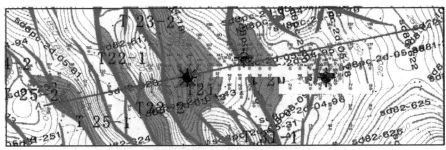

三维地震推测的构造圈闭、断层及钻井位置

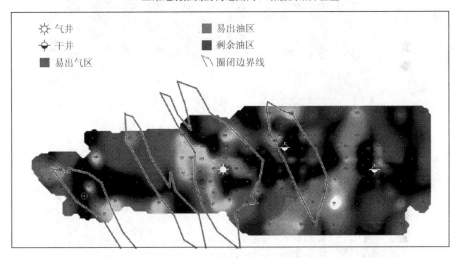

图 1-30　英国 EnviroGene 公司采用分子生物学方法对非洲某区块构造的含油气性进行预测

不可培养的微生物[49]。与甲烷相反，短链烃氧化菌的底物专一性较差，常常会优先利用环境中的其他有机碳源。有报道表明，在降解轻烃的过程中，细菌种类和数量随烷烃链长增加而线性增加，且整个群落往往呈现专性、兼性和辅助菌并存的状态，研究难度大[50]。目前仅有美国加利福尼亚大学 Valentine 研究小组对其作过较为系统的研究。最初，他们通过测定 C、H 稳定同位素的分馏效应，找到了乙烷—丁烷（$C_2 \sim C_4$）在圣芭芭拉海域微渗漏点被微生物好氧降解的地球化学证据，并且估算了其降解程度[47,48]。为找到更直接的证据，该课题组随后采用稳定同位素核酸探针配合常规的分子生物学技术，成功检测到了油气渗漏点的高活性短链烃氧化菌。如图 1-31 所示，经 [13]C 甲烷、乙烷和丙烷短期培养后的微生物群落发生了显著改变，表明在原位真正降解轻烃的微生物与土壤中本源的优势微生物并无相关性，且其中还有很大一部分都是未培养微生物[47,48]。研究油气微生物的种类最终还是服务于应用，在了解原位油气指示微生物种类之后，可以针对特定的微生物种属设计引物或探针，只检测其中一两种活性较高的关键微生物，这样可以提高实际勘探的准确性和特异性，降低勘探风险。

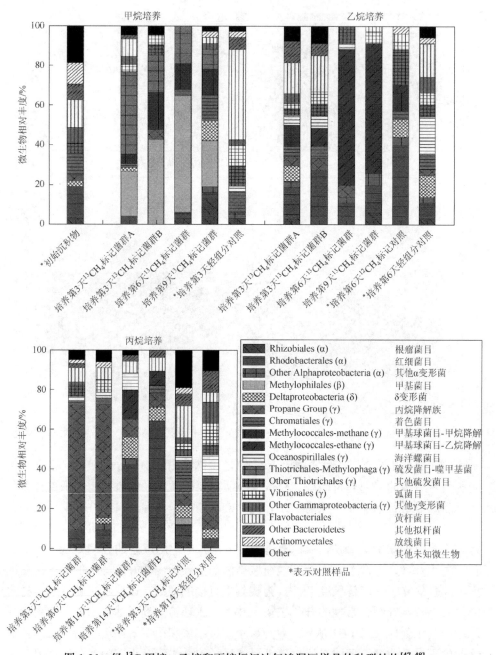

图 1-31　经 ^{13}C 甲烷、乙烷和丙烷标记油气渗漏区样品的种群结构[47, 48]

　　微生物与其他指标有机结合。微生物勘探和传统油气化探都是建立在轻烃垂直微渗漏的理论基础上的。其不同之处在于,微渗漏引起的微生物异常只显示为顶端异常,且微生物对油气藏渗漏轻烃的改造及分配存在关键作用。此外,微生物指标还具有动态性，其微生物异常由现今发生的烃渗漏引起，历史的烃渗漏则不能引起[51, 52]，故微生物勘探发现的油气渗漏异常具有勘探现实意义。而烃检查指标则具有灵敏，以及可鉴定下伏油气流体性质的优势[53]。张春林等[54]结合了微生物和常规化探的优势，对四川盆地南大巴山褶皱冲断带内的镇巴区块长岭-龙王沟地区展开研究。利用宏渗漏多具有微生物及烃检测异常指标呈线状分布、烃浓度高、C_{6+}多、烷烃/烯烃值高的特征；而微渗漏多具有微生物异常指标呈散乱分布、烃浓度低、几乎无己烷以上烃类、烷烃/烯烃值低的特征，有效地识别了烃类微渗漏与宏渗漏区域。此外，油气勘探中发现油气异常通常与磁化率异常具有较好的对应关系，而且有些油气藏表面地层中出现磁性矿物（主要是磁铁矿和磁黄铁矿）的聚集，而这些磁性矿物有很大一部分是由趋磁细菌产生的，笔者注意到最近已有研究人员通过趋磁细菌来快速诊断土壤石油烃污染状况[55]，那么在油气藏上方的趋磁细菌是否可以作为另一种类型的油气指示微生物尚有待研究。值得注意的是，地表植被和微量元素也可能是非常好的辅助指标。阿根廷 Larriestia 公司就做了有益的尝试[51]，取得了较好的应用效果（图 1-32）。

(a) 膜过滤法去除土壤有机质提高培养特异性的CFU法

(b) 由于烃类长期渗漏对植物的毒性作用，造成渗漏点上方植被相对背景区不发育

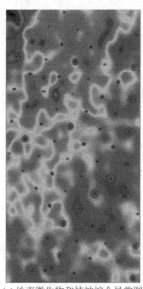

(c) 地表微生物和植被综合异常图

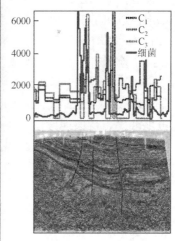

(d) 烃类与细菌的分布情况

图 1-32　阿根廷 Larriestia 公司结合微生物和地表植被综合勘探实例[51]

图（c）中绿点的大小代表微生物值；红色和绿色色块代表植被情况，绿色代表植被茂盛，红色代表植被稀疏

微生物与地球物理结合。虽然微生物勘探是探测油气微渗漏的有效手段，但也受到一定的限制。首先，油气微渗漏主要是垂向运移的，但往往会受到浅层断层的

影响。因此，地球化学异常可能会偏离异常源。其次，微生物异常并不能指示油气储层深度。如果要建立深部油藏和地表，以及地表烃类渗漏和油气圈闭之间的联系，就必须依托地球物理技术，如划定三维地震数据中的烃类迁移路径。阿根廷Larriestia 公司首次在三维地震中利用气体烟囱概率体积帮助确定烃类在油田中的生成位置和运移路径，其原理是通过提取气烟囱多个地震属性而生成一个神经网络。通过这种方式，烟囱概率体积法作为微生物勘探的一个重要补充，可以更好地了解从烃类生成位置开始的整段勘探区间信息[16]。

近 7 年来，中国石化石油勘探开发研究院无锡石油地质研究所，在国家自然科学基金"典型油气藏上方气态烃氧化微生物类群分布异常的深度解析"（批准号：41202241）、中国石油化工股份有限公司科技部前瞻项目"地表微生物勘探技术"、中国石油化工股份有限公司科技部"油气微生物勘探技术及应用研究"（合同号：P11058）和"典型油气微生物异常特征与预测技术研究"（合同号：P14042）等项目的持续支持下，建立了较为完善的微生物勘探技术体系，在采样、检测、环境校正、综合解释等各环节拥有了独创性的技术手段，取得了如下成果。

（1）建立了自主知识产权的油气指示微生物检测技术。首次建立了高通量培养检测技术，在微生物培养和检测方法上进行了创新，使整个检测工艺更加快速稳定，适应了工业化检测需求；建立了基于轻烃降解基因定量的分子生物学检测技术，无需培养而直接针对烃类降解的功能菌群（包括不可培养微生物），进一步提高了检测的准确性和灵敏度。

（2）结合分子指纹技术、稳定同位素探针和高通量测序等一系列先进的分子生物学技术，建立了全新的油气指示微生物群落解析技术。该技术无需培养，可以准确、全面地诊断出不同样品间油气指示微生物群落之间的差异，为油气微生物勘探技术提供了新思路；利用此技术从各个不同地区海量的微生物类群中鉴定油气敏感微生物，初步构建了中国石化重点勘探区块油气指示微生物数据库。

（3）通过开展人工模拟条件下油气微生物种群和数量变化机理研究，以及地表环境、烃类与油气指示微生物数量和类群分布相关性研究，初步阐明了油气微生物勘探的作用机理，建立了地表环境干扰评估手册，科学指导了野外样品采集和数据后处理。

（4）在江苏、胜利、松辽、江汉、塔里木、准噶尔、柴达木和川东北等多个区域开展的油气微生物勘探应用研究工作，证实了微生物异常对下伏油气藏微渗漏具有很好的响应，能指示下伏油气藏的"生命体征"；研究中结合地质、地球物理资料和常规地球化学指标，归纳总结了不同典型油气型的微生物异常特征，初步形成了有效的预测和评价技术。

本书将在第二章、第三章和第四章对以上成果进行详细阐述。

参 考 文 献

[1]　梅博文，袁志华，王修垣. 油气微生物勘探法[J]. 中国石油勘探，2002，7（3）：42-53.

[2]　MOGILEVSKII G A. Microbiological investigations in connecting with gas surveying [J]. Razvedka nedr，
　　　1938，8（1）：59-68.

[3]　MOGILEVSKII G A. The bacterial method of prospecting for oil and natural gases [J]. Razvedka nedr，1940，12：
　　　32-43.

[4]　HITZMAN D O. Prospecting for petroleum deposits：US 2880142[P]. 1959.

[5]　GONZALES-PREVATT V，MUNNECKE D M. Microbiological oil prospecting：US 5093236[P]. 1992.

[6]　BAUM M，BLESCHERT K H，WAGNER M，et al. Application of surface prospecting methods in the Dutch North
　　　Sea [J]. Petroleum geoscience，1997，3（2）：171-181.

[7]　LOPEZ J P，HITZMAN D，TUCKER J. Combined microbial，seismic surveys predict oil and gas occurrences in
　　　Bolivia [J]. Oil and gas journal，1994，92（43）：68-70.

[8]　PRICE L C. Microbial-soil surveying：preliminary results and Implications for surface [J]. Geochemical oil
　　　exploration APGE bull，1993，9：81-129.

[9]　RIESE W C，MICHAELS G B. Microbiological indicators of subsurface hydrocarbon accumulations[J]. American
　　　association of petroleum geologists（AAPG）bulletin，1991，75（3）：7-10.

[10]　TROST P B. A limited data set comparison of headspace soil gas and the "MOST" biogeochemical technique to
　　　evaluate drill site potential [J]. Association of petroleum geochemical explorationists bulletin，1993，9：63-80.

[11]　TUCKER J，HITZMAN D. Detailed microbial surveys help improve reservoir characterization [J]. Oil and gas
　　　journal，1994，23：65-69.

[12]　WAGNER M，PISKE J，SMIT R. Case histories of microbial prospecting for oil and gas，onshore and offshore in
　　　Northwest Europe[J]//Surface exploration case histories：applications of geochemistry，magnetics，and remote
　　　sensing. Geology 48 and SEG geophysical references series，2002，11（1）：453-479.

[13]　袁志华，梅博文，佘跃惠，等. 二连盆地马尼特坳陷天然气微生物勘探 [J]. 天然气地球科学，2004，15（2）：162-165.

[14]　孔淑琼，黄晓武，李斌. 天然气库土壤中细菌及甲烷氧化菌的数量分布特性研究 [J]. 长江大学学报，2009，
　　　6（3）：56-59.

[15]　袁志华，梅博文，佘跃惠，等. 天然气微生物勘探研究——以蠡县斜坡西柳构造为例 [J]. 天然气工业，2003，
　　　23：27-30.

[16]　CONNOLLY D L，GARCIA R，CAPUANO J. Integration of evidence of hydrocarbon seepage from 3-D seismic
　　　and geochemical data for predicting hydrocarbon occurrence：examples from Neuquen Basin Argentina[C]//AAPG
　　　Annual Conference and Exhibition. Houston，Texas，USA. 2011.

[17]　PRICE L C. A critical review and proposed working model of surface geochemical exploration[M]//DAVIDSON
　　　M J. Unconventional methods in exploration for petroleum and natural gas IV. Dallas：Southern Methodist
　　　University Press，1986：245-304.

[18]　SAUNDERS D F，BURSON K R，THOMPSON C K. Model for hydrocarbon microseepage and related
　　　near-surface alterations [J]. AAPG bulletin，1999，83（1）：170-185.

[19]　KLUSMAN R W，SAEED M A. Comparison of light hydrocarbon microseepage mechanisms [J]. AAPG memoir，
　　　1996，29（66）：157-168.

[20]　SCHUMACHER D. Hydrocarbon-induced alteration of soils and sediments [J]. AAPG memoir，1996，66：71-89.

[21]　JONES V T，DROZD R J. Predictions of oil or gas potential by near-surface geochemistry [J]. AAPG bulletin，

1983，67（6）：932-952.

[22] BROWN A. Physical constraints on microseepage mechanisms[C]//AAPG Hedberg Research Conference Natural Gas Formation and Occurrence. Durango，Colorado，1999，12.

[23] HANSON R S. Methanotrophic bacteria [J]. Microbiological reviews，1996，60（2）：439.

[24] STOECKER K，BENDINGER B，SCHONING B，et al. Cohn's Crenothrix is a filamentous methane oxidizer with an unusual methane monooxygenase [J]. Proceedings of the National Academy of Sciences of the United States of America，2006，103（7）：2363-2367.

[25] LEADBETTER J R，BREZNAK J A. Physiological ecology of *Methanobrevibacter cuticularis* sp. nov. and *Methanobrevibacter curvatus* sp. nov.，isolated from the hindgut of the termite *Reticulitermes flavipes* [J]. Applied and environmental microbiology，1996，62（10）：3620-3631.

[26] TEDESCO S A. Surface geochemistry in petroleum exploration [M]. London：Chapman & Hall，1995.

[27] ZYAKUN A M. Potential of $^{13}C/^{12}C$ variations in bacterial methane in assessing origin of environmental methane[J]. AAPG memoir，1996，66：341-352.

[28] MUYZER G，VAN DER KRAAN G M. Bacteria from hydrocarbon seep areas growing on short-chain alkanes [J]. Trends in microbiology，2008，16（4）：138-141.

[29] SHENNAN J L. Utilisation of C_2-C_4 gaseous hydrocarbons and isoprene by microorganisms [J]. Journal of chemical technology & biotechnology，2006，81（3）：237-256.

[30] REDMOND M C，VALENTINE D L，SESSIONS A L. Identification of novel methane-，ethane-，and propane-oxidizing bacteria at marine hydrocarbon seeps by stable isotope probing [J]. Applied and environmental microbiology，2010，76（19）：6412-6422.

[31] HITZMAN D，ROUNTREE B D，TUCKER J D，et al. Integrated microbial and 3D seismic surveys discover Park Springs（Conglomerate）field and track microseepage reduction [C]. AAPG Studies in Geology No 48/SEG Geophysical References. 1997.

[32] 袁志华，张杨，王石头，等. 湖北松滋油气田天然气微生物勘探 [J]. 天然气工业，2008，28（8）：28-31.

[33] HITZMAN D C，TUCKER J D，ROUNTREE B A. Correlation between hydrocarbon microseepage signatures and waterflood production patterns [M]. Hedberg：AAPG Hedberg Research Conference，1994.

[34] 袁志华，张玉清，赵青，等. 中国油气微生物勘探技术新进展——以大庆卫星油田为例 [J]. 中国科学（D辑），2008，（S2）：139-145.

[35] 袁志华，张玉清. 利用油气微生物勘探技术寻找页岩气有利目标区 [J]. 地质通报，2011，30（2）：406-409.

[36] 袁志华，袁丹超，张树民，等. 渝东南渝页 2 井区页岩气微生物勘查 [J]. 石油天然气学报，2013，35（10）：20-22.

[37] 徐子远. 柴东生物气勘探的实践与思考 [J]. 中国石油勘探，2006，11（6）：33-37.

[38] 徐凤银，彭德华，侯恩科. 柴达木盆地油气聚集规律及勘探前景 [J]. 石油学报，2003，24（4）：2-8.

[39] 张春林，庞雄奇，梅海，等. 微生物油气勘探技术的实践与发展 [J]. 新疆石油地质，2010，31（3）：320-322.

[40] 张春林，庞雄奇，梅海，等. 微生物油气勘探技术在岩性气藏勘探中的应用——以柴达木盆地三湖拗陷为例[J]. 石油勘探与开发，2010，37（3）：310-315.

[41] 袁志华，余家朝. 柴北缘马海构造马 10 井区天然气微生物勘探 [J]. 科学技术与工程，2013，13（36）：10893-10898.

[42] 李勇梅，袁志华. 阳信洼陷石油微生物勘探研究 [J]. 特种油气藏，2009，16（5）：44-47.

[43] 程楷. 油气微生物勘探解释模型的初步实现 [D]. 上海：华东师范大学，2009.

[44] SUN Z，YANG Z，MEI H，et al. Geochemical characteristics of the shallow soil above the Muli gas hydrate

reservoir in the permafrost region of the Qilian Mountains, China [J]. Journal of geochemical exploration, 2014, 139（1）: 160-169.

[45] INAGAKI F, NUNOURA T, NAKAGAWA S. Biogeographical distribution and diversity of microbes in methane hydrate bearing deep marine sediments on the Pacific Ocean Margin [J]. Proceedings of the National Academy of Sciences of the United States of America, 2006, 103（8）: 2815-2820.

[46] WELLSBURY P, GOODMAN K, CRAGG B A, et al. The geomicrobiology of deep marine sediments from Black Ridge containingmethane hydrate（Site 994, 995, and 997）[M]//PAULL C K, MATSUMOTO R, WALLACE P J, et al. Proceedings of the Ocean Drilling Program, Scientific Results, Leg 164. College Station: Ocean Drilling Program, 2000.

[47] KINNAMAN F S, VALENTINE D L, TYLER S C. Carbon and hydrogen isotope fractionation associated with the aerobic microbial oxidation of methane, ethane, propane and butane [J]. Geochimica et cosmochimica acta, 2007, 71（2）: 271-283002E

[48] REDMOND M C, VALENTINE D L, SESSIONS A L. Identification of novel methane-, ethane-, and propane-oxidizing bacteria at marine hydrocarbon seeps by stable isotope probing [J]. Applied and environmental microbiology, 2010, 76（19）: 6412-6422.

[49] MOUSSARD H, STRALIS-PAVESE N, BODROSSY L, et al. Identification of active methylotrophic bacteria inhabiting surface sediment of a marine estuary [J]. Environmental microbiology reports, 2009, 1（5）: 424-433.

[50] ROJO F. Degradation of alkanes by bacteria [J]. Environmental microbiology, 2009, 11（10）: 2477-2490.

[51] LARRIESTRA F, VECCHIO M, FERRER F, et al. A Modified Method of Microbial Analysis for Oil Exploration and its Application on Five Basins of Southern and Western Argentina [C]. Calgary, Alberta, Canada: AAPG International Conference and Exhibition. 2010.

[52] TUCKER J, HITZMAN D. Detained microbial survey help improve reservoir characterization [J]. Oil and gas journal, 1994, 92（23）: 65-69.

[53] 索孝东, 石东阳. 油气地球化学勘探技术发展现状与方向 [J]. 天然气地球科学, 2008, 19（2）: 286-292.

[54] 张春林, 庞雄奇, 梅海, 等. 烃类微渗漏与宏渗漏的识别及镇巴长岭—龙王沟地区勘探实践 [J]. 天然气地球科学, 2009, 20（5）: 794-800.

[55] POSTEC A, TAPIA N, BERNADAC A, et al. Magnetotactic bacteria in microcosms originating from the French mediterranean coast subjected to oil industry activities [J]. Microbial ecology, 2012, 63（1）: 1-11.

第二章 油气勘探微生物检测技术研究

第一节 培养定量检测技术

一、油气勘探微生物种属及其传统检测流程

油气藏的轻质组分（气态烃为主）经历了漫长地质历史时期的垂直运移，使表层土壤、水体等介质中的烃类浓度升高，这就为某些以气态烃为食物源的特定微生物种群提供了维持生命活动所必需的碳源。基于微生物对不同营养源的高适应性及广泛分布性，国外学者意识到可以通过探测油气藏表层土壤中气态烃氧化菌的异常发育来预测下伏油气藏的存在，并逐步将该技术成功应用到油气勘查的实践中[1, 2]。

气态烃氧化菌按其功能可分为两类：甲烷氧化菌和 $C_2 \sim C_4$ 的短链烃氧化菌。甲烷氧化菌属于一类特殊的烃氧化菌群，仅能利用 C_1 化合物，不能够消耗糖类或短链烃，具有高度的底物专一性。由于天然气中甲烷的含量一般占98%以上，在含天然气的天然或人工气苗附近，甲烷氧化菌数量会显著增加，因此通常将其作为地下气藏指示菌。过去100多年来，人们对甲烷氧化细菌生理生化特点取得了较为透彻的认识[3]。目前已知的甲烷氧化细菌主要有 Methylococcaceae 和 Methylocystaceae 等科构成（表2-1）。前者属于 γ-变形菌亚门，也称为 I 型甲烷氧化细菌；后者属于 α-变形菌亚门，也称 II 型甲烷氧化细菌。I 型甲烷氧化细菌包括甲基球菌属（*Methylococcus*）、甲基暖菌属（*Methylocaldum*）、甲基单胞菌属（*Methylomonas*）、甲基杆菌属（*Methylobacter*）、甲基微菌属（*Methylomicrobium*）等。II 型甲烷氧化细菌包括甲基孢囊菌属（*Methylocystis*）、甲基弯曲菌属（*Methylosinus*）、甲基帽菌属（*Methylocapsa*）和 *Methylocella* 等。微生物甲烷氧化主要通过甲烷单氧化酶进行，即 *pmoA* 基因，迄今为止，该基因是绝大多数分子方法研究甲烷氧化细菌标靶基因。近年来，随着分子微生物生态学方法的快速发展，人们对甲烷氧化细菌的认识不断取得突破。例如，传统观点认为，甲烷氧化细菌只能利用单碳化合物甲烷获取能源和碳源，新的研究表明 *Methylocella* 可以利用乙酸生长繁殖，改变了上百年来人们对甲烷氧化细菌碳源利用途径的认识[4]；多孢子铁细菌（*Crenothrix polyspora*）是一种纤维状的 γ-原核生物，也被发现具有甲烷单氧化酶的关键基因，能够氧化甲烷，然而其生理生态特点与传统甲烷氧化细菌具有明显差别，遗传进化

关系相去甚远[5]；最近三个不同研究小组同时分离到高度嗜酸的"难培养微生物-疣微菌门（Verrucomicrobia）"，并都具有甲烷氧化能力，其 pH 耐受值达 0.8，意味着人们对甲烷氧化菌多样性的了解远不够全面[6]，更令人意外的是，该微生物属于"PVC-难培养微生物"［浮霉菌门（Planctomycetes），Verrucomicrobia，衣原体（Chlamydiae）］，研究表明 PVC-难培养微生物在地球上广泛分布，在生物医药工程方面具有重要用途，在极端环境中作为油气指示微生物的功能则未见报道；广泛存在于厌氧海洋水体和底泥中的厌氧甲烷氧化菌，也极可能在油气藏深处大量存在，但目前尚无这一方面的报道。此外，已知的甲烷氧化菌纯菌株培养条件下的底物亲和力低，不能氧化 1.8mL/m^3 大气浓度水平的甲烷。20 世纪 90 年代，分子微生物生态学研究表明土壤中存在氧化大气甲烷的未培养微生物：USC-α 和 USC-γ 微生物，但迄今尚未能分离到纯菌株。这些难培养的大气甲烷氧化菌能否作为油气指示微生物，目前仍未有报道。

表 2-1　好氧甲烷氧化菌纯培养菌株的分类

门	γ-Proteobacteria（Ⅰ型甲烷氧化菌）	α-Proteobacteria（Ⅱ型甲烷氧化菌）		Verrucomicrobia（疣微菌门）
科	Methylococcaceae	Beijerinckiaceae	Methylocystaceae	Verrucomicrobiaceae（疣微菌科）
属	*Methylobacter，Methylocaldu，Methylococcus，Methylogae，Methylohalobium，Methylomarinum，Methylomicrobium，Methylomonas，Methylosarcina，Methylosoma，Methylosphaera，Methylothermus，Methylovulum*	*Methylocella，Methylocapsa*	*Methylocystis，Methylosinus*	*Methylacidiphilum*

相比于对 C$_1$ 底物利用的甲烷氧化菌，短链烃氧化菌的研究则更为复杂[7]。目前，短链烃氧化菌主要属于高 GC 含量（鸟嘌呤和胞嘧啶所占的比例）的革兰氏阳性菌，主要包括：诺卡氏菌属（*Nocardia*）、棒状杆菌属（*Corynebacterium*）、分枝杆菌属（*Mycobacterium*）和红球菌属（*Rhodococcus*）等。此外，一些革兰氏阴性假单胞菌属（*Pseudomonas*）也在油气藏环境中被大量检出。由于乙烷、丙烷和丁烷难于在地表产生，而主要是地下油气藏烃组分的运移产物，因此短链烃氧化菌常被用来指示地下油藏。但目前也有报道表明一些常见的细菌和真菌可能利用油气藏兼性生长[8]，如节杆菌属（*Arthrobacter*）、假单胞菌属（*Pseudomonas*）、芽孢杆菌属（*Bacillus*）、土壤杆菌属（*Agrobacterium*）、产碱菌属（*Alcaligenes*）、黄杆菌属（*Flavobacterium*）、枝芽孢杆菌属（*Virgibacillus*）和各种放线菌（*Antinobacteria*）、丝状真菌（filamentous fungi）等。因此，随着化合物中烷烃链的增加，利用其生长的微生物种类显著增加，长链烃类氧化菌的底物利用范围（即兼性生长代谢特点）更广，导致其群落结构（数量和组成）变化规律的原因可能

更为复杂，对微生物勘探技术的灵敏度要求更高。特别是微生物具有极强的环境适应性，理论上讲，似乎没有专一的利用油气藏作为能源和碳源生长的烃类微生物。例如，甲烷氧化菌是目前应用最为广泛的油气指示微生物之一，但甲烷氧化菌同时也具备固氮的功能。此外，油气指示微生物与其他非油气指示微生物极可能形成共生的关系。例如，油气指示微生物大量生长繁殖产生的代谢产物可以作为其他非油气指示微生物的食物，促进其生长。因此，能够利用烃类微生物代谢产物生长的非油气指示微生物在理论上也可能作为微生物勘探技术的指标。同时，以何种微生物为指示菌可能还需要根据不同的石油地质形成条件加以鉴别。然而，目前业内尚没有统一的油气指示微生物的判定标准，未来针对不同油气藏形成发育特点，建立并健全油气指示微生物资源库，有区别地评价烃类微生物的指示作用，是微生物勘探技术的核心内容。

　　针对上述两类细菌，目前主流的油气微生物勘探技术采用传统培养方法，即把整个微生物群落视作"黑箱"，采用特异培养基（富含烃类组分的培养基分离油气指示微生物），从环境样品中选择性地对气态烃氧化菌进行计数和分类，推测其新陈代谢机理，进而推测油气分布的有利区块。

　　德国油气微生物勘探技术的流程如图 2-1 所示，主要包括：测试分析、误差控制、数据处理、异常指标和综合解释。为了评价微生物异常，采用了一套对土壤中烃氧化菌（包括甲烷氧化菌）的评价指标——MU（measurement unit），即综

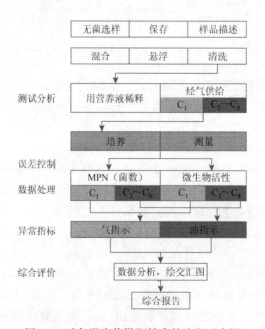

图 2-1　油气微生物勘探技术的流程示意图

合单位土壤样品中的微生物数量（n）、活性（a）、显微镜鉴定结果（o）、地层压力（f）、地表温度（t）、样品湿度（h）、岩性（l）、颜色（c）、pH（p）和地表植被（v）等因素，经一系列处理得出：

$$MU=f(n, a, o, f, t, h, l, c, p, v) \qquad (2\text{-}1)$$

MU 指标体系是用于综合评价微生物的细胞数量及其影响因素。它将数量级不同且烦琐的微生物实验结果通过数学模型处理转化成易于为地质学家理解和操作的测量单元，同时便于在相同的地质背景和生态条件下进行比较，确定出背景值及异常值。MU 无单位，也不是一个绝对的数值。它依赖于调查区域的生态条件等因素。MU 由近 10 组原始数据组成。这些原始数据分别来源于微生物显微测定数据、生化反应测定数据、生长活性测定数据、二氧化碳生成速率数据、敏感度分析结果及轻烃气体耗损分析等。采用此方法计算出每个测定点的 MU，分别记录在油分布平面图和气分布平面图上，可以得出 MU 等值线。MU 越高的区域，越有可能发现油田。

美国微生物石油勘探技术，一般选取地表土壤未受扰动的地点，采集 20cm 深度处土壤约 200g，采集的样品及时进行专业处理，完成后进行甲烷氧化菌或丁烷氧化菌分析，分析结果以 MV（microbial value，微生物值）指标评价体系来表示[1]，由生物显微镜计数结果（菌落数）和生长活性等综合反映样品中专性微生物发育的相对浓度。

其中，气态烃氧化菌的测试技术是微生物勘探的核心，以及成功与否的关键。以下将对近几年所取得的成果进行介绍。

二、油气微生物培养检测方法

（一）土壤微生物培养检测法概述

1. 亨格特严格厌氧操作技术

实验过程中所有用到的培养基的制备、分装均采用亨格特严格厌氧操作技术，培养基中加入非常灵敏的氧化还原指示剂——刃天青来指示培养基中氧的去除情况。当培养基中有少量氧存在时，加有刃天青的培养基变红，当将氧去除后，培养基恢复原来的颜色。实验中所用的氮气、氢气、二氧化碳气体均通过加热还原的铜柱（300℃）以除去其中所含的微量的氧。接种、稀释、转移及气体加入，全部采用无菌无氧的注射器在无菌状态下进行。这种技术主要用于对厌氧微生物进行检测和鉴定，如产甲烷菌（古菌）、硫酸盐还原菌、厌氧甲烷氧化菌等。

2. 细菌（烃氧化菌、厌氧纤维素分解菌、硫酸盐还原菌）培养基

培养基是人工配制的适合于微生物生长繁殖和积累代谢产物的营养基质。根据某种（类）微生物的特殊营养要求或某种物理化学因子的抗性而设计出来的特异性培养基。利用这种培养基，可将某种（类）微生物从混杂的微生物群体中分离出来。例如，以石油和天然气作为唯一碳源的培养基，可以有选择地分离出利用石油和天然气的好氧微生物。

3. MPN 法

MPN 法（最大可能数法）是根据稀释菌液接种培养后所生长的微生物的试管数，用统计学方法计算出原始的含菌量。取未知细菌浓度的样品 0.5g（固体、固体）依次作 10 倍系列稀释，各稀释度的试管为 3～5 支（即 3 管法或 5 管法），每支试管装有 4.5mL 培养基。假定其结果是接种 10^5 倍稀释液的所有培养基管都生长有细菌，接种 10^6 倍稀释液的所有培养基管有 2 管生长细菌，接种 10^7 倍稀释液的所有培养基管都不生长细菌，则稀释液的倍数为 10^5、10^6、10^7，生长细菌的管数分别为 3、2、0，因此可能以推断所用未经稀释的样品的细菌浓度在 10^5～10^6 个。用统计学方法可作出更精确的推算，推算出的细菌浓度称为 MPN 数。

4. CFU 法

CFU 法即平板计数法。原理为 1g 或 1mL 样品中所含的活菌数量，通过将处理后的样品在一定条件下培养后计算生长出来的菌落数（CFU），即一定体积的细菌培养液在固态培养基上形成的菌落数。液体样品可直接稀释成供试液，固体样品需在灭菌的生理盐水中浸泡制成供试液。将不同稀释度的供试液吸取 1mL，放入灭菌的平皿内，再倾注融化的营养琼脂，待琼脂凝固后，翻转平皿，37℃培养 3～5 天，计算平皿内的菌落数。CFU 法应用广泛，但检验过程必须严格无菌，以防污染杂菌，而且检验所需时间较长，同时也需选择合适的稀释度和接种量。

目前主流的烃氧化菌定量方法共有三种：①气体消耗法，通过培养管或培养瓶顶空的气体消耗来判断烃氧化菌存在与否；②直接测定法，通过直接传统培养法测定样品中的细菌数量，如 CFU 法、MPN 法等；③代谢物测定法，通过烃氧化过程中产生的中间代谢产物来间接表征细菌活性。这三种方法中，气体消耗法操作烦琐，需要测定顶空气体，费时且昂贵，更重要的是有些兼性细菌在利用烃的同时还可以利用土壤中的有机物，会对结果造成巨大影响。代谢物测定法的缺点主要是容易导致非特异性判断，很多代谢途径通常也被其他细菌所利用，因此需要非常小心的选择特异性的中间代谢产物。

因此，较长时间以来，甲烷氧化菌和短链气态烃氧化菌的测试方法主要有两种：一种是 CFU 法[9, 10]，另一种是 MPN 法[11, 12]。在 MPN 法基础上开发了一种简单易行的培养管，配置了盛有唯一碳源气态烃、氮源、磷源及专用生长指示剂的培养液，适用于气态烃氧化菌的系列测试瓶，取得了良好的应用效果。

（二）油气指示微生物培养检测法

针对传统 MPN 法操作烦琐费时，对操作人员要求较高，不适于样品数量多的大规模工业勘探测量的特点。研制了专性烃氧化菌、丁烷氧化菌、纤维素分解菌、硫酸盐还原菌的计数测试培养管。该测试管经高压灭菌后可以长期保存，操作简单，仅需将待测样品用无菌注射器逐级注入测试管中稀释培养，直到最后一个测试管无菌生长为止，根据稀释的倍数计算出土样中细菌的数目，可大大提高工作效率，尤其适合工业化测试（图 2-2）。

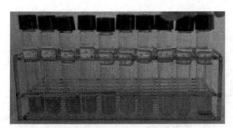

(a) 专性烃氧化菌培养管

(b) 丁烷氧化菌培养管

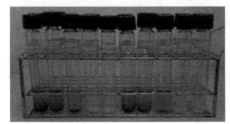

(c) 硫酸盐还原菌培养管

(d) 纤维素分解菌培养管

图 2-2　各种细菌培养管

1. 烃氧化菌

烃类不代表单一的某种物质，意味着烃氧化菌也可以利用多糖类和单糖类（纤维素、葡萄糖）。即使这类细菌在自然环境中不存在，在实验室条件下也能靠短链烃生存。当然，在细菌细胞体中基本的蛋白质和酶的产生需要好几天的适应期。这些具有非活化状态的烃降解潜能的微生物可描述为兼性菌；与此相比，另一类微生物群体已适应其生长的自然环境,在实验室条件下不需要适应期,并立即以乙烷、丙烷和丁烷为食料而迅速生长,这类群体被称为专性菌。

针对烃氧化菌的检测难题,采用了以检测专性烃氧化菌的中间代谢产物为特征的液体培养法。通过对培养时间、专性烃氧化菌培养的生长特征观察方法、特异性底物、特征性指示剂选择的实验研究,实现了专性烃氧化菌检测方法的快速和便利检测。所采取的技术方法为:通过比较不同配方培养液培养气态烃氧化菌的速度优选培养液配方,经过反复筛选,得到以某一气态烃为唯一碳源,含有氮源、磷源等组分的专门用于培养各该气态烃氧化菌的培养液配方(表 2-2)。用该配方培养的微生物仅以相应气态烃为唯一碳源的气态烃氧化菌,测试不会受其他细菌的干扰,针对性和专一性强。该检测技术已获专利授权(申请号:CN 201010519521.X)[13]。具体的检测流程为:将待测样品逐级稀释后,加入到已经注入基础培养基的专性烃氧化菌培养管中进行培养,直至测试管中无菌生长为止,然后根据稀释菌液接种培养后的阳性试管数,用统计学方法计算初始土样中的烃氧化菌数量。

表 2-2 烃氧化菌培养基组成

基础培养基		微量元素	
组成	配比/(g/L)	组成	配比/(g/L)
KNO_3	1	$NaMoO_4 \cdot 2H_2O$	0.5
$MgSO_4 \cdot 7H_2O$	0.2	$FeSO_4 \cdot 7H_2O$	0.5
KH_2PO_4	0.2	$ZnSO_4 \cdot 7H_2O$	0.4
K_2HPO_4	0.8	$CoCl_2 \cdot 6H_2O$	0.05
NaCl	1	$NiCl_2 \cdot 6H_2O$	0.01
微量元素液	4	H_3BO_3	0.015

2. 厌氧纤维素分解菌

纤维素是自然界中最丰富的生物物质聚合物,在地质沉积环境中,纤维素也是细菌可降解有机质中的主要成分[14]。厌氧纤维素分解菌可以将纤维素转化为甲烷和二氧化碳。在石油勘探中,主要用于排除有机物厌氧降解产生的甲烷干扰。因此,在近地表如果检测的甲烷氧化菌高,而厌氧纤维素分解菌低的异常,可以认为是油气异常;而当甲烷氧化菌高且厌氧纤维素分解菌也同时高的异常,则难以推定是油气异常,这种甲烷氧化菌的部分或全部有可能是用厌氧纤维素分解菌分解有机物产生的甲烷作底物,而不是用地下深部油气藏微渗的轻烃作底物的。所以,建立一种新的准确、快速测定厌氧纤维素分解菌数目的方法十分必要。

厌氧纤维素分解菌培养基采用奥曼梁斯基培养基配方[15]：$(NH_4)_2SO_4$ 1.0g/L，K_2HPO_4 1.0g/L，$MgSO_4 \cdot 7H_2O$ 0.5g/L，NaCl 0.2g/L，$CaCO_3$ 2.0g/L。具体步骤为：将 15mL 培养基分装于试管中（深层造成厌氧条件），各管插入 1 条 1cm×10cm 的滤纸条，一个大气压灭菌 30min。将稀释度 10^{-1}、10^{-2}、10^{-3}、10^{-4}、10^{-5} 的土壤悬液 1mL 接入试管，每稀释度重复 3 次。另取 3 支试管接种 1mL 无菌水作对照，在 28~30℃的环境下培养 14~18 天，取出检查滤纸上的溶解区或纸屑的腐烂情况，并观察滤纸条上是否出现菌落，以判断厌氧纤维素分解菌的生长。若在滤纸上生长，则常缀上黄色、褐色或黑色的斑点，滤纸条摇动则立即破裂。根据检查得出数量指标，然后通过 MPN 计数表得出菌数近似数，计算出每克干土中厌氧纤维素分解菌的数量。

3. 硫酸盐还原菌

硫酸盐还原菌是一类能将硫酸盐、亚硫酸盐、硫代硫酸盐等硫氧化及元素硫还原成硫化氢的细菌统称。硫酸盐还原菌生长的最适 pH，一般在中性偏碱范围，而且要求较低的氧化还原电位（ORP），只有 ORP 在−100mV 以下时才开始生长[14]。大多数硫酸盐还原菌利用有机物作为能源和碳源。在硫酸盐还原菌活跃区域，可以显著地影响地表之下土壤和地下水的性质。硫酸盐还原菌可以消耗渗漏的烃类，并在油气藏上方形成一个化学还原环境，产生硫化氢。硫酸盐还原菌氧化含碳化合物的范围从乙酸到长链脂肪酸，经常发现硫酸盐还原菌与油气藏有关[16, 17]。

测定方法采用绝迹稀释法，即用无菌注射器将待测定的水样逐级注入测试瓶中，进行接种稀释后，置于培养箱培养，若培养管内培养基变成黑色或生成黑色沉淀，则判定为此稀释度有硫酸盐还原菌生长。根据 MPN 计数表、测试瓶阳性反应和稀释的倍数，计算出水样中细菌量总数。

4. 甲烷氧化菌

甲烷氧化菌是一类非常特殊的微生物，它以甲烷作为唯一的能源和碳源。虽然多数甲烷氧化菌也可以同时利用甲醇，但所有的甲烷氧化菌都不能利用多碳化合物[3]。一般情况下，一方面，甲烷在水溶液中的溶解度较低，导致甲烷氧化菌生长速率慢，成为限制甲烷氧化菌准确计数的瓶颈；另一方面，传统的甲烷氧化菌的固体培养法操作复杂，培养时间长，不仅需要定期换气，在反复换气过程中又容易造成杂菌的污染。因此，有必要开发一种快速、简便的甲烷氧化菌的培养计数方法。研究中比较了甲烷气体消耗 MPN 法[19]、充气滚管培养计数法（图 2-3）及充气平板计数法三种甲烷氧化菌培养方法，优选出稳定性高、特异性强、检测周期短的最佳方案。通过比较，气体消耗 MPN 法在数量级上无法跟其他两种方法比较，说明其灵敏性较差，加上每个培养管都要进行气相色谱测定，不适合大规模的工业化测试。充气滚管培养计数法和充气平板计数法相关性很高，操作较为简单，适合作为工业化的甲烷氧化菌定量方法。

充气滚管培养计数法从 20 世纪 90 年代至今，一直作为主流技术估算甲烷氧化菌的数量。它的优点是，可以有效地避开液体培养存在的气液传质阻力，使菌落与底物（甲烷+氧气）直接接触，其检测周期可以控制在 2 周之内，且可以通过计量 CFU 进行计数。CFU 为菌落形成单位，是指将稀释后的一定量的菌液通过浇注或涂布的方法，让其内的微生物单细胞一一分散在琼脂平板上，待培养后，每一活细胞就形成一个菌落。与常规利用显微镜对微生物数量进行测量不同，主要是对可见（即多数情况下形成菌落）的细菌数量进行测量的单位。其简要技术流程如下。

（1）滚管制作：KH_2PO_4 1.0g，Na_2HPO_4 2.9g，$MgSO_4 \cdot 7H_2O$ 1.0g，KNO_3 1.0g，微量元素溶液 10mL，琼脂 18g，蒸馏水 990mL，pH 6.8。培养基配制后分装厌氧试管，每管 4.5mL，用异丁基橡胶密封，以备加入甲烷气体，高压灭菌。

（2）将 5.0g 混合均匀的土样加入到装有 45mL 无菌水的三角烧瓶中，振荡 15min，按 10 倍系列稀释法将土壤悬浮液稀释，取 10^{-2}、10^{-3}、10^{-4}、10^{-5}、10^{-6}、10^{-7} 的土样稀释液各 0.5mL 分别接种到 3 支装有 4.5mL 已融化并冷至 45～50℃的甲烷氧化菌固体培养基中（温度采用恒温水浴锅控制），立即滚管，使固体培养基均匀凝固在管壁上。然后每支试管中加入 5mL 甲烷气体，30℃恒温培养 7 天，计数试管内菌落的数量（图 2-3），记录计数结果。

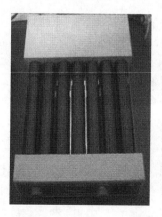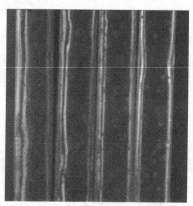

图 2-3　滚管仪和甲烷氧化菌培养效果

5. 产甲烷菌

在局部厌氧的生态环境条件下，复杂的有机物质，如植物残体或腐殖质、植物根系的脱落物或分泌物，被各类细菌组成的复杂链将它们转化成较简单的基质——氢气或二氧化碳、乙酸、甲酸、甲醇、甲胺等，这些基质供产甲烷菌生长，并由其转化成甲烷。因此，产甲烷菌与后生甲烷释放量之间有着密切的关系，对其数量和活性进行检测非常必要[1]。

　　因为产甲烷菌是厌氧微生物，所以对实验过程中的厌氧操作的要求非常高。本实验室采用的产甲烷菌基础培养基组成为[20]：NH_4Cl 1g，酵母膏 1g，$MgCl_2$ 0.1g，半胱氨酸 0.5g，KH_2PO_4 0.4g，刃天青 0.001g，K_2HPO_4 0.4g，微量元素液 10mL，水 1000mL，土壤浸出液（水土比例为 1：1，充分搅拌，静置过夜后过滤，滤液置 4℃冰箱保存备用）100mL，pH 7.0～7.2。培养基按亨格特严格厌氧操作技术配制，15mm×150mm 培养管中每支分装 4.5mL，121℃灭菌 30min。固体培养基再加 2%琼脂，土壤样品稀释前，每支培养管的培养基中先后加入灭菌无氧的 1%Na_2S，5%$NaHCO_3$ 混合液 0.1mL，16 万单位的无氧青霉素液 0.1mL 和所需的各种无菌无氧的产甲烷基质。

　　培养方法采用亨格特严格厌氧操作技术，测定不同土壤类型的产甲烷菌数量。将混合均匀的土样以 10 倍系列稀释，接入不同的产甲烷菌基质的培养管中，以 H_2 和 CO_2 为产甲烷菌基质的培养管中加入 80%H_2、20%CO_2，即在含有基础的培养管中，用 H_2 置换 N_2 1min，然后注入无氧 CO_2 3mL。在以乙酸钠、甲酸钠、甲醇为产甲烷菌基质的培养管中，分别加入 2.5mol/L 乙酸钠、25%甲酸钠、50%甲醛各 0.1mL。处理重复 3 次，35℃培养 15 天。培养完毕后，记录计数结果。

　　从研究的结果来看，如图 2-4 所示，实际勘探样品中产甲烷菌和厌氧纤维素分解菌的数量有很强的相关性（Pearson 指数 r=0.759），也就是说用产甲烷菌在一定程度上可以代替厌氧纤维素分解菌指标。先前多以厌氧纤维素分解菌作为有机

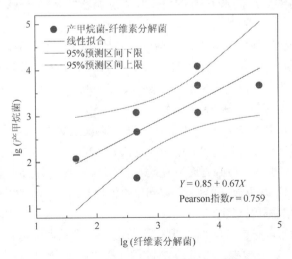

图 2-4　产甲烷菌与纤维素分解菌的数量相关性

物厌氧降解产生的甲烷干扰。事实上无论有机物含量再多，最终甲烷的产生量是由产甲烷菌控制的。也就是说，通过对产甲烷菌的检测和定量更能反映其对油气勘探干扰的大小。

　　自 20 世纪 90 年代，分子生物学以其巨大的技术优势，极大地推动了微生物的研究进程。无论是以乙酸、乙醇、氢气或二氧化碳为底物还是以甲基化合物为底物，最终都是在甲基辅酶 M 还原酶（methyl coenzyme M reductase，MCR）的催化下产生甲烷。MCR 是产甲烷菌过程中的关键酶和限速酶[21]。由于 MCR 在产甲烷过程中的重要作用，前人对其进行了大量研究。利用 *mcrA* 基因可以有针对性地研究产甲烷菌，并消除由于 16S rDNA 的非特异性而导致的偏差[22]，并从功能上快速、准确地定量整个产甲烷菌群。采用 *mcrA* 基因定量产甲烷菌的方法，详见参考文献[22]。

（三）油气指示微生物培养检测法

　　分析流程主要有以下几个步骤：①准备培养基及相关实验用品；②培养基及相关实验用品的灭菌；③沉积物样品的预处理；④样品称重；⑤沉积物样品与培养液混合均匀；⑥沉积物样品悬浮液进行梯度稀释和接种培养；⑦微生物计数。采用充气平板计数法，即吸取土壤溶液稀释液均匀涂布在凝固的固体培养基表面后，将培养皿放在充入一定浓度烃类气体环境下的培养方法。平板涂布培养法操作简述如下。

　　（1）配制培养基。首先按照甲烷（或丁烷）培养基配方配制液体培养基，待所有药品充分溶解后，按照 1.6% 的比例加入琼脂粉并充分溶解，将培养基 121℃ 灭菌 30min。

　　（2）制备平板。向已灭菌的玻璃培养皿中倒入高温灭菌后冷却至 60~70℃ 的培养基 15~20mL，培养皿置于超净工作台上等待培养基冷却凝固。甲烷氧化菌培养基同 MPN 法，丁烷氧化菌采用无碳源的 Xanthobacter Py2 培养基。

　　（3）样品梯度稀释。称 5g 土壤到已灭菌的 50mL 离心管中，加入 7~8 颗玻璃珠，再加入 20mL 已灭菌的生理盐水，在涡旋仪上涡旋混匀后，用移液器吸取 2.5mL 土壤溶液到一个 10mL 离心管中，再加入 2.5mL 生理盐水后涡旋混匀，此时为 10 倍稀释。将 10^{-1} 离心管充分振荡、混匀。另取一支 1mL 枪头吸取 10^{-1} 菌液 0.5mL 放至 10^{-2} 离心管（已加入 4.5mL 的生理盐水）中，此即为 100 倍稀释，依次类推进行梯度稀释（图 2-5）。

　　（4）菌液涂布。选择 3 个稀释度，用移液器分别吸取 0.1mL 稀释液加入培养皿内（从皿侧加入，不要揭去皿盖），立即用涂布棒涂布均匀。每个稀释度作两个平皿。涂布时将培养皿放置在培养皿自动转盘上（图 2-6），每个平板涂布时间约为 10s。

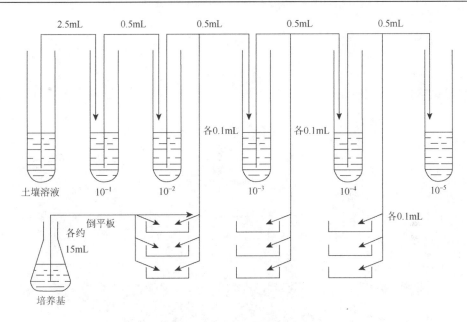

图 2-5　平板涂布操作步骤

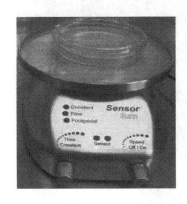

图 2-6　培养皿自动转盘和涂布操作

（5）平皿恒温培养。涂布结束后，为保证菌液充分浸入到固体培养基中，将培养皿静置约 10min，然后将所有培养皿倒置在微生物培养箱中，抽出培养箱中约一半体积的空气，再充入等体积的甲烷气体（或丁烷气体），将培养箱密封后置于 30℃恒温室内培养。培养开始之前将培养箱用紫外灭菌至少 2h 以上。值得注意的是，根据实际工程需要，可设计制造适合油气微生物大批量检测的专用培养箱（系统），系统包括充气系统、负压系统、压力检测装置、灭菌消毒装置和超净操作区域（图 2-7）。

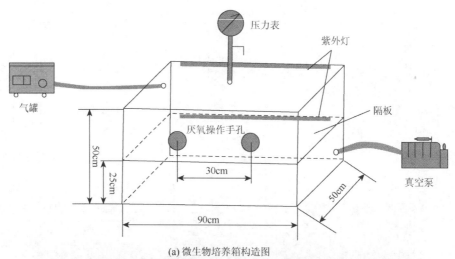

(a) 微生物培养箱构造图

(b) 微生物培养箱实物图

图 2-7　微生物培养箱构造及实物图

（6）菌落计数。算出同一稀释度两个平板上的菌落平均数，并按式（2-2）进行计算丙烷氧化菌数：

$$甲烷(丁烷)氧化菌数 = \frac{菌落数×稀释度}{土壤重量} \tag{2-2}$$

由图 2-8 和图 2-9 可知，CFU 法可以得到较好的计数结果，明显看出：①菌落数与稀释梯度呈现良好的线性关系；②无杂菌菌落出现。传统的 CFU 法的应用已较为成熟，本书中使用的无机琼脂培养基参考了众多文献，并经过了适当的调整，培养结果较稳定，菌落形态与相关文献报道的基本一致，菌落数量也符合 CFU 法的梯度规律。

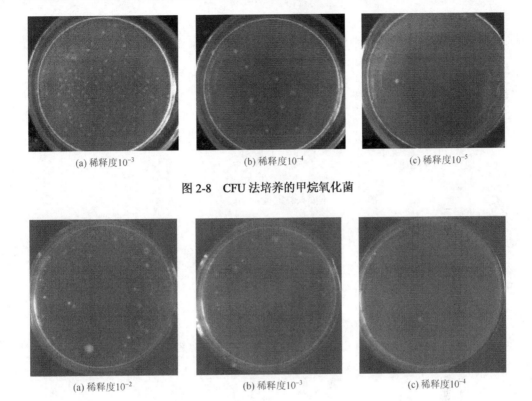

(a) 稀释度10^{-3}　　　　　　　(b) 稀释度10^{-4}　　　　　　　(c) 稀释度10^{-5}

图 2-8　CFU 法培养的甲烷氧化菌

(a) 稀释度10^{-2}　　　　　　　(b) 稀释度10^{-3}　　　　　　　(c) 稀释度10^{-4}

图 2-9　CFU 法培养的丁烷氧化菌

（四）培养检测方法稳定性和可靠性检验

检测方法的稳定性和可靠性是微生物检测质量的保证，对于所建立的各种微生物检测方法，需要对方法的稳定性和可靠性加以检测，以提高应用的可信度。

1. 实验一

考察气温、土壤等环境因素的变化对油气微生物检测结果的影响，分析其影响程度并确定合理的采样时间。选取油田上方两点（*A*、*B*）及背景点（*I*），分别在早晨、中午、下午和傍晚进行采样（用计数结果转换的 MV 表示，下同）。

实验结果：同一天内的不同时间采样对于微生物的影响并不大，但还是存在少数物理点有较大程度的漂移（图 2-10、图 2-11）。这表明由于土壤的异质性，尽管采样点相距有时仅有 10cm，所得结果也可能有较大程度的差异，这就需要尽量采集相同地貌、深度和岩性的样品，增加平行样，并通过数据正规化和移动平均化等数学手段弱化单点效应，突出连续性。

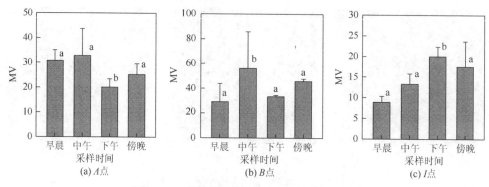

图 2-10　不同采样时间对甲烷氧化菌的影响

a、b 为 Duncan 多重比较分析结果，标注相同的字母为差异不显著（$P>0.05$），
标注不同的字母为差异显著（$P<0.05$），下同

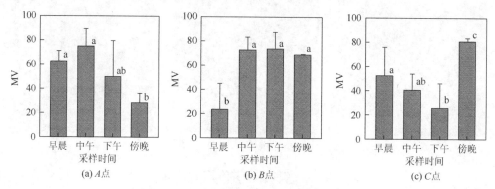

图 2-11　不同采样时间对烃氧化菌的影响

ab、c 为 Duncan 多重比较分析结果

2. 实验二

对同一点进行等边三角形取样，间距相隔 2m，考察并验证样品的平行性与重现性。选取油田上方的 A 点进行采样。

实验结果：同点三角采样的数据重现性比较理想，表明检测方法的稳定性和可靠性上都基本能满足实际应用的要求（图 2-12）。实际应用时还需考虑不同的环境干扰因素，在具有不同地表、地貌和植被的地区进行前期实验。

3. 实验三

对同一地貌环境的不同位置同一深度进行取样，对比同一生态环境下不同位置样品的差异性。选取油田上方的 A 点的农田沟与垄上进行采样。

实验结果：在采样达到一定深度后（60cm），农田的沟与垄所得数据没有显著性差异（图 2-13，表 2-3、表 2-4）。这也意味着，某些特定条件下不能进入到农田中间区域采样时，采集垄上样品也具有代表性。

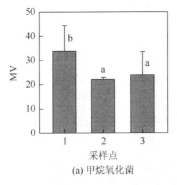 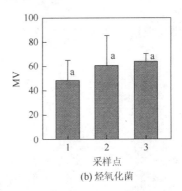

(a) 甲烷氧化菌 (b) 烃氧化菌

图 2-12 同点样品的重现性统计分析

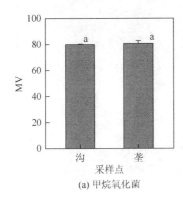 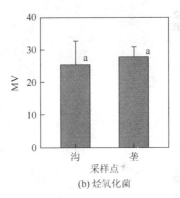

(a) 甲烷氧化菌 (b) 烃氧化菌

图 2-13 农田的沟和垄对微生物的影响

表 2-3 甲烷氧化菌单因素方差分析

差异源	SS	df	MS	F	P-value	F crit
组间	119.1853	1	119.1853	1.557052	0.280158	7.708647
组内	306.1819	4	76.54547			
总计	425.3672	5				

表 2-4 烃氧化菌单因素方差分析

差异源	SS	df	MS	F	P-value	F crit
组间	1.113075	1	1.113075	0.504771	0.516641	7.708647
组内	8.820435	4	2.205109			
总计	9.933510	5				

4. 实验四

根据随机布点方式考察单点样品的代表性。对野外植被情况进行考察，在油田上方分别选取多个生境进行实验（本书选取油气上方同点上的桑树田、水稻田和玉米田进行取样，如图 2-14 所示）。

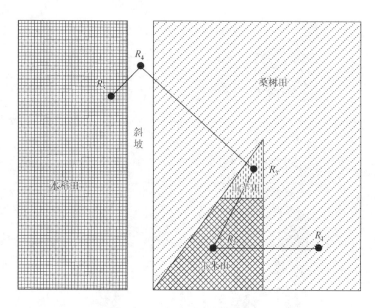

图 2-14　同点样品的随机布点设计

R_1. 桑树田；R_2. 玉米田；R_3. 山芋田；R_4. 水稻田边缘；R_5. 水稻田中央

实验结果：①经过 Duncan 多重比较，5 个点上的甲烷氧化菌微生物值仅有 R_3 较小，其他点在统计上无显著性差异（$P>0.05$），这个结果表明在这个区域甲烷氧化菌受到的环境干扰因素较少。②烃氧化菌虽不受生物成因的甲烷干扰，出乎意料的是，在 5 个点上的分布却呈现了巨大的差异（图 2-15）。分析有两个可能的原因：一是烃氧化菌不像甲烷氧化菌一样都是专性菌，其中很大一部分属于兼性营养菌，意味着在其他有机质丰富的条件下会优先利用易降解有机质，这也就是为什么烃氧化菌在水稻田周边测得的微生物值较高；二是总的微生物群落中的其他菌群，由于其他底物的存在，在竞争中占据了较多环境容量，使以自养代谢为主的烃氧化菌的丰度与实际轻烃的微渗漏通量不成比例。

5. 实验五

研究土壤中后生甲烷对甲烷氧化菌和烃氧化菌数量的影响，评估其影响因素的大小并讨论相应的解决方法。水稻田边缘（A）和中心（B）分别选取两个点，在 30cm、60cm、90cm、120cm 四个深度处进行取样。

实验结果：水稻田对甲烷氧化菌和烃氧化菌的影响规律非常有趣（图 2-16）。在水稻田边缘的样品（A 点）由于含水率相对较少，可能在 100cm 以下才有淹水

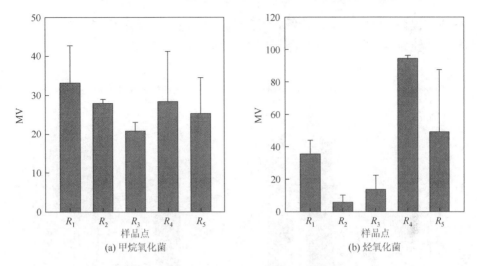

图 2-15　同点不同生活环境的差异性比较

效应（采样时观察到）造成局部厌氧，从而间接促进了 90cm 以上土壤中甲烷氧化菌的生长和繁殖。另外，120cm 深度的土壤由于供养不足，甲烷氧化菌的数量显著下降。而水稻田中间点（B 点）土壤的水分基本饱和，表面即可造成局部厌氧，所以浅层的甲烷氧化菌浓度反而较高，深层的甲烷氧化菌由于氧气浓度较低，降低到与边缘区的 120cm 处浓度基本一致（$P=0.36$）。因此，水稻田边缘和中心各个层位几乎都会受到生物成因甲烷的影响，应尽量避免在水稻田区采样。

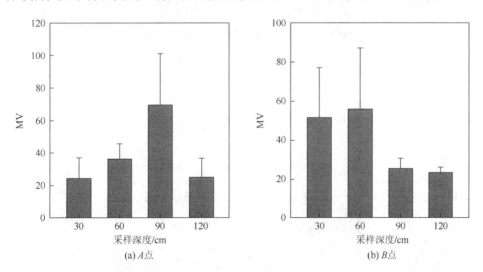

图 2-16　水稻田对甲烷氧化菌的影响

烃氧化方面则不同，由于稻田表层土壤的有机质含量非常高，烃氧化菌在竞争中不占优势，因此 MV 比较低。但在 90cm 深度以下无论水稻田中心还是边缘都相对比较稳定，并没有受到后生甲烷的影响（图 2-17）。

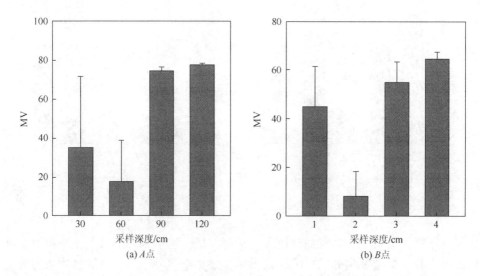

(a) A 点   (b) B 点

图 2-17   水稻田对烃氧化菌的影响

综合六次野外采样所得的结果，兼顾油气上方、边缘区、背景区的土壤样品，针对不同的环境条件（天气、土壤酸碱度、岩性和采样季节）对 MV 的影响绘制了分布散点图（图 2-18），结果显示，这些非营养因素对于 MV 的影响并不明显。这一结果与美国环境生物技术公司和盎亿泰地质微生物技术（北京）有限公司经过长期的研究所得出的结论是一致的。积累这些数据，并整理建立相应的数据库，可以更好地指导油气微生物勘探的采样和后期数据分析。

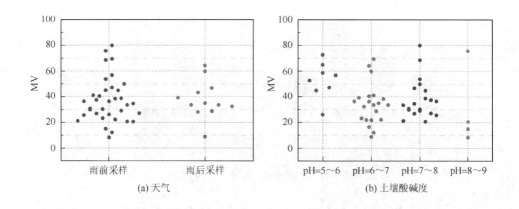

(a) 天气   (b) 土壤酸碱度

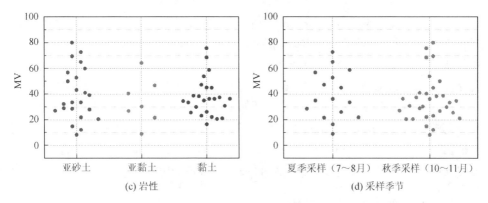

图 2-18 MV 与天气、土壤酸碱度、岩性和采样季节的关系图

第二节 活性检测技术

活性检测方最常用的方法是：土壤样品用培养基悬浮后，通入甲烷和轻烃气体，恒温培养 12～14 天。仅有那些能在短期内以提供的烃源为食料的专性甲烷氧化菌或烃氧化菌，才能生长并消耗掉一定量的轻烃气。在培养后，通过气相色谱分别计算出加入烃类的消耗量和二氧化碳生成速率[10, 24-26]。这种活性检测方式操作较烦琐，工作强度大。此外，土壤中油气指示微生物活性的异位测定还受到岩性[27]、装液量[28]、土壤甲烷或轻烃含量[29]、矿质元素[30]、有机质[28]等因素的影响，而这些因素均会影响最终的异常判定。

一、烃氧化活性测定的影响因素

活性是细菌适应环境反映细菌在特定的条件下生长繁育的活跃程度，可以从不同的侧面对微生物的活性进行研究，对于油气指示微生物来说，主要关注甲烷氧化菌和气态烃氧化菌的活性。对油气指示微生物活性的研究具有两方面的意义：一是通过活性的研究为样品采集技术提供理论支持；二是通过综合油气指示微生物的生化活性参数及每克土壤样品中的油气指示微生物数量，可计算出油气指示微生物和轻烃的测量单元，提高油气指示微生物的敏感性。目前，活性检测的影响因素主要有以下几方面。

1. 土壤性质

土壤岩性影响气体的扩散，从而影响甲烷（烃）和氧气的供给。Dorr 等的研究表明，旱地土壤中烃氧化主要受气体传输阻力所控制，土壤的通透性与烃氧化能力有很好的相关性。Striegl 等[31]也认为，旱地土壤表层氧化烃的潜能往往超过气体扩散所能供给的烃量。Hanson 等[3]报道，氧化速率与土壤容积密度呈负相关，压实后的土壤失去了能促进气体扩散的大孔隙，烃氧化能力下降 52%。此外，不同的黏土可以抑制微生物的呼吸作用，促进或阻碍二氧化碳的形成，抑制腺嘌呤的分解，促进非共生氮的固定（氮）作用，抑制铵的氧化。呈阳离子态的土壤，可抑制代谢和生物活动。含惰性阳离子的土壤，通常不会抑制二氧化碳的形成，而会促进尿酸的分解、氮的固定化和硫酸盐的还原。微生物吸附于蒙脱石和高岭土颗粒时，会引起微生物大量死亡。其他类型的黏土则会促进微生物的生长。黏土的颗粒大小也很重要，较细的颗粒有利于微生物的生长。

2. 土壤温度

一般来说轻烃氧化率随着温度的增加而增加。Borjesson 和 Svensson 认为土壤温度是影响轻烃氧化的主要因素，作用高达 85%。温度低于 36℃时，氧化率随着温度的升高而升高；温度超过最佳温度时，氧化率就开始降低；温度到 45℃时，则不再发生氧化。在培养实验的滞后期也可以观察到温度对烃氧化菌的影响。温度升高，滞后期就缩短，这是因为烃氧化菌喜欢温暖的温度条件。Humer 在研究中提到，4℃时氧化率比 18℃时减少了 70%～80%。在温度极端低的条件下，覆盖层将会被冰堵塞，氧化量非常低，此时，甲烷排放量也不高。甲烷氧化的最佳温度是 25～35℃。

3. 土壤含水率

含水率对于土壤中的轻烃氧化起着很重要的作用。Boeckx 等在不同的培养条件下进行多重线性衰减分析，认为含水率的影响比温度大。水有两个主要功能：①为烃氧化菌提供最优的环境；②可以阻止氧气进入土壤。土壤是甲烷氧化的主要反应区，含水率增加，扩散进土壤的氧气越少[28, 29, 32]。

一般来说，土壤对于最大烃氧化率存在一个最佳含水率，低于最佳含水率，氧化率随着含水率的增加而增加；高于最佳含水率，氧化率随着含水率的增加而减少。在最佳含水率的条件下，有良好的微生物活性和快速的气相分子扩散过程来保证轻烃的氧化。超过最佳含水率则会使氧化能力降低，因为过高的含水率使气相分子扩散转变为液相分子扩散。后者的速度比前者的速度慢 10^4 倍。最佳含水率随土壤类型的不同而不同，还取决于不同的温度条件和其他环境条件。最佳含水率为 15.6%～18.8%（质量分数）。

Christophersen 等指出在培养实验中存在滞后期，在新的土壤环境中，烃氧化菌的生长需要一段时间。含水率越低滞后时间越长。也有研究者指出湿度（含水率）和甲烷排放量之间没有非常明显的关系。他们认为水的作用就相当于一个扩散势垒区。它不仅会阻止氧气进入土壤，也会填满土壤中的孔隙。Whalen 等认为处于最佳含水率的土壤维持了最大微生物数量。过低含水率会导致微生物干燥和活性降低；而过高的含水率，会使甲烷从气相扩散变为水相扩散，限制了养料补给微生物的速度。当含水率达到平衡时，氧化率达到最大。当含水率跌至13%以下时，烃氧化菌将失去活性。

4. 有机物含量

一般来说，烃氧化率随着土壤中有机物含量的增加而增加。对于已经暴露的甲烷或轻烃下的土壤，氧化率要比普通新鲜土高。这是因为当有机物质和气态烃反应时，氧化细菌数量会增加。高有机物含量的材料，如堆肥可以有效地提高甲烷的氧化效率。有机物为烃氧化菌提供了细孔隙和营养。在适宜的环境下，它们可以将来自地下深层的气态烃全部氧化。

5. 地表植被

微生物生长和代谢活动必须有营养物的参与，主要是有机营养（以腐殖质形式存在）和矿物质（如磷酸盐、硫酸盐、铁、钾和其他微量元素）。如果微生物生长所需的某种矿物盐分在土壤中消失，不管土壤中的烃类含量有多高，微生物也不会存活。这些都与地表植被的种类和分布有直接关系。Hilger 等[33]作了地表草减轻 NH_4^+ 对甲烷氧化抑制作用的研究。尽管一开始出现了甲烷吸收的峰值，但是草对甲烷氧化并没有显现出长期的影响。

6. 抑制因素

一项对城市填埋场的土壤覆盖过滤的研究表明，一些化合物会严重抑制烃类氧化。这些化合物包括 C_2H_2 或 C_2H_4。另一项对森林土壤的研究显示 NO_3^- 大大地抑制了土壤中的净甲烷氧化。而硫酸铵对甲烷氧化的负影响没有 NO_3^- 那么大。有研究者发现在森林土中的 NH_4^+ 浓度和甲烷氧化之间存在负相关。过多的氨或者超过 $30\mu g/g$ 干土的 NO_3^- 都会对甲烷氧化造成不利影响。而 Kammann 等却认为氮肥的数量和平均甲烷氧化率之间没有联系。土壤中的甲烷氧化还取决于甲烷氧化菌。它受土壤湿度、pH、温度、NH_4^+ 浓度、Cu^{2+} 浓度和总量的影响。

7. 采样深度

在一个最佳的烃氧化区域，适宜氧化细菌生长，氧气和烃迁移速度合适，气体停留时间合适，环境条件也最佳。烃类的浓度越高，甲烷的氧化量就越多，但是烃类流速过快会阻碍氧气扩散进入土壤，也会抑制氧化。Czepiel 等[34]在培养实验中，对土壤的不同深度测试氧化率，发现最大氧化率出现在 5～10cm 的深度。Visvanathan 等[35]发现最大氧化率出现在地下 15～40cm 深度的地方，原因是热带的温暖天气会使表层土缺乏水分，在 40cm 以下又缺乏氧气。表层土过于干燥会抑制甲烷氧化；深于某一深度，土壤变成缺氧，同样也抑制氧化。何品晶等所做的覆盖土实验室模拟实验得出的最佳氧化深度为 10～20cm。Humer 和 Lechner[36] 发现在他们的现场试验中，污泥堆肥和市政堆肥的最佳甲烷氧化深度在 0.4～0.9m。Bender 和 Conrad 发现甲烷氧化需氧量的极值为 3%，这就意味着，当氧气浓度高于 3%时，氧气浓度对氧化几乎没有什么影响，而当浓度低于 3%时，氧气浓度会剧烈地影响氧化。

8. 氧气浓度

烃氧化菌是专性好氧细菌，根据 Megraw 和 Knowles 的试验结果[37]，土壤氧化甲烷时二氧化碳的产生量、氧气的消耗量、甲烷的消耗量的比例是 0.27：1：1，在旱地土壤中甲烷和氧气都来自于空气，显然此时氧气不太可能成为甲烷氧化的限制因子，即使土壤中气体扩散受到限制，它限制甲烷供应的程度将大于限制氧气的供应程度。但在气田上方土壤中氧气来自空气，甲烷来自下方渗漏，在水土界面上，氧气的可利用性受气体的慢速扩散和氧气在土壤中的快速消耗所控制[3, 38-41]。

9. 烃类浓度

烃类浓度也是控制土壤烃氧化速率的重要因素。几乎所有的研究结果都表明，土壤氧化甲烷的速率随甲烷浓度的升高而增加。Megraw 和 Knowles 首次报道了土壤氧化甲烷的初速率与甲烷浓度呈典型的米氏动力学曲线关系[37]。根据米氏方程，当 $C < K_m$ 时，速率与浓度成正比。Hutsch 等的实验结果证实了这一点[42, 43]，发现在 2～11μL/L，增加甲烷浓度使土壤氧化甲烷速率增加的倍数与甲烷浓度增加的倍速相同。但是当甲烷浓度低到一定浓度，氧化速率为零时并不适用这个公式。这说明土壤氧化甲烷存在一个极限浓度，当实际浓度与极限浓度相当接近时，就不能直接用米氏方程来描述土壤对甲烷的氧化了。内部有甲烷产生的土壤，消耗甲烷的临界浓度和 K_m 值都较高，一般土壤在高浓度甲烷培养一段时间后也有此特点，Bender 认为[27, 44]，这可能是土壤中存在两类甲烷氧化菌，一类是在高浓度甲烷下生长的，具有较低的亲和力；另一类是以大气甲烷为基质，具有较高的亲和力。

综上可知，许多不同的因素影响着油气微生物活性的检测，如土壤类型、土壤含水率、温度、各种各样的化合物、pH 和氧气渗透。研究者已经展开了对它们的实验室和现场的研究，并着手找出这些因素的机理；但是对于油气微渗漏等低烃类浓度环境中的活性，还需要进一步研究。因此，将其中最主要的影响因素进行优化，如含水率、气体底物浓度等。同时对已知油气区样品进行检测，考察活性测试对于油气微生物勘探的效果，并从微观分子层面（酶促反应动力学）对油气微生物活性进行考查。

本书以甲烷氧化菌和丁烷氧化菌为研究对象,模拟土壤微宇宙模型(图2-19),研究甲烷氧化菌和烃氧化菌对气体底物的利用能力从而考察其活性。考查不同样品和不同培养环境下, 甲烷氧化菌和丁烷氧化菌的轻烃降解活性。具体操作为: 在50mL 血清瓶中加入20g 土样,再加1～10mL 甲烷氧化菌或丁烷氧化菌的液体培养基,用旋涡混合器混合均匀。然后血清瓶用异丁基橡胶密封,再用无菌注射器加入0.5～5mL 的纯度99.99%甲烷或丁烷气体。在30℃温度下培养。用气相色谱定时监测培养1 天、2 天、4 天、7 天、10 天后培养瓶内的残余气态烃浓度,计算烃氧化潜力。挑选能明确代表油、气、背景区的土壤样品,考察不同来源土壤的烃氧化动力学, 获得相应的动力学参数 [最大氧化速率 ($V_{\max}$) 和反应速率常数 (K_{m})],从分子水平获取微生物油气降解活性信息。

图2-19　油气微生物活性测试瓶实物图

色谱检测条件

仪器:Vrian GC405 气相色谱仪和Vrian GC405 色谱工作站。

检测器:高灵敏度小池体积单丝热导检测器。

色谱柱:Porapak Q 填充柱 (2m×1/8′),分子筛填充柱 (6m×1/8′)。

注射器:气密注射器1mL、2mL、5mL、10mL。

气体:标准气、新鲜空气、高纯氮气(99.999%)、压缩空气。

数据计算与统计:根据单位培养时间内土壤消耗甲烷(丁烷)的数量来计算气体氧化速率 (线性相关系数 $R^2 > 0.95$),计算公式为

$$V = \frac{1}{W} \cdot \frac{\mathrm{d}(C_0 - C)}{\mathrm{d}t} \tag{2-3}$$

式中, V 为氧化速率, 单位为 μL/(L·HC·g·d); t 为培养的时间, 单位为 d; C_0 和 C 分别为0 时和 t 时甲烷(丁烷)的碳浓度,单位为 (μL·HC) /L; W 为培养瓶中土壤重量,单位为g。根据气体反应动力学方程式:

$$V = \frac{V_{\max} C}{K_{\mathrm{m}} + C} \tag{2-4}$$

式中，V 和 V_{max} 分别为烃氧化的速率和最大反应速率，单位为 $\mu L/(L\cdot HC\cdot g\cdot d)$；$K_m$ 和 C 分别为半饱和常数与烃初始浓度，单位为 $(\mu L\cdot HC)/L$。

式（2-4）可变形为

$$\frac{1}{V} = \frac{K_m}{V_{max}} \cdot \frac{1}{C} + \frac{1}{V_{max}} \tag{2-5}$$

根据式（2-5），以 $\frac{1}{V}$ 为因变量，$\frac{1}{C}$ 为自变量，进行线性回归。$\frac{K_m}{V_{max}}$ 和 $\frac{1}{V_{max}}$ 分别为直线的斜率和截距，再进一步计算出 V_{max} 和 K_m。通过 LSR（最小显著极差）法来比较不同土壤气态烃氧化的差异（$P<0.05$），利用 Matlab 软件进行因子分析烃氧化的主要影响因素，并进行线性回归。

二、烃类检测方法的建立

活性测定主要研究气相色谱法测定经微生物消耗后容器内轻烃气体的浓度（甲烷、丙烷和丁烷），其浓度范围比常规化探要 $10\sim100$ 个数量级，需要进行优化实验。

烃类气体各组分在色谱柱中完全分离后，进入氢火焰离子化检测器（FID），在线性范围内，信号大小与进入检测器的轻烃浓度成正比，从而进行定性与定量测定。轻烃的检测执行《油气地球化学勘探试样测定方法》（GB/T 29173—2012）。

1. 仪器、试剂及材料

气相色谱仪：美国瓦里安公司的 450-GC。

一个 FID。

一个硫、磷检测器（PFPD）。

色谱柱：CP-Al$_2$O$_3$/Na$_2$SO$_4$ 型 50m×0.53mm 毛细柱。

450-GC 色谱工作站。

分流/不分流进样系统。

玻璃注射器若干，容量为 $25\mu L$、$50\mu L$、$100\mu L$、5mL、10mL。

密封容器：$10\sim250$mL。

氢气>99.999%，经净化器净化。

空气：经净化器净化。

氢气发生器。

定性定量用气体混合标准（国家标准物质研究中心），浓度分别为 CH$_4$ 3.92%，C$_2$H$_6$ 2.10%，C$_2$H$_4$ 1.56%，C$_3$H$_8$ 1.10%，C$_3$H$_6$ 1.10%，i-C$_4$H$_{10}$ 1.04%，n-C$_4$H$_{10}$ 1.08%，i-C$_5$H$_{12}$ 0.487%，n-C$_5$H$_{12}$ 0.496%。

2. 工作条件优化

1）色谱柱的选择

气相色谱法测定烃类气体常用的色谱柱有：HP-PLOT/Al$_2$O$_3$ 毛细色谱柱、Porapak Q 毛细色谱柱、CP-Al$_2$O$_3$/Na$_2$SO$_4$ 型毛细色谱柱等。本书使用购置 450-GC 气相色谱仪（美国瓦里安公司）时所配色谱柱 CP-Al$_2$O$_3$/Na$_2$SO$_4$ 型毛细色谱柱。

2）柱温选择

根据行标《油气地球化学勘探试样测定方法》（GB/T 29173—2012）设定色谱条件。进样口温度为 200℃；检测器温度为 250℃；气体流速为载气（He），柱前压 12psi[①]；氢气为 30mL/min；空气为 300mL/min；改变柱温为 120℃，初始温度为 120℃，恒温 3.5min，再以 20℃/min 升温至 180℃；测试 9 组分混合标准气体。由图 2-20 看出程序升温分离度好，甲烷保留时间为 1.69min；正戊烷保留时间为 5.68min，所需分析时间短。

3）载气流速

载气流速对组分的保留时间和组分间的分离度有很大影响，改变柱前压力 12psi 为 14psi，测试 9 组分混合标准气体，测试结果如图 2-21 所示。根据分离的效果选择合适的柱压力（柱流量）。图中可以看出选择柱前压为 14psi 时分离度好，甲烷保留时间为 1.45min；正戊烷保留时间为 5.00min，所需分析时间缩短。

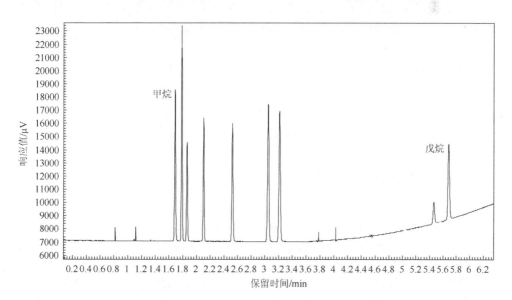

图 2-20 柱前压力 12psi，初温 120℃，恒温 3.5min，以 20℃/min 升温至 180℃标准气分析图谱

① 1psi=6.895kPa。

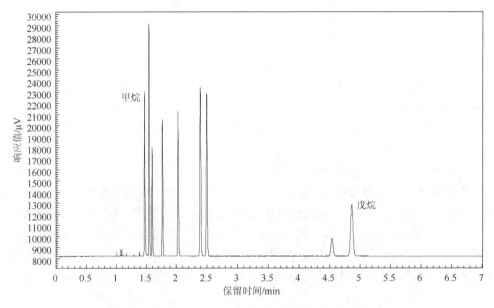

图 2-21　柱前压力 14psi，恒温 130℃，标准气分析谱图

4）检测器温度优化

对于 FID 的温度要根据所测样品和柱温来选择，实验中所用 CP-Al$_2$O$_3$/Na$_2$SO$_4$ 型毛细色谱柱最高柱温不能超过 200℃，所以 FID 温度在 160～250℃选择。考虑活性样品气检测中可能含有水，所以 FID 温度设为 250℃。

5）分流比的选择

根据行标《油气地球化学勘探试样测定方法》（GB/T 29173—2012）设定色谱条件。根据烃类气体的含量选择合适的分流比为 3∶1、5∶1、10∶1。小的分流比为 3∶1、5∶1 适合于低浓度样品的分析。由于活性检测中烃类浓度较高，选择 10∶1 作为活性样品中烃类的检测方法的所用分流比。

三、活性检测方法的建立与优化

（一）土壤含水率对烃氧化活性测试的影响

土壤含水率对于土壤中氧气的供给和扩散都有很大影响，而氧气则是限制土壤中烃氧化菌和烃氧化活性的重要因子。在含水率适当的条件下，土壤通气状况好，氧气的供应充足，烃氧化菌数量和烃氧化活性高，而当含水率较高时，严重影响土壤中基质的扩散，氧气供应不足，限制了烃氧化活性，含水率太低则会使烃氧化菌缺乏生长所必需的水分，导致死亡或进入休眠期。

　　图2-22表明在30℃恒温培养条件下,不同含水率处理的土壤经过4天培养后,开始表现出对甲烷氧化的差异, 其中含水率为25%的处理比其他几个处理氧化甲烷的能力都强,经过7天甲烷被消耗了50%;含水率为20%的处理和含水率为25%的差异不大,经过7天甲烷被消耗了48%;而含水率为30%的处理低于20%的处理, 只消耗了32%;含水率为10%、50%的两个处理甲烷消耗分别只有7%和20%;出乎意料的是, 含水率为75%的处理甲烷含量反而增加了6%。

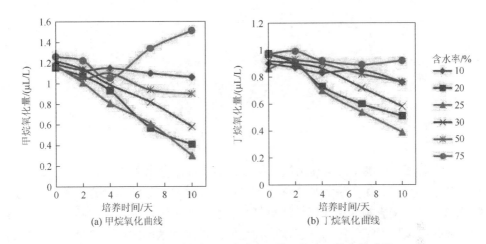

图2-22　供试土壤在不同含水率下的甲烷和丁烷氧化曲线

　　图2-23表明了不同含水率对好氧性培养的供试土壤氧化外源甲烷活性的影响, 曲线可分成3个区域。区域Ⅰ的含水率为0~25%, 土壤氧化外源甲烷的活性从0到最高, 达到4350μL/(L·g·d)。在此含水量区域, 供试土壤含有充足的氧气和甲烷, 因此影响甲烷氧化活性的主要因素是含水率。含水率为25%~50%的区域Ⅱ, 氧化外源甲烷的活性从最高4350μL/(L·g·d)下降到1350μL/(L·g·d)。此区域的土壤中含有充足水分, 但随着土壤含水率增加, 氧气和甲烷扩散进入到土壤甲烷氧化菌处的速率受到限制, 使土壤中氧气和甲烷含量下降, 好氧性甲烷氧化菌氧化外源甲烷的活性也随之下降。表明土壤的氧气和甲烷含量是影响这一区域甲烷氧化活性的主要因素。区域Ⅲ的含水率大于50%, 供试土氧化外源甲烷的活性几乎没有多大变化, 此区域含水量都处在过饱和持水状态(可见明水), 氧气和甲烷难以迅速扩散进入土壤是影响氧化外源甲烷活性的主要因素。经过较长时间的培养, 培养基中的氧气被好氧微生物消耗完毕, 造成局部的厌氧环境, 因此产生了一定量的甲烷气体, 干扰了油气微生物活性检测。

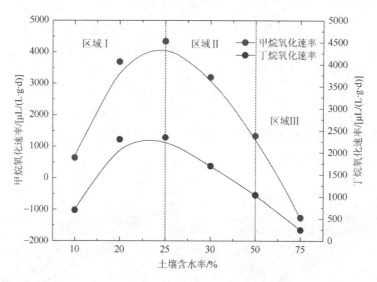

图 2-23　不同含水率下的甲烷和丁烷氧化速率

　　综上可知，土壤甲烷氧化菌氧化甲烷有一个最佳含水率（25%），低于或高于这个含水率，其氧化甲烷的能力都会下降。这是因为土壤的水分含量既影响甲烷氧化菌本身，又影响基质（甲烷和氧气）扩散速率和渗透压，因此必然影响土壤甲烷氧化菌氧化甲烷的能力。在水分含量低于最佳含水率时，甲烷氧化菌活性受到限制；在水分含量高于最佳含水率时，虽然可以减少甲烷氧化菌缺水的威胁，但基质扩散受到限制，土壤甲烷氧化菌氧化甲烷的能力还是会减弱。丁烷氧化活性的趋势基本与甲烷氧化活性类似，但由于丁烷氧化菌的丰度有限，其氧化速率明显小于后者（图 2-24）。丁烷氧化菌活性测定的最佳含水率也在 20%～25%，由此可见含水率是活性测定的一个关键因素。

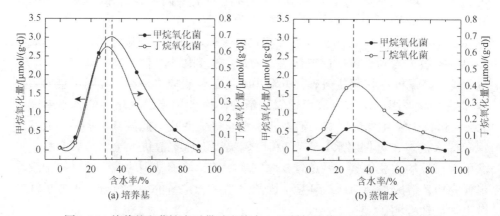

图 2-24　培养基和蒸馏水对供试土壤在 30℃好氧培养下烃氧化活性的影响

　　由于国内外对于轻烃氧化活性的研究非常少，因此综合甲烷氧化活性测定的相关文献，很好地证实了以上的实验结论。土壤中的水以不同形态存在，可分为吸湿水、毛管水和重力水等，吸湿水是死水无法被利用；何种状态的毛管水细菌能够利用目前尚不清楚；重力水则可完全被细菌利用；合理调节毛管水和重力水成为发挥氧化菌最佳功能的关键。甲烷氧化菌氧化甲烷的能力一般大于甲烷由大气向土壤扩散的能力，表明微生物分解甲烷主要受控于甲烷供应，气相中甲烷的扩散速率是在水相的 1 万倍，而甲烷氧化率与土壤湿度呈负相关，故土壤对大气甲烷氧化的限制因子（甲烷）与内源甲烷氧化的限制因子完全不同。蔡祖聪等研究发现，水稻土甲烷氧化率与土壤田间含水率可用抛物线方程拟合，水稻土最佳含水率约 71%，而当鹰潭红壤性水稻土含水率为 60% 时土壤才开始显示出氧化甲烷的能力；半干旱草地土壤最佳含水率则低得多，为 19%。土壤氧化甲烷的最佳含水率对某种土壤而言是一个较稳定数值，水稻土和旱地土壤最佳含水率的差异很可能与甲烷氧化菌类型及其对环境适应性有关。Bowden 等[18]发现富含有机质的林地土壤田间含水率为 70% 时氧化菌活性最高；矿质土含水率为 50%、100% 时则完全抑制甲烷氧化；含水率为 20% 时甲烷氧化菌的活力也较低。沙漠适当降水可使甲烷氧化率在 48h 后由 $0.41\mu mol/(g\cdot d)$ 上升至 $1.03\mu mol/(g\cdot d)$，增加了 250%。Billings 等[23]研究甲烷浓度和土壤含水率与甲烷氧化率间的关系发现，在大气甲烷浓度下最大氧化率出现在含水率为 25% 的情况下，当甲烷浓度提高到 $200mg/m^3$ 时土壤含水率可增至 38%，由此认为可能存在甲烷浓度的增加促进土壤甲烷氧化菌的繁衍，微生物需要更多的水分，土壤含水率增加所引起的对气体扩散的副作用则因浓度梯度提高而被补偿的机理。由于要固定水，盐加入土壤降低了土壤水势，甲烷氧化菌出现生理性缺水，也可能降低甲烷氧化率。

　　微生物的生长繁殖需要众多微量元素的参与。微量元素是对机体而言含量万分之一以下的一些元素，在微生物生长繁殖过程中承担着酶激活剂、酶结构元素等责任，不同的微生物其微量元素基本相同。只能从外界添加，而生长因子是对微生物生长所必需的一些小分子物质，一般起辅酶、辅基及构成生物大分子的结构物质。本书比较了加入培养基和蒸馏水对活性测试的影响。有趣的是，虽然最佳含水率仍然在 25%～30%，但甲烷和丁烷的氧化量显著降低（图 2-24）。

　　以上结果表明，含水率对于气态烃从气相到胞内的传质影响非常明显，现有的活性检测方法缺陷在于无法在土壤的通透性与增加培养装置内的湿度之间取得较好的平衡，如向培养体系内加水，土壤中吸湿水含量增加，虽然提高了无机营养盐的输送，却阻碍了烃类和氧气的传质，培养时间延滞，大大限制了烃氧化菌活性测定的实际应用。

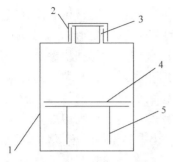

图 2-25　土壤烃氧化菌活性培养
检测的改良装置示意图

1. 容器；2. 封闭螺旋盖；3. 封闭橡
胶塞；4. 载物网；5. 直立支架

针对现有技术存在的问题，本书在常规活性检测的基础上，对活性检测装置进行了改良，使之在提高烃类水溶效率的同时，又不影响土壤样品通透性，从而提高微生物活性检测的灵敏度和准确性。改良装置由一个带有螺旋口的容器、封闭容器口的橡胶塞、封门螺旋盖、直立支架、载物网组成。支架立于容器内，载物网放于支架上，此装置所用材料可以高温灭菌（图 2-25）。具体实验操作为：将此培养装置高温灭菌，干燥至室温；在无菌操作台上将适量经高温灭菌的蒸馏水沿容器壁注入容器内；称量给定量的土壤，缓缓加入到容器内的载物网上；盖上软塞，拧紧封闭螺旋盖；抽取给定量的烃类气体，注入容器内；定期用色谱测定容器内烃类的浓度，计算出烃类各组分的消耗率，确定烃氧化菌的活性。容器内的湿度可以通过注入容器内蒸馏水的多少加以调节，对于给定的容器，以及给定湿度的土壤，可以通过实验来确定加入水量的多少。

　　本书对邵庄油气田实验区土壤活性进行了比较分析。活性测试实验设计包括 3 个样品和两种处理（表 2-5）。对所得数据进行分析后，结果显示，改良组所测的甲烷氧化活性和烃氧化活性在统计水平上明显高于普通处理样品，说明改良装置在增加培养装置内湿度的同时，又能保证土壤样品的气体通透性。提高了烃氧化菌消耗烃的效率，保证了活性检测的可靠性。该装置目前已获专利授权（申请号：CN 201210320787.0）。

表 2-5　土壤烃氧化菌活性检测方法的效果比较

样品编号		甲烷		丙烷		丁烷	
		消耗量	降解速率	消耗量	降解速率	消耗量	降解速率
普通处理	B11	0.21	1166.7	0.45	2500	0.44	2444.4
	B16	0.14	777.8	0.16	888.9	0.26	1444.4
	B32	0.11	611.1	0.05	277.8	0.38	2111.1
改良处理	B11	0.06	333.3	0.05	277.8	0.31	1722.2
	B16	0.09	500.0	0.01	55.6	0.3	1666.7
	B32	0.11	611.1	0.14	777.8	0.31	1722.2

注：消耗量单位为 μL/L；降解速率单位为 μL/(L·g·d)

（二）底物浓度对烃氧化活性测试的影响

前已述及，底物浓度也是控制土壤烃氧化速率的重要因素。几乎所有的研究结果都表明，土壤烃氧化速率随烃浓度的升高而增加。但土壤中存在两类烃氧化菌，一类是在高浓度烃的环境下生长的，具有较低的亲和力；另一类是以大气中甲烷为基质，具有较高的亲和力。可以想象，油气渗漏上方土壤中应以第一类烃氧化菌为主，对轻烃的亲和力低，临界浓度高。

因此，本书考察了两个油田上方土壤的烃氧化活性与底物浓度的关系。见表 2-6，初始甲烷浓度越高，甲烷的消耗量越大，甲烷的浓度对甲烷氧化有着很大的影响。当甲烷的初始浓度为 16% 时，甲烷的氧化速率比甲烷初始浓度为 9.6% 时还要低。这是由于开始甲烷浓度过高，土壤空隙内部可能出现了局部的供氧不足。这也印证了其他类似实验中所得结论，降低空气/甲烷供给比后，甲烷氧化速率降低的现象。类似地，丁烷氧化活性测试的实验结果（表 2-7），与甲烷相类似，在初始浓度为 16% 时，其氧化速率出现了明显的衰减，表明高浓度的底物抑制现象确实存在。

表 2-6　不同初始甲烷浓度单位重量土壤的甲烷消耗量　（单位：μL/L）

培养时间/天	初始甲烷浓度/%				
	1.6	3.2	6.4	9.6	16
0	0.000	0.000	0.000	0.000	0.000
1	0.074	0.116	0.162	0.295	0.241
2	0.126	0.247	0.321	0.588	0.482
4	0.210	0.337	0.476	0.877	0.722
7	0.344	0.423	0.628	1.163	0.960
10	0.389	0.64	0.775	1.446	1.198

表 2-7　不同初始丁烷浓度单位重量土壤的丁烷消耗量　（单位：μL/L）

培养时间/天	初始丁烷浓度/%				
	1.6	3.2	6.4	9.6	16
0	0.000	0.000	0.000	0.000	0.000
1	0.030	0.065	0.086	0.161	0.106
2	0.055	0.113	0.178	0.269	0.199
4	0.090	0.135	0.219	0.415	0.387
7	0.167	0.208	0.305	0.587	0.573
10	0.208	0.270	0.364	0.652	0.630

综合分析，依据油气田上方的实际气态烃浓度范围，一般在 200mg/m^3 以下，因此油气指示微生物属于贫营养微生物，活性检测也应该尽量接近原位真实的底物状况。由表 2-6 和表 2-7 可以看出，在烃浓度为 1.6% 时，处于烃氧化活性与气体浓度的线性范围之内，也满足实验室对于气态烃的检测限要求。因此，推荐 1.6% 的气态烃底物浓度为最佳的烃氧化活性检测浓度，后续的相关实验均采用此浓度。

值得特别注意的是，由于具体生境的不同，如含水率、岩性、有机质、氧化还原电位、电子受供体的差异，不同地点不同深度的活性阈值就会不同。下面本书将通过非线性拟合米氏方程，考察油气属性区，不同深度土壤微生物菌群的油气降解酶促反应热动力学。得到不同条件下的最大反应速率（V_{max}）和米氏常数（K_m），从微观机理上给出活性测定的最佳采样生境和深度，更好地指导野外采样，使样品更具代表性。

（三）油气降解酶促反应热动力学分析

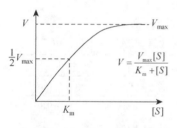

图 2-26　米氏方程及参数关系

在酶动力学中，温度、pH 恒定的条件下，底物浓度对酶促反应的速率有很大的影响。在底物浓度很低时，酶促反应的速率随底物浓度的增加而迅速增加；随着底物浓度的继续增加，反应速率的增加开始减慢；当底物浓度增加到某种程度时，反应速率达到一个极限值 V_{max}。V_{max} 是酶的一个基本特征常数，它包含着酶与底物结合和解离的性质。从米氏方程式可知，米氏常数（K_m）等于反应速率达到最大反应速率一半时的底物浓度，米氏常数的单位就是浓度单位。K_m 与底物浓度、酶浓度无关，与 pH、温度、离子强度等因素有关。因此，通过计算热动力学参数 V_{max} 和 K_m，可以从微观上掌握油气藏上方微生物活性，及其活性的深度变化规律（图 2-26）。

甲烷（烃）氧化菌将气态烃氧化，在烃类浓度或者氧气浓度不高的情况下，对于两种反应底物轻烃和氧气满足米氏方程。反应速率最初随着烃类浓度的增加而增大，直到土壤中的轻烃浓度饱和。有许多研究者对土壤中的甲烷氧化动力学进行了研究，得到了一系列条件下的动力学参数（V_{max} 和 K_m），在不同环境下的不同土壤动力学差异很大。除了土壤和环境本身的差异性，影响甲烷氧化的动力学特性的因素有很多，但其中最重要的三个因素是温度、土壤含水率、底物浓度。书对象多为自然条件下的土壤或是填埋场土壤，至今还没有学者对油气微渗漏系统的动力学进行研究。表 2-8 为不同土壤的甲烷动力学参数。

表 2-8　不同生境中甲烷氧化的热动力学参数

文献	土壤类型	甲烷浓度/（μL/L）	V_{max}/$[μL/(L·g·d)]$	K_m/%
Kightley 等（1995）	垃圾填埋场粗砂土	0.05~5.0	$6.49×10^{-3}$~$7.29×10^{-3}$	2.35
Bogner 等（1997）	垃圾填埋场黏土	0.016~8.0	$4.65×10^{-3}$	2.54
De Visscher 等（1999）	农田土壤	0.005~3.0	$1.5×10^{-3}$~$16.8×10^{-3}$	0.15~0.5
De Visscher 等（2001）	垃圾填埋场亚砂土	<2.0	$0.52×10^{-3}$~$11.27×10^{-3}$	0.08~0.5
Stein 等（2001）	垃圾填埋场亚黏土	<10.0	$6.2×10^{-3}$	0.75
Gebert 等（2003）	厌氧生物滤池黏土	0.2~10.0	$11.08×10^{-3}$	1.1
	垃圾填埋场覆盖土	0~23.0	$40.7×10^{-3}$	2.0
Pawłowska 等（2006）	经甲烷冲刷的粗砂土	1.0~16.0	$0.11×10^{-3}$~$0.86×10^{-3}$	0.6~2.9
Bender 等（1993）	森林原土	$0.02×10^{-4}$~0.03	$22.3×10^{-6}$	$2.2×10^{-3}$
Whalen 等（1996）	阿拉斯加土壤	$1.7×10^{-4}$~0.12		
	沼泽		$1.48×10^{-3}$	$8.4×10^{-2}$
	森林		$4.9×10^{-6}$~$56.8×10^{-6}$	$2.9×10^{-3}$~$9.9×10^{-3}$
Benstead 和 King（1997）	森林土壤	$1.7×10^{-4}$~0.1	$6.2×10^{-6}$	$0.8×10^{-3}$

V_{max} 是土壤在反应底物充足时所能达到的最大反应速率。从表 2-8 可以看出，垃圾填埋场覆土甲烷氧化的 V_{max} 均大于普通土壤，这说明垃圾填埋场具有较大的甲烷氧化潜势。其原因是垃圾填埋场下伏甲烷产量很高，通量很大，同时环境条件等都比较适宜甲烷氧化菌的生长。可以推测，在油气藏上方的 V_{max} 也很有可能高于背景区。土壤中存在着低亲和力的气态烃氧化菌和高亲和力的气态烃氧化菌，森林土壤以低 K_m 值的高亲和力氧化菌为主。表 2-8 中 K_m 分布在 $2.9×10^{-3}$%~2.9%，说明不同区域及同区域不同植被下土壤烃氧化特性具有明显差异。

本书以甲烷氧化菌活性为例，在山东沾化郑家油区的油田、气田及背景区分别部署了 3 个地表钻孔，孔深 2m，采集不同深度的样品，旨在掌握油气微生物活性变化规律，为采样提供依据。本书采用通用的双倒数方程作图法，通过 SigmaPlot 软件和 Enzyme Kinetics 模块求解出米氏常数（K_m）和最大反应速率（V_{max}）。如图 2-27 所示，油气藏上方土壤的 V_{max} 分别达到了 $5.497×10^{-5}$cm³/(kg·s)和 3.858×

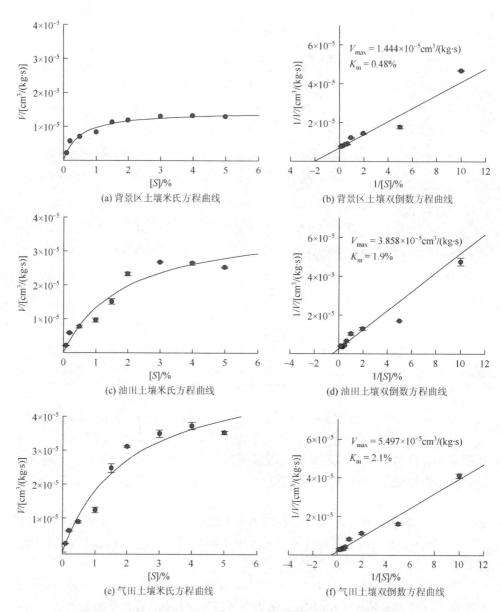

图 2-27　不同油气属性区土壤样品（60cm）甲烷氧化活性的米氏方程曲线和双倒数方程曲线

$10^{-5}\text{cm}^3/$（kg·s），明显高于背景区的 $1.444\times10^{-5}\text{cm}^3/$（kg·s），表明在经过长期的气态轻烃持续驯化后，油气藏上方甲烷氧化菌的底物利用速率要明显高于背景区；K_m 则呈现了相反的趋势，气田上方的 K_m 值是背景区的 4 倍左右，说明虽然油气微渗漏的甲烷通量很低，但经过长时间的胁迫后，微生物对底物的亲和力显著降低。而背景区的甲烷氧化菌则仅能利用大气中较低浓度的甲烷作为底物，对甲烷的亲和力很高（K_m=0.48）。

　　深度方面，在不同的深度点上的土壤样品重现了以上规律，即降解甲烷的 V_{max} 高，而亲和力较低，相较于背景区的甲烷氧化菌群落在高浓度甲烷的环境下生长，具有较低的亲和力（图 2-28）。此外，随着采样深度的增加，各个样品的 V_{max} 逐步下降，表明氧浓度是甲烷氧化菌生长繁殖的关键因素。正因如此，深度样品的 K_m 也随之下降，说明甲烷氧化菌群落在不利环境下，一种可能是发生了群落演替，改变了生态生存策略，另一种可能是长期的胁迫使微生物胞内酶系发生了改变。从热动力学参数的深度变化规律，可以看出浅层的样品由于氧浓度高，营养成分充足，更能真实地反映油气微生物与底物轻烃的关系。因此，在无其他人为活动干扰的前提下，可优先采集浅层土壤。

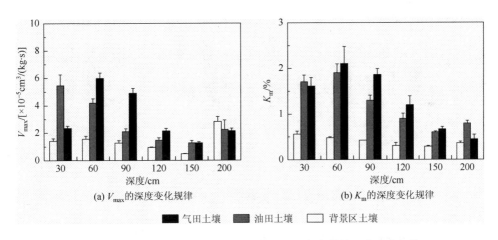

(a) V_{max} 的深度变化规律　　　　　　(b) K_m 的深度变化规律

■ 气田土壤　　■ 油田土壤　　□ 背景区土壤

图 2-28　不同油气属性区土壤样品的米氏方程参数的深度变化规律

四、烃氧化活性检测方法的初步应用研究

（一）油气微生物活性的深度变化规律

　　所采集的三个地表钻孔，一个位于油田上方，一个位于气田上方，另一个位于远离油田区的背景点。在此 3 点采集不同深度的微生物样品，主要目的是利用自建的油气微生物活性检测方法探寻研究区合适的微生物采集深度，以及对于油气富集或贫乏的指示效果。

　　图 2-29 是 3 个不同油气属性点位的不同深度的土壤油气微生物活性测定结果。从图 2-29 可以看出，甲烷氧化活性和丁烷氧化活性均随着采样深度的增加而逐渐减少，30cm 的表层土壤的甲烷氧化活性比 150cm 深处土壤的甲烷氧化活性要高 3～4 倍，丁烷氧化活性也普遍较高，这说明溶解氧浓度对油气微生物的生长繁殖至关重要。该结果与先前的研究非常吻合，在地表土壤、沉积物、垃圾填埋场、海底油气渗漏点等生境中，甲烷（烃）氧化菌均呈现了类似的垂直分布特性。另外，油气微生物数量的深度变化规律也与上述结果非常吻合。造成该现象的主要原因是深部湿度较大，阻碍了氧气的流通，使微生物氧化作用难以完成，长期驯化造成烃氧化菌数量较少。值得注意的是，在 30cm 的土壤浅层，活性数据受地表干扰较大，推荐采集微生物活性波动较小的 60～90cm 的土层。

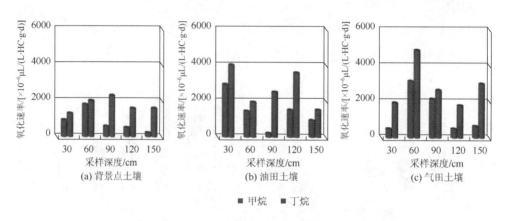

图 2-29　不同油气属性区土壤样品气态烃氧化的深度变化规律

　　对比 3 个不同属性样品的活性数据，油田和气田上方土壤的甲烷氧化速率和丁烷氧化速率要明显高于背景点，且从本研究区块来看，60cm 和 150cm 气田上方的烃氧化速率要高于油田上方。尤其是作为油指示的特异性指标——丁烷氧化菌活性，区分效应十分明显，显示出该方法良好的油气指示作用。

（二）过油气田剖面样品微生物活性研究

　　为评估活性检测是否适合快速诊断和识别油气藏，在山东沾化邵家庄油气区上方部署了一条通过油气藏的近东西向剖面，采集了剖面上方的微生物样品，进行了微生物活性检测。不同样品之间的甲烷氧化曲线和丁烷氧化曲线差异很大，具体表现在培养延滞时间长短、降解速率、消耗量三方面。通过综合评估，认为所建立的油气微生物活性检测方法是准确的。尽管在不同时间点不同批次进行检测，但几乎每个样品都表现出较为连续的降解行为，一部分样品呈现了标准的 S 型底物降解曲线。

如图 2-30 所示，甲烷氧化活性对油气田的指示效果并不明显，油区范围内，仅有 B14 和 B21 有较高的异常值，但并未连片；气藏上方 B30、B32 和 B34 的异常较好地拟合了气藏的位置。那么为何甲烷氧化活性在该剖面的指示效果不明显？仔细分析该区域的农田耕作状况，排查发现 B13～B18 样品点范围内施用了大量的氮肥和碳素肥料。仔细查阅文献后，发现施肥特别是施用氮肥对甲烷氧化菌氧化甲烷活性具有非常大的影响。长期施无机氮肥可抑制温带耕层土壤甲烷消耗 50%～80%；无机氮持续施用一定时期可引起土壤甲烷氧化菌的衰竭。据报道，施 5～13 年氮肥的干草原砂壤土消耗甲烷比不施肥土壤少 30%～40%。此外施用碳素肥料对土壤氧化外源甲烷活性也有显著影响，不同碳素物质的影响强度各不相同。如施用甲酸盐肥料，甲酸是甲烷氧化代谢途径中的代谢中间产物，对土壤氧化外源甲烷的影响最显著，它可减缓或抑制甲烷的氧化。因此，通过甲烷氧化活性判断下伏油气状况时，须十分谨慎。

丁烷氧化活性则相反，如图 2-30 所示，在油区上方显示出明显的高值区，而在气田上方相对于周边也有一定的弱显示，较好地指示了油气藏的位置。由此可见，丁烷氧化活性相对于甲烷氧化活性，由于受地表环境条件的干扰较少，能够较好地反映深部烃类垂向微渗漏在油藏上方使烃氧化菌异常发育的特点。

综合以上分析，项目组认为油气微生物活性具有一定的油气指示效果。但现有的方法需要对同一样品进行 4～5 次气相色谱测定，且整个测定周期为 7～10 天，费时费力、效率较低。建议作为油气微生物指标的辅助指标，在环境干扰较多，或单指标难以判断时，可以对少数样品点进行油气降解活性测定辅助诊断。此外，建立直接、快速的测定活性的方法非常必要。目前与油气相关的降解酶（基因）有甲烷单加氧酶（基因）、丁烷单加氧酶（基因）等，开发新的微生物活性检测技术，提高活性检测的效率，才能适应工业化应用的需要。

五、油气基因 mRNA 反转录活性检测方法探索

如前所述，通常土壤中油气微生物活性的测定是利用微生物代谢产物的生化分析，如甲烷和轻烃的氧化率和氧化速率来评价的。现代分子生物学方法不需要培养微生物，通过系统发育及功能基因探针的方法来直接分析土壤样品中的油气微生物。mRNA 具有半寿期短，非常容易被降解等特点，以检测 mRNA 为基础的反转录定量 PCR（RT-qPCR）能够比较客观地评价和指示细胞的活性状态。另外，与其他以细菌代谢活性或其他生理特征为基础的检测方法相比，RT-qPCR 技术具有操作简

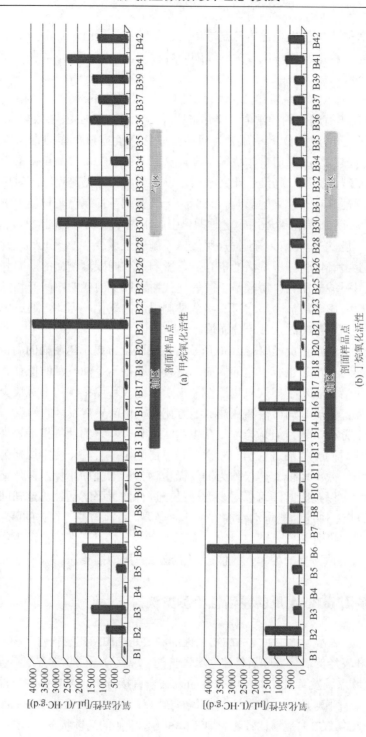

图 2-30　沾化邵家庄油田过油气剖面样品的甲烷氧化活性和丁烷氧化活性

便快捷、检测灵敏度高等特点。因此，本书针对甲烷氧化基因 *pmoA* 的 mRNA 进行检测与定量，尝试用于诊断甲烷气藏。

图 2-31 显示的是沾化区土壤样品手提法得到的 mRNA 经过反转录定量 PCR 后的结果及电泳图谱。结果显示，各样品的拷贝数均为 $10^6 \sim 10^7$copies/g，不同样品未显示出显著性差异。图 2-32 显示的是沾化区土壤样品 Mobio 试剂盒提取法得到的 mRNA 经过反转录定量 PCR 后的结果及电泳图谱。结果显示，各样品的拷贝数分布在 $10^3 \sim 10^4$copies/g，一些 mRNA 样品结果在最低检测线以下，经电泳检测未见目的条带，说明试剂盒提取法提取土壤 mRNA 时损失率较手提法的损失率大。但此方法在气区显示出一定异常高值，在油区未显示出任何的异常，背景区显示出较弱的高值。

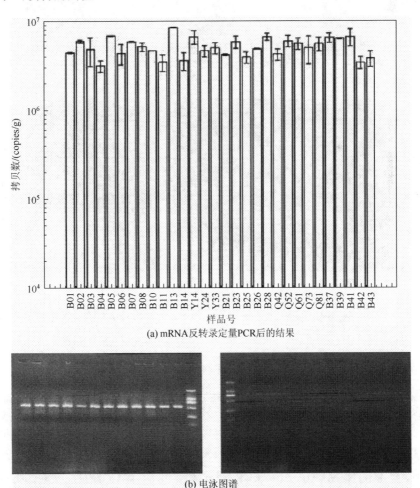

(a) mRNA反转录定量PCR后的结果

(b) 电泳图谱

图 2-31　沾化区过油气藏剖面 30cm 手提法得到的 mRNA 反转录定量 PCR 后的结果及电泳图谱

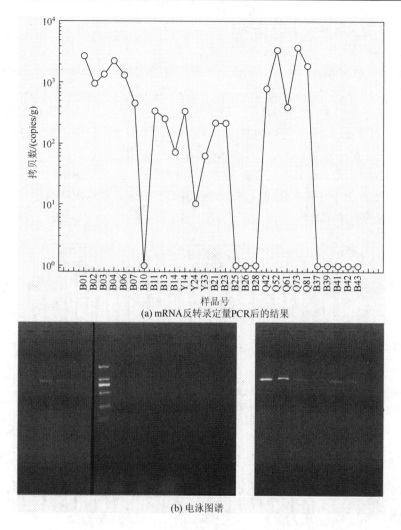

(a) mRNA反转录定量PCR后的结果

(b) 电泳图谱

图 2-32　沾化区过油气藏剖面 30cm 土壤 Mobio 试剂盒法得到的 mRNA 反转录定量 PCR 后的结果及电泳图谱

　　图 2-33 显示的是 mRNA 反转录定量 PCR 得到的拷贝数占 DNA 定量 PCR 得到的拷贝数的比例，Yun 等[45]认为以此比例可以代表微生物的活性大小。从图 2-33（a）中可以看出，在气区（Q42～Q81）出现的是连片的高活性异常值，且边界清晰，经移动平均化后的结果［图 2-33（b）］更明显，说明此指标是可以丰富油气藏指示，以使其更好地应用于实际。从图 2-33（c）中可以看出，在气区仅出现了一个高活性异常值，经移动平均化后的结果［图 2-33（d）］也在气藏上方有较好的显示，因此结果的可信度不够强。由以上结论可知，通过测试 mRNA 的丰度可以很好地表征油气微生物在原位实时的活性，但众所周知，mRNA 在提取保存过程中很容易造成降

解，因此会给检测带来不可预知的误差，如何有效地避免 mRNA 的降解将是实际勘探中需要注意的关键环节。

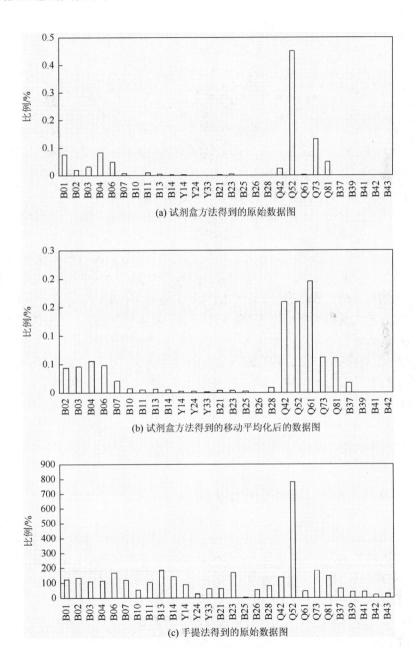

(a) 试剂盒方法得到的原始数据图

(b) 试剂盒方法得到的移动平均化后的数据图

(c) 手提法得到的原始数据图

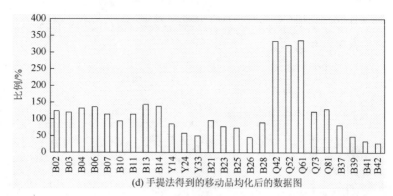

(d) 手提法得到的移动品均化后的数据图

图 2-33　mRNA 反转录定量 PCR 得到的拷贝数占 DNA 定量 PCR 得到的拷贝数的比例

第三节　免培养定量检测技术

　　近年来，国内外许多研究者已经逐渐认识到常规的微生物分离培养技术在微生物计数测定时具有很大的局限性，这些分离培养手段只能获取环境样品中实际微生物总数的 10%～15%，有时甚至不到 1%[46]，因此传统的研究手段有可能使绝大多数的环境微生物信息被忽视。随着分子生物学和生物信息学的发展，特别是刚刚兴起的宏基因组学，加速了对甲烷（烃）氧化菌的认识，大量的基于核酸、脂肪酸等的分子生态学方法被应用于甲烷（烃）氧化菌的解析中，包括群落指纹分析、荧光原位杂交、变性梯度凝胶电泳、定量 PCR、磷脂脂肪酸分析、稳定性同位素探针技术等[47]，其中，通过群落指纹分析和荧光原位杂交技术可以快速掌握目标菌群的数量。

一、高效油气微生物 DNA 提取技术

（一）土壤 DNA 手工法提取方法比选

　　获取高质量的土壤 DNA 是进行油气微生物定量和群落解析的首要条件，其关键在于提取 DNA 的纯度和得率是否满足下游的操作。例如，酶切或 PCR 扩增等，这两方面的指标都取决于土壤中微生物是否破碎完全，以及杂质是否能充分去除。土壤微生物细胞壁的破碎有多种方法，物理方法为机械破碎法，如高压匀浆破碎法、振荡珠击破碎法、冻融破碎法和超声波破碎法等；非物理破碎法包括 SDS 裂解法、酶裂解法等。在 DNA 粗提液中杂质的去除方面，有 CTAB 抽提法、SDS 高盐提取法等。本书分别采用物理破碎、化学裂解及生物酶裂解，单独或组合应用三种方法对油气土壤 DNA 进行抽提，考察各种方法对 DNA 的纯度及得率

的影响，进而确定最优的油田土壤 DNA 提取方法。

分别采用以下方法对三种类型的土壤进行 DNA 提取，并评价其抽提得到的 DNA 质量。通过以下 4 种指标评价所提取的 DNA 的质量，其中纯度和得率是两项主要的指标。

（1）DNA 完整性及片段大小：通过电泳成像评价 DNA 片段大小。

（2）DNA 的浓度：浓度（μg/mL）=OD_{260}×50μg/mL×稀释倍数。

（3）DNA 的得率（或产量）：产量（μg/g 干土）=DNA 的浓度×DNA 溶液的体积（mL）/干土质量（g）。

（4）DNA 纯度：测量 OD_{230}、OD_{260}、OD_{280}，计算 OD_{260}/OD_{230}(DNA/腐殖酸)值可以确定所提 DNA 中腐殖酸的污染程度，计算 OD_{260}/OD_{280} 值可以确定所提 DNA 中蛋白质的污染程度。

1. 物理裂解法

采用单纯的物理裂解法对不同类型土壤的 DNA 进行提取，结果见表 2-9。沃土的 DNA 平均得率在 56.49～65.66μg/g 干土，明显高于黏土和沙土，说明土壤有机质含量的高低影响了微生物的数量，进而影响了 DNA 的提取得率。同时三种土壤的纯度接近，说明有机质的多寡对 DNA 的纯度没有明显影响。在玻璃珠击打法中，选择一个较长的击打时间有利于 DNA 提取得率的提高，三种土壤的得率均显示 30min 的击打时间所得到的 DNA 得率高于 5min 的击打时间所得到的 DNA 得率。另外，采用机械破碎法提取黏土土壤所得到的 DNA 得率明显低于玻璃珠击打法，平均得率只有 4.11μg/g 干土，因此，不宜采用该方法进行沙土和沃土的提取研究。

表 2-9　不同物理裂解方法的 DNA 提取效果

提取方法	沙土		黏土		沃土	
	纯度 （OD_{260}/OD_{280}）	得率/ （μg/g 干土）	纯度 （OD_{260}/OD_{280}）	得率/ （μg/g 干土）	纯度 （OD_{260}/OD_{280}）	得率/ （μg/g 干土）
玻璃珠击打（5min）	1.48±0.10	8.48±6.84	1.42±0.02	7.51±1.88	1.41±0.01	56.49±0.23
玻璃珠击打（30min）	1.23±0.21	12.13±14.10	1.46±0.02	10.24±5.55	1.41±0.02	65.66±9.97
机械破碎	—	—	1.34±0.02	4.11±2.17	—	—

2. 化学裂解法

单纯采用化学试剂 SDS 结合不同酶法裂解的 DNA 提取效果见表 2-10。从表中可知，以黏土为例，其 DNA 提取得率在 4.72～9.88μg/g 干土，总体上高于单纯机械破碎法的提取得率，DNA 纯度指标基本和机械破碎法相当，考虑到后续对 DNA 扩增的要求，不宜采用该方法对沙土和沃土进行试验。

表 2-10　化学裂解法结合不同酶法裂解的 DNA 提取效果

提取方法	沙土		黏土		沃土	
	纯度 (OD_{260}/OD_{280})	得率/ (μg/g 干土)	纯度 (OD_{260}/OD_{280})	得率/ (μg/g 干土)	纯度 (OD_{260}/OD_{280})	得率/ (μg/g 干土)
蛋白酶	1.11±0.04	3.93±0.57	1.23±0.04	9.88±0.22	1.25±0.04	11.39±1.46
蛋白酶 （CTAB）	1.35±0.01	5.34±0.32	1.52±0.02	9.16±0.68	1.38±0.01	10.66±0.76
溶菌酶	1.48±0.07	2.00±1.23	1.32±0.14	4.72±3.53	1.47±0.01	18.39±3.01

3. 玻璃珠击打法结合不同酶法 DNA 提取效果

采用玻璃珠击打法结合不同酶法（Griffiths 法）裂解微生物的实验结果见表 2-11。从结果可以看出，在玻璃珠击打法结合不同蛋白酶或溶菌酶的提取方法中，以蛋白酶并同时添加 CTAB 的 DNA 提取得率较好，略高于其他三种方法。CTAB 作为一种阳离子去污剂，具有从低离子强度溶液中沉淀核酸与酸性多聚糖的特性。在高离子强度的溶液中（＞0.7mol/L NaCl），CTAB 与蛋白质和多聚糖形成复合物，不能沉淀核酸。通过有机溶剂抽提，去除蛋白质、多糖、酚类等杂质后加入乙醇沉淀即可使核酸分离出来。无论是蛋白酶法还是溶菌酶法，添加 CTAB 后，DNA 得率在多数情况下高于未添加 CTAB 的组合，说明 CTAB 有助于 DNA 提取得率的提高。从 DNA 提取纯度方面看，各种方法相差不大，纯度处于 1.34～1.45。值得注意的是，采用溶菌酶并同时添加 CTAB 的方法所得的沙土 DNA 得率波动比较大，可能和沙土的土壤学性质有关。

表 2-11　Griffiths 法的 DNA 提取效果

提取方法	沙土		黏土		沃土	
	纯度 (OD_{260}/OD_{280})	得率/ (μg/g 干土)	纯度 (OD_{260}/OD_{280})	得率/ (μg/g 干土)	纯度 (OD_{260}/OD_{280})	得率/ (μg/g 干土)
蛋白酶	1.36±0.08	3.54±1.08	1.39±0.11	6.49±1.54	1.42±0.09	13.98±3.97
蛋白酶 （CTAB）	1.34±0.04	7.23±4.32	1.41±0.09	14.77±9.47	1.39±0.05	15.07±4.01
溶菌酶	1.39±0.06	6.44±3.17	1.45±0.10	10.06±10.93	1.43±0.09	11.62±7.00
溶菌酶 （CTAB）	1.41±0.07	5.33±10.59	1.40±0.05	12.63±5.83	1.41±0.03	10.73±0.49

4. 液氮研磨法结合不同酶法裂解的 DNA 提取效果

液氮研磨是一种采用冷冻和机械破碎相结合的细胞破碎法，通常具有很好的效果，采用该法进行 DNA 提取试验，结果见表 2-12。从表中数据可知，液氮研磨法结合蛋白酶裂解法能明显提高 DNA 的提取得率，黏土的平均 DNA 提取得率在 16.43～19.16μg/g 干土，高于之前的三类方法；DNA 的纯度和前面三种方法相当，以黏土为例，纯度在 1.44～1.49。

表 2-12　液氮研磨法结合不同酶法裂解的 DNA 提取效果

提取方法	沙土		黏土		沃土	
	纯度 (OD_{260}/OD_{280})	得率/ (μg/g 干土)	纯度 (OD_{260}/OD_{280})	得率/ (μg/g 干土)	纯度 (OD_{260}/OD_{280})	得率/ (μg/g 干土)
蛋白酶	1.40±0.01	8.71±1.49	1.44±0.07	18.38±2.83	1.43±0.13	20.04±1.57
蛋白酶 (CTAB)	1.41±0.07	9.02±2.81	1.47±0.06	19.16±3.18	1.45±0.09	21.89±0.85
溶菌酶 (CTAB)	1.39±0.12	6.98±0.93	1.49±0.07	16.43±4.41	1.36±0.07	17.59±4.37

5. 反复冻融法结合不同酶法裂解的 DNA 提取效果

在液氮研磨法之后，进一步研究了反复冻融法对土壤 DNA 的提取效果，提取结果见表 2-13。结果表明，沃土和沙土的 DNA 得率明显高于黏土，这可能和几种土样中来源于不同土壤深度有关。在纯度方面，几种土样的纯度处于同一水平，纯度均在 1.45 上下。

表 2-13　反复冻融法结合不同酶法裂解的 DNA 提取效果

提取方法	沙土		黏土		沃土	
	纯度 (OD_{260}/OD_{280})	得率/ (μg/g 干土)	纯度 (OD_{260}/OD_{280})	得率/ (μg/g 干土)	纯度 (OD_{260}/OD_{280})	得率/ (μg/g 干土)
蛋白酶	1.46	8.27	1.46±0.02	16.87±1.87	1.48	22.1
蛋白酶 (CTAB)	1.43±0.03	19.77±5.49	1.77±0.93	19.36±7.98	1.41±0.01	23.01±1.93
溶菌酶	1.46	14.59	1.43±0.04	11.66±5.95	1.49	20.57
溶菌酶 (CTAB)	1.42	16.04	1.48±0.05	17.63±4.95	1.39	21.09

6. 手工提取方法的优选

从以上五类方法对不同类型土壤的 DNA 提取得率结果来看，总体上可以得出以下结论。

（1）土壤 DNA 提取需要采取物理+化学+酶法裂解三种方法结合的提取方式，有助于得到较高的 DNA 提取得率。有机质较高的土壤有利于得到较高的 DNA 提取得率。

（2）酶法裂解法中，添加 CTAB 有利于提高 DNA 提取得率。

（3）以上各种方法所得 DNA 的纯度没有大的差别，纯度在 1.4 左右，低于 1.80 以下，低于传统认为的 DNA 纯度要求。

（4）Griffiths 法、液氮研磨法和反复冻融法结合酶裂解法是比较好的方法，需进一步开展方法优选。

选择了同一油田土壤样品 N3，采用液氮研磨法和反复冻融法结合酶裂解的方法进行 DNA 提取，并与 Griffiths 法提取的效果进行比较，结果见表 2-14 和表 2-15。从结果可以看出，无论是从 DNA 纯度还是 DNA 得率均处于同一水平。由于 Griffiths 法相对于液氮研磨法和反复冻融法，不需要液氮，成本相对低廉，因此对 Griffiths 法进行了验证性试验。将 Griffiths 法应用到对油气田土壤样品提取 DNA，各项指标见表 2-16。

表 2-14　DNA 手工提取的 16 种方法

编号	方法	备注
方法 1	玻璃珠击打法+DNA 抽提	
方法 5	机械破碎+SDS+DNA 抽提	
方法 6	玻璃珠击打+SDS+蛋白酶 K+DNA 抽提	
方法 7	玻璃珠击打+SDS+溶菌酶+DNA 抽提	
方法 8	玻璃珠击打+SDS+溶菌酶+DNA 抽提	提取液含 CTAB
方法 9	玻璃珠击打+SDS+蛋白酶 K+DNA 抽提	提取液含 CTAB
方法 2	SDS+蛋白酶 K 法+DNA 抽提	
方法 3	SDS+溶菌酶+DNA 抽提	
方法 4	SDS+蛋白酶 K+DNA 抽提	提取液含 CTAB
方法 10	液氮研磨+SDS+蛋白酶 K+DNA 抽提	
方法 11	液氮研磨+SDS+溶菌酶+DNA 抽提	提取液含 CTAB
方法 12	液氮研磨+SDS+蛋白酶 K+DNA 抽提	提取液含 CTAB
方法 13	反复冻融+SDS+蛋白酶 K+DNA 抽提	
方法 14	反复冻融+SDS+溶菌酶+DNA 抽提	
方法 15	反复冻融+SDS+蛋白酶 K+DNA 抽提	提取液含 CTAB
方法 16	反复冻融+SDS+溶菌酶+DNA 抽提	提取液含 CTAB

表 2-15　各方法得到的沃土样品 N3 的 DNA 纯度、浓度和得率

纯度（OD_{260}/OD_{230}）	纯度（OD_{260}/OD_{280}）	浓度/（ng/μL）	DNA 得率/（μg/g 干土）	DNA 提取方法
1.42 ± 0.09	1.54 ± 0.03	58.75 ± 14.35	17.14 ± 4.19	方法 6
1.54 ± 0.67	1.47 ± 0.03	57.77 ± 22.81	16.85 ± 6.65	方法 8
1.52 ± 0.24	1.47 ± 0.06	49.10 ± 27.02	14.32 ± 7.88	方法 9
1.09 ± 0.23	1.43 ± 0.08	94.30 ± 43.80	27.20 ± 12.75	方法 10
1.30 ± 0.28	1.44 ± 0.04	67.50 ± 6.99	19.69 ± 2.04	方法 11
1.45 ± 0.19	1.50 ± 0.06	67.91 ± 9.02	19.81 ± 2.63	方法 12
1.38 ± 0.25	1.46 ± 0.03	57.80 ± 9.05	16.86 ± 2.64	方法 13
1.50 ± 0.49	1.46 ± 0.05	59.63 ± 27.64	17.40 ± 8.07	方法 15
1.64 ± 0.46	1.48 ± 0.05	57.50 ± 12.51	16.78 ± 3.65	方法 16

表 2-16　Griffiths 法提取得到的 DNA 纯度、浓度和得率

样品编号	纯度（OD_{260}/OD_{230}）	纯度（OD_{260}/OD_{280}）	浓度/（ng/μL）	DNA 得率/（μg/g 干土）
P4	1.65 ± 0.07	1.43 ± 0.01	77.90 ± 0.57	19.39 ± 0.14
P22	0.97	1.00	2.75	0.74
P18	0.96	1.15	26.05	6.57
P22	1.35 ± 0.44	1.37 ± 0.13	33.64 ± 16.72	8.99 ± 4.46
B3-1	0.67	1.24	58.30	15.64
B3-3	0.09	1.17	23.20	5.96
B3-5	0.31	1.20	23.15	5.70
B32-1	0.56	1.25	45.75	11.25
B32-3	0.61	1.22	37.85	9.06
B32-5	0.35	1.14	23.65	6.28

　　同时，对 Griffiths 法提取得到的部分 DNA 样品进行凝胶电泳，结果如图 2-34 所示。结合 DNA 提取得率和电泳图谱结果，可以看出 Griffiths 法提取部分油气田土壤得到的 DNA 电泳条带亮度很弱，而且得率比较低，普遍在 10μg/g 干土以下，而且砂土样品 B32-5 则没有提取到 DNA。此外，还存在粗提 DNA 杂质较多的问题。说明该方法应用于不同类型土壤时应进行优化和比较。

　　对 Griffiths 法、反复冻融法和液氮研磨法这三种物理破壁方法进行比较，液氮研磨法和反复冻融法提取效果较佳，无论是 DNA 提取得率、纯度还是 DNA 的完整性都比较好。在使用过程中，针对一般样品可采用液氮研磨法或者反复冻融法进行 DNA 提取，但针对一些特殊样品，如深层土壤、干燥砂土等生物量少的样品可使用液氮研磨法进行 DNA 提取。

　　1）Griffiths 法具体步骤

　　（1）准确称取 0.5g 土样于 2mL 已灭菌的离心管中，加 1mL DNA 提取液[①]于离心管中。

----

　　① 1mL DNA 提取液成分为 0.1mol/L Tris-HCl［三（烃甲基氨基甲烷）］（pH 8.0）、0.1mol/L EDTA（乙二胺四乙酸）（pH 8.0）、1.5mol/L NaCl、1%CTAB（十六烷基三甲基溴化铵）。

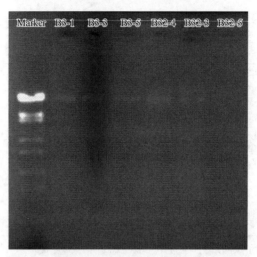

图 2-34　Griffiths 法提取的土壤 DNA 电泳图谱

（2）先涡旋振荡尽量使土壤完全分散。

（3）向离心管中加入等量小玻璃珠，涡旋振荡 5～30min。

（4）再加入 75μL 10mg/mL 的蛋白酶 K，混匀，然后置于 37℃的水浴锅中水浴 30min。

（5）加入 SDS（十二烷基苯磺酸钠）提取液 400μL，混匀，然后置于 65℃水浴锅中水浴 30min，并每隔几分钟摇匀。

（6）离心，取上清液，酚：氯仿：异戊醇（25：24：1）抽提两次。

（7）0.6 倍异丙醇沉淀 30min，离心，弃上清。

（8）乙醇洗涤 1 次，离心，弃上清，待沉淀干燥后加前序步骤配置的缓冲溶液溶解，4℃储存（长期储存需–20℃）备用。

2）液氮研磨法具体步骤

（1）无菌瓶收集样品。收集后–20℃冷冻，进行冷冻干燥后，倒入研钵加入液氮研磨直至粉末状沉淀。

（2）称取 0.5g 干燥土壤置于 2mL 离心管中，加入 1mL DNA 提取缓冲液[0.1mol/L Tris-HCl（pH 8.0）、0.1mol/L EDTA（pH 8.0）、0.1mol/L 磷酸钠（pH 8.0）、1.5mol/L NaCl]；针对腐殖酸含量高的样品（或表层沃土、多糖及蛋白质含量较高），可在 DNA 提取缓冲液中加入 1%CTAB；再加入 25μL 蛋白酶 K 溶液（10mg/mL），混合均匀。

（3）37℃水浴 30min，期间每隔 5～10min 摇动 1 次。

（4）加入 20%的 SDS 溶液 200μL，并轻轻摇匀。

（5）65℃水浴 30min，期间每隔 5～10min 摇动 1 次。

（6）室温 10000r/min 离心 10min，转移上清液到 1 个新的 2mL 离心管中。

（7）在装有上清液的离心管中倒入等体积的苯酚：氯仿：异戊醇（25：24：1），

摇匀后，4℃12000r/min 离心 10min。

（8）收集上清液，倒入等体积的氯仿：异戊醇（24：1），摇匀后，4℃ 12000r/min 离心 10min。

（9）收集上清液，加入 0.6 倍体积的异丙醇，–20℃或 4℃沉淀 30min。

（10）室温 13000r/min 离心 20min。

（11）收集沉淀，加入 1mL 70%的乙醇，用枪头吸打充分混匀，洗涤沉淀。

（12）室温 13000r/min 离心 10min，倒掉上清液。

（13）待沉淀干燥后，向离心管中加入 50μL TE[①]，分装保存于–20℃。

3）反复冻融法具体步骤

（1）称取 0.5g 土壤置于 2mL 离心管中，加入 1mL DNA 提取缓冲液［0.1mol/L Tris-HCl（pH 8.0）、0.1mol/L EDTA（pH 8.0）、0.1mol/L 磷酸钠（pH 8.0）、1.5mol/L NaCl］；针对腐殖酸含量高的样品（或表层沃土，多糖及蛋白质含量较高），可在 DNA 提取缓冲液中加入 1%CTAB；混合均匀。

（2）将已加入土样与提取液的离心管在液氮中速冻 1min，再在 65℃条件下水浴至融化，这样反复冻融处理 3 次。

（3）再加入 25μL 蛋白酶 K 溶液（10mg/mL），混合均匀。

（4）37℃水浴 30min，期间每隔 5～10min 摇动 1 次。

（5）加入 20%的 SDS 溶液 200μL，并轻轻摇匀。

（6）65℃水浴 30min，期间每隔 5～10min 摇动 1 次。

（7）室温 10000r/min 离心 10min，转移上清液到 1 个新的 2mL 离心管中。

（8）在装有上清液的离心管中倒入等体积的苯酚：氯仿：异戊醇（25：24：1），摇匀后，4℃12000r/min 离心 10min。

（9）收集上清液，倒入等体积的氯仿：异戊醇（24：1），摇匀后，4℃ 12000r/min 离心 10min。

（10）收集上清液，加入 0.6 倍体积异丙醇，–20℃或 4℃（温度影响不大）沉淀 30min。

（11）室温 13000r/min 离心 20min。

（12）收集沉淀，加入 1mL 70%的乙醇，用枪头吸打充分混匀，洗涤沉淀。

（13）室温 13000r/min 离心 10min，倒掉上清液。

（14）待沉淀干燥后，向离心管中加入 50μL TE，分装保存于–20℃。

7. 纯化柱纯化粗提 DNA

从确定的各种提取方法可知，油田区土壤 DNA 提取方法得到的 DNA 纯度

---

① TE 为 DNA 提取缓冲液。

（OD_{260}/OD_{280}）为 1.2～1.5，未达到普通意义上 DNA 的纯度要求（1.8～2.0）。为提高 DNA 粗提液的纯度，对得到的粗提 DNA 样品进行了 DNA 商用纯化柱处理；或者土壤样品提取 DNA 过程中利用商用纯化柱代替异丙醇沉淀。纯化柱粗提结果见表 2-17。

表 2-17　吸附纯化柱纯化得到 DNA 样品的 DNA 纯度、浓度和得率

样品号	纯度（OD_{260}/OD_{230}）	纯度（OD_{260}/OD_{280}）	浓度/（ng/μL）	DNA 得率/（μg/g 干土）	DNA 提取方法
	0.97	1.15	44.6	11.10	纯化前
P4	−0.51	1.44	10.9	2.71	直接纯化柱处理后
	8.13	1.34	27.2	6.77	提取中纯化柱处理
	1.49	1.20	29.9	7.55	纯化前
P18	−0.13	1.33	4.2	1.06	直接纯化柱处理后
	−7.12	1.32	23.8	6.01	提取中纯化柱处理
	1.22	1.36	48.6	13.02	纯化前
P22	−0.42	1.37	9.9	2.65	直接纯化柱处理后
	3.13	1.07	16.9	4.53	提取中纯化柱处理
	1.77	1.02	18.5	4.94	纯化前
P22	−0.08	1.36	2.9	0.77	直接纯化柱处理后
	−0.54	1.32	11.1	2.97	提取中纯化柱处理

表 2-17 中数据显示：①采用吸附纯化柱纯化后的 DNA 样品的纯度均有所提高，但 DNA 样品浓度均降低。②对现有的 DNA 样品进行吸附柱纯化处理后，纯度（OD_{260}/OD_{230}）均为负值，但是 OD_{260}/OD_{280} 的值提高到 1.3～1.5，而 DNA 样品浓度均在 11ng/μL 以下。③在土壤样品 DNA 提取的过程中，采用吸附纯化柱纯化处理来代替异丙醇沉淀后，OD_{260}/OD_{280} 的值也可达到 1.30 左右，DNA 样品的浓度在 10～30ng/μL。DNA 样品经过吸附纯化柱处理后，核酸损失严重，得到的 DNA 样品浓度较低，但是 DNA 样品的纯度得到了提高。因此，使用吸附纯化柱进行 DNA 样品纯化是有效的，但是在纯化的过程中，要掌握好纯化操作条件，如洗脱时间和洗脱温度等，才能使吸附在纯化柱上的核酸被洗脱下来。

（二）商用试剂盒法提取 DNA

在经过大量研究得到液氮研磨法和反复冻融法为油田区土壤优选 DNA 提取方法后，对研制得到的方法和现有的商用试剂盒法进行了比较。采用 Mobio 公司的 PowerSoil DNA Isolation Kit 试剂盒法和 FastDNA SPIN Kit for Soil 试剂盒法（图 2-35）提取 DNA，提取结果的评价指标见表 2-18。

裂解介质管系列适合不同类型样本，
具有高度的重复性！

裂解介质管是FastPrep®-24纯化试剂盒组成之一，也可另行购买，配合
自备的缓冲液使用。

裂解介质A
● 可用于任何类型样本的DNA提取
● 是Fast DNA®试剂盒和Fast DNA®SPIN试剂盒的组成之一

裂解介质B
● 用于革兰氏阳性和阴性细菌中RNA和蛋白质的分离
● 是Fast DNA®Pro Blue和Fast RNA Protein™Blue Matrix
试剂盒的组成之一

裂解介质C
● 用于酵母和真菌中RNA和蛋白质的分离
● 是Fast DNA®Pro Red试剂盒和Fast Protein™Red Matrix
试剂盒的组成之一

裂解介质D
● 可用于动植物组织中RNA和蛋白质的分离
● 是Fast RNA®Pro Green试剂盒的组成之一

裂解介质E
● 用于土壤中DNA和RNA的分离
● 是土壤Fast DNA® SPIN试剂盒、Fast RNA®Pro Soil-Direct
试剂盒和Fast RNA®Pro Soil-Indirect试剂盒的组成之一

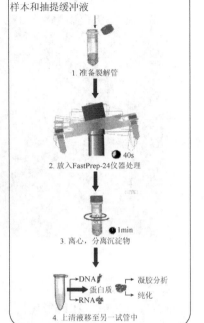

FastPrep®-24操作过程
样本和抽提缓冲液

1. 准备裂解管

● 40s
2. 放入FastPrep-24仪器处理

● 1min
3. 离心，分离沉淀物

DNA → 凝胶分析
蛋白质 → 纯化
RNA

4. 上清液移至另一试管中

图 2-35　FastDNA SPIN Kit for Soil 试剂盒法提取土壤 DNA 流程

表 2-18　试剂盒法提取的 DNA 样品的纯度、浓度及得率

对比指标	研发方法			商用试剂盒法		
	沙土	沃土	黏土	沙土	沃土	黏土
纯度（OD_{260}/OD_{230}）	−0.74±2.26	0.91±0.26	0.87±0.10	0.77±0.92	0.81±0.90	0.86±0.78
纯度（OD_{260}/OD_{280}）	1.31±0.04	1.33±0.01	1.35±0.02	1.60±0.22	1.93±0.15	1.84±0.10
浓度/（ng/μL）	91.40±39.99	264.67±108.25	228.44±52.55	10.40±8.47	9.36±7.06	7.28±5.45
得率/（μg/g）	8.36±3.26	25.38±11.25	21.95±5.66	2.43±2.50	1.17±0.65	1.35±0.70

从表2-18可看出，商用试剂盒法提取得到的土壤样品DNA的纯度（OD_{260}/OD_{280}）值均达到1.6～2.0，表明DNA纯度很高。其中地表土壤（≤30cm）样品的OD_{260}/OD_{280}值均能达到1.8～2.0。但DNA样品浓度相对较低，一般仅为几到十几 ng/μL。DNA琼脂糖电泳图谱显示DNA片段分布在19329～4254bp，可见总DNA完整性不好，存在明显降解和被剪切情况（图2-36）。而手提法得到的DNA样品由于含有腐殖酸和蛋白质等杂质需要进一步纯化，而商用试剂盒提取DNA是一步到位，不需要后续的纯化过程。试剂盒提取虽然方便快捷，但价格稍贵。手提DNA方法则较试剂盒烦琐，但所用试剂较普通，价格便宜，比试剂盒法成本降低80%，更适合于少量

样品时进行土壤 DNA 的提取工作。

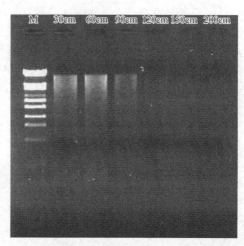

图 2-36　试剂盒法机械破碎仪及其 DNA 提取结果电泳图

　　DNA 提取方法小结：实际勘探中选择 DNA 提取方法时，需结合实际工程情况进行综合考虑。在经费允许的条件下，建议采用试剂盒法进行抽提。原因一，试剂盒法整个流程采用半自动方式，可控程度高，不同样品间实验操作造成的系统差异较小，数据重现性较好；原因二，试剂盒便于带至野外就地进行 DNA 提取，迅速冻存，可以防止野外施工周期较长而造成样品微生物群落发生改变。在经费较少，测试人员充足时，可以考虑用手提法进行土壤 DNA 提取。

二、油气基因定量检测技术

　　甲烷氧化菌的功能基因包括：*pmoA*、*mmoX* 和 *mxaF*，这些功能基因分别编码颗粒状甲烷单加氧酶基因、可溶性甲烷单加氧酶基因及甲醇脱氢酶基因。在这些功能基因中 *pmoA* 基因特异性最高，因此被广泛地运用于环境样品中甲烷氧化菌的检测与定量[48, 49]。文献[50]和[51]利用多种分子生态学方法对我国典型的瓦斯煤矿土壤中的甲烷氧化菌群分布和吸收甲烷的活性进行了研究，发现在瓦斯煤矿中有大量的 I 型和 II 型甲烷氧化菌存在，且都具有较高的吸收甲烷的活性。从生态学的角度对煤矿甲烷氧化菌群落进行解析，增进了对甲烷氧化菌在生态中分布的认识，获得了具有特殊功能的甲烷氧化菌信息。国内学者张凡等利用基于甲烷氧化菌功能基因 *pmoA* 克隆文库、定量 PCR 及变性梯度凝胶电泳（DGGE）分子生态学方法研究了已知的大港油田天然气库上方土壤样品甲烷氧化菌群落多样性和种群数量，结果表明气田上方的种群多样性和 *pmoA* 基因拷贝数明显高于背景区，证明了分子勘探的有效性[52, 53]。

与轻烃氧化相关的酶有两类[54]。一类是轻烃单加氧酶，甲烷单加氧酶的同系物，负责降解碳数为 2～9 的烃类，相关的酶基因有丙烷单加氧酶 α 亚基基因 *prmA* 和丁烷单加氧酶基因 *bmoX*。另一类是烷烃羟化酶，存在于许多降解烷烃的 α-变形菌亚门、β-变形菌亚门、γ-变形菌亚门和高 GC 含量的革兰氏阳性菌中，负责降解碳数为 5～13 的烃类，相关的保守酶基因是 *alkB*[55, 56]。这些基因的定量方法相对比较成熟，并在 PAHs 的生物修复研究中广泛应用[57, 58]。油气分子勘探方面虽鲜有报道，但从 2009 年开始 Envirogene[59] 和 Taxon Biosciences 公司开始采用实时定量 PCR 技术对土壤中的烃降解基因进行定量，来表征油气田上方的微生物异常，目前已取得了较好的实际应用效果。

实时荧光定量 PCR 技术是在 PCR 反应体系中加入荧光基团，利用荧光积累实时监测整个 PCR 进程，最后通过标准曲线对未知模板进行定量分析。它融合了 PCR 的高灵敏性、DNA 杂交的高特异性和光谱技术的高精确定量等优点，直接探测 PCR 过程中荧光信号的变化，以获得特定区段扩增产物定量的结果，不需要 PCR 后处理或电泳检测。利用定量 PCR 技术扩增甲烷（烃）氧化菌的功能基因检测其存在和数量，具有快速、灵敏、高通量、特异性强、自动化程度高、重复性好、准确定量等特点。表 2-19 列出了勘探相关的油气基因及其扩增引物。

表 2-19　油气基因定量检测所用引物

基因名称	引物和探针	序列（5'-3'）	靶微生物
pmoA	A189f	GGNGACTGGGACTTCTGG	甲烷氧化菌
	mb661r	CCGGMGCAACGTCYTTACC	
alkB	*alkB*wf	AAYACNGCNCAYGARCTNGGVCAYAA	烃氧化菌
	*alkB*wr	GCRTGRTGRTCHGARTGNCGYTG	
16S rRNA	519f	CAGCMGCCGCGGTAATWC	总细菌
	907r	CCGTCAATTCMTTTRAGTTT	
mcrA	MLf	GGTGGTGTMGGATTCACACARTAYGCWACAGC	产甲烷菌
	MLr	TTCATTGCRTAGTTWGGRTAGTT	
bmoX	955F	TGGCACCGGTGGRTSTA CGANGACT	丁烷氧化菌
	1517R	GCGCGATCAGSGTCTTSCCRTC	

油气基因定量的技术流程为：①提取环境样品细菌总 DNA；②定量 PCR 标准品构建，并用特异性引物和荧光分子探针对总 DNA 进行定量 PCR 扩增，构建各个油气降解基因的标准曲线；③用以上提取的土壤样品 DNA 进行 PCR 扩增，在实时定量 PCR 仪上对实际土壤样品中的基因拷贝数进行定量，分析总 DNA 中油气基因拷贝数，并在油田区进行勘探应用。

（一）甲烷氧化基因 *pmoA* 定量方法

1. 定量标准品的构建

首先将 PCR 产物克隆到质粒 pGEM-T Easy 载体上，克隆到大肠杆菌内，扩大培养，所得菌液一部分送样测序。剩余菌液用质粒提取试剂盒提取质粒。需要注意的是，为了保证后续定量 PCR 扩增效率，需要用限制性内切酶 *Eco*R Ⅰ使环状质粒线性化。模板 DNA 用 BioPhotometer 核酸蛋白测定仪测定后，用 TE 缓冲液 10 倍梯度稀释即构成定量 PCR 标准品[60]。

2. 实时定量 PCR 基因定量

实时荧光定量 PCR 是通过对 PCR 扩增反应中每一个循环产物荧光信号的实时检测，从而实现对起始模板定量及定性的分析[61-63]。*pmoA* 基因重组质粒制备完成后，分别以 10 倍梯度稀释含有 *pmoA* 重组质粒获得标准曲线，采用 SYBR *Premix Ex Taq*Perfect Real Time 试剂盒于 CFX96 Real-Time PCR System 扩增仪上对标样和未知土壤样品进行 *pmoA* 基因定量分析。荧光实时定量 PCR 的反应体系为 20μL，包括 1μL 稀释 10 倍的 DNA 模板（1~10ng）、10μL SYBR *Premix Ex Taq*Perfect Real Time，正、反引物各 0.2μL（20μmol/L）和 8.6μL 的灭菌双蒸水。荧光定量实时 PCR 扩增的温度条件：95℃ 30s，95℃ 10s，55℃ 30s，72℃ 30s，80℃ 5s，40 个循环；65℃ 5s；土壤样品中的 *pmoA* 基因数量采用换算为干土的比例（所有土壤在 105℃下称量至恒重）。图 2-37 为标准曲线及荧光曲线。

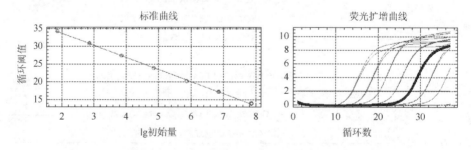

图 2-37　甲烷氧化 *pmoA* 基因定量 PCR 的标准曲线与荧光扩增曲线

为确保定量 PCR 扩增片段的特异性，实验采用 BioRad 定量分析软件对 PCR 产物进行融解曲线分析，结果如图 2-38 所示。结果表明，各次定量 PCR 的融解曲线都为一个单峰，证实了定量 PCR 扩增的特异性。对不同稀释梯度的 mRNA 样品定量 PCR 产物进行凝胶电泳分析，表明扩增得到了清晰的目标条带，无非特异性扩增现象的出现，说明扩增 *pmoA* 基因的 PCR 条件较佳。根据定量 PCR 得到的循环数（*Ct*）与细菌数量对数值建立线性定量标准曲线如图 2-37 所示，建立的定量标准曲线具有很好的线性关系，相关性系数（R^2）大于 0.999。

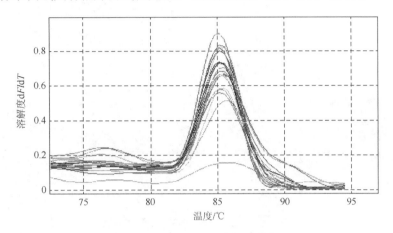

图 2-38　*pmoA* 基因溶解度曲线

（二）烃氧化基因 *alkB* 定量方法

针对烃氧化基因，由于其高特异性和稳定性，经过论证选择降解碳数为 5～13 的汽油烃降解基因 *alkB* 作为分子靶标。建立的基本流程同甲烷氧化 *pmoA* 基因，扩增条件如图 2-39 所示。荧光曲线、溶解度曲线和标准曲线如图 2-40 所示。结果显示，各次 PCR 定量分析的融解曲线都为一个单峰，证实了 PCR 扩增的特异性。定量 PCR 产物进行凝胶电泳分析表明扩增得到了清晰的目标条带，无非特异性扩增现象的出现。根据定量 PCR 得到的循环数与细菌数量对数值建立标准曲线具有很好的线性关系，R^2 大于 0.999。

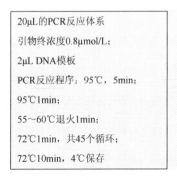 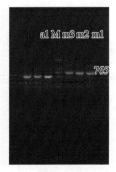

图 2-39　*alkB* 基因 PCR 产物电泳图谱，a1～a3：退火温度 55℃，58℃，60℃

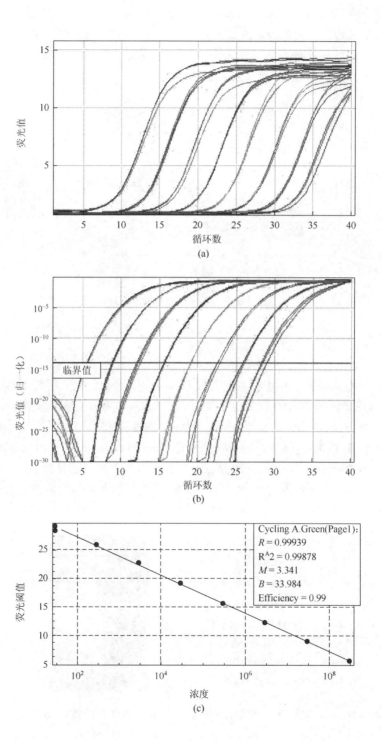

(a)

(b)

Cycling A.Green(Page1):
$R = 0.99939$
$R^A2 = 0.99878$
$M = 3.341$
$B = 33.984$
Efficiency = 0.99

(c)

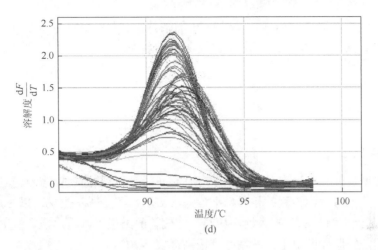

(d)

图 2-40　*alkB* 基因荧光曲线图谱、设定阈值定量 PCR 标准曲线和土壤样品的溶解曲线

（三）丁烷氧化基因 *bmoX* 定量方法

bmoX 基因的定量 PCR 反应体系如下：①20μL 的 PCR 反应体系；②引物终浓度 0.5μmol/L；③2μL DNA 模板。

PCR 反应程序：①95℃，10min；②95℃　50s，66℃退火 50s，72℃　40s，共 40 个循环；③72℃　10min，4℃保存。

为确保定量 PCR 扩增片段的特异性，对 PCR 产物进行了溶解曲线分析，结果表明，各次 PCR 定量分析的溶解曲线都为一个单峰，证实了 PCR 扩增的特异性。定量 PCR 产物进行凝胶电泳（图 2-41）分析表明扩增得到了清晰的目标条带，

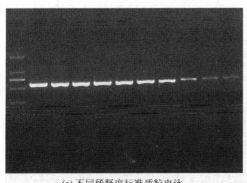
(a) 不同稀释度标准质粒电泳

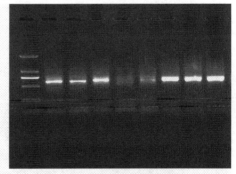
(b) 3 个土壤样品扩增结果

图 2-41　不同稀释度标准质粒电泳与 3 个土壤样品扩增结果

无非特异性扩增现象的出现，说明 PCR 的条件比较好。根据定量 PCR 得到的循环数与细菌数量对数值建立线性定量标准曲线具有很好的线性关系，R^2 大于0.99。

（四）方法学评价

1. 精密度

采用所建油气基因定量法测试 10 次同一基因拷贝数的质粒溶液。按照国家标准，可接受的微生物检测的相对标准偏差（RSD）在 15%～35%。以 *pomA* 基因和 *alkB* 基因为例，从分析数据和相对标准偏差的结果可以看出，定量 PCR 方法所测数据的分散程度很小，其精密度极高（表 2-20）。

表 2-20　基因定量法的精密度实验

基因类型	重复检测值/（$\times 10^3$copies/μL）	平均值/（$\times 10^3$copies/μL）	标准偏差（RSD）	相对标准偏差/%
pmoA	20.38、20.59、20.73、20.49、20.02、20.15、20.20、20.10、20.57、20.68	20.32	0.25	1.32
alkB	20.08、20.59、19.85、20.38、20.72、20.21、20.73、20.49、20.05、19.85	20.29	0.34	1.67

2. 测量范围

本方法的检出限测试样品≤1～10copies/μL；土壤样品≤100copies/g。检测范围≥1.0×10^1copies/μL。

3. 准确度（加标回收率）

配置已知浓度 *pmoA* 质粒溶液（2.1×10^6copies/μL），检测进行平行测定 6 次（表 2-21），平均值为 2.03×10^6copies/μL，其标准偏差为 0.34×10^6copies/μL，样品回收率为 97%。然后对已知浓度 *alkB* 质粒溶液（2.0×10^6copies/μL）进行平行测定 6 次，平均值为 1.99×10^6copies/μL，其标准偏差为 0.04×10^6copies/μL，样品回收率为 99%。根据国家标准，替代方法估算出的活微生物体数不得少于传统方法算得的 70%，或者通过适当的统计分析（如一个数据点的 $\log_{10}$ 对数值的方差分析），新方法应该与传统方法得到同样多的微生物。从分析数据和标准偏差的结果可以看出，油气基因定量方法所测数据的分散程度较小，其准确度（加标回收率）极高，符合工业化检测要求。

表 2-21　回收率实验数据

基因类型	数量/（×10⁶copies/μL）	平均值/（×10⁶copies/μL）	标准偏差	回收率/%
pmoA 基因	2.08、2.10、2.06、1.95、1.90、2.09	2.03	0.34	97
alkB 基因	2.16、1.95、2.04、1.89、2.02、1.91	1.99	0.04	99

4. 重现性

定性微生物学方法的重现性是指在各种正常的检验条件下，如不同的分析员、不同的仪器、不同生产商的试剂和不同的实验室，对同一样品进行分析所得检验结果的精确程度。一组采用耶拿 qTOWER 定量仪和日本 Takara 试剂，由本实验室人员在本实验室；另一组 Biorad cfx96 定量仪和美国 Biorad 试剂，由中国科学院南京土壤研究所人员在中国科学院南京土壤研究所实验室分别进行实验。研究对象是富安实验区同一剖面的样品。结果显示，以 *alk*B 基因定量为例，不同实验室不同人员操作不同试剂和不同仪器测试结果相关性 $R^2=0.763$，且曲线形态吻合度高（图 2-42）。根据国家标准，替代方法的重现性不得低于 0.6，本方法满足要求。

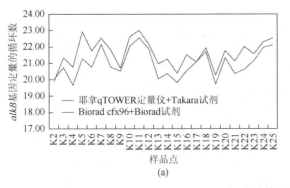
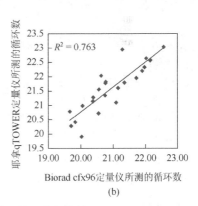

图 2-42　*alkB* 基因重现性实验数据的比较及其相关性

此外，在江苏油田某实验区同一过油藏剖面采用不同的方法进行了测定，结果如图 2-43 所示。培养法检测对象是细胞，免培养法检测对象是 DNA，基于的原理不同，但是从这条过油藏剖面的油气指示微生物定量结果可以发现，几种方法所得的形态非常相似，且在油藏上方均有高值异常显示，表明这几种方法都可以用来进行微生物勘探。因此，在实际工程应用中，可以根据需要，综合经费、人员、施工周期、野外采样和检测条件等因素，选择合适的检测方法。

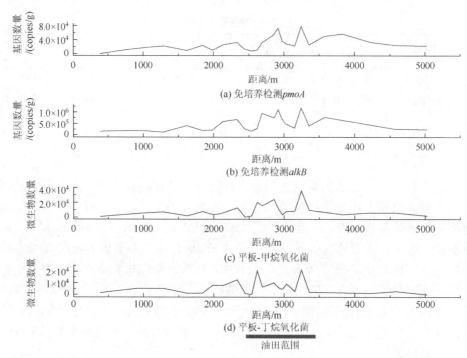

图 2-43　不同检测方法在江苏油田某实验区过油藏剖面的微生物（基因）数量

三、油气基因定量影响因素评估

（一）腐殖质等土壤有机质对勘探样品基因定量的影响

　　采集了理化性质具有明显差异的 3 种土壤（0～30cm 剖面），并将部分土壤风干处理，共计 6 份土壤进行 DNA 提取。主要土壤类型包括：新鲜稻田土壤（PS-F）、风干稻田土壤（PS-D）、新鲜黑土（BS-F）、风干黑土（BS-D）、新鲜森林土壤（FS-F）和风干森林土壤（FS-D）。风干土壤是取出每种土壤的新鲜样品一部分后放在室内，自然风干后的土壤。每份土壤干重约 0.5g，用表 2-22 的方法提取土壤总 DNA，并将其溶于 200μL 的 TE 缓冲液。

表 2-22　土壤微生物总 DNA 提取方法

方法编号	方法名称	简写	备注
方法 I	Griffiths 法	GF 法	
方法 II	Griffiths 法+纯化	GF-P 法	纯化试剂盒产自北京天恩泽公司的柱
方法III	冻融法	FT 法	式腐殖酸清除剂试剂盒
方法IV	冻融法+纯化	FT-P 法	
方法 V	柱式土壤 DNA 试剂盒	KS-1 法	试剂盒产自北京天恩泽公司
方法 VI	FastDNA SPIN Kit for Soil 试剂盒	KS-2 法	试剂盒产自美国 Mobio 公司

1. 土壤微生物总 DNA 的定性分析

采用 6 种不同的方法提取 6 份土壤样品得到 36 个 DNA 提取液的量（表 2-23）。

表 2-23 6 种不同方法提取土壤微生物 DNA （单位：μg/g）

土壤类别	DNA 提取方法					
	GF	GF-P	FT	FT-P	KS-1	KS-2
PS-F	67.2	22.1	22.0	11.6	5.3	21.9
PS-D	46.3	22.0	20.2	9.2	6.7	21.2
BS-F	21.1	11.8	12.0	8.3	7.4	16.6
BS-D	18.0	10.8	93.1	64.8	9.2	14.7
FS-F	132.5	57.8	11.6	3.1	7.0	52.1
FS-D	49.5	21.0	15.4	3.6	6.0	38.2

采用琼脂糖凝胶电泳技术分析 6 种提取方法提取的 6 份土壤微生物总 DNA（图 2-44）。土壤微生物基因组 DNA 凝胶电泳的条带越亮，表明其 DNA 数量越多。图 2-44 结果表明：GF 法、GF-P 法、KS-2 法获得的土壤微生物 DNA 量相对较多，而其他方法提取得到的总 DNA 数量较低，甚至部分样品中无任何条带。实验结果表明，GF 法、GF-P 法、KS-2 法提取土壤微生物 DNA 较好，且这三种方法中 GF 法最好，KS-2 法次之，GF-P 法最差；而且增加纯化步骤的 GF-P 法提取的 DNA 条带要弱于 GF 法，说明纯化会减少 DNA 量。

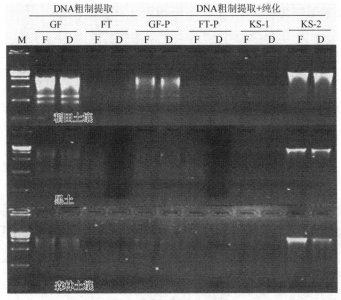

图 2-44 电泳检测 6 种不同提取方法提取 6 份土壤的总 DNA 效果

M 为 DL 15000™ DNA Maker；F 为新鲜土壤；D 为风干土壤

2. 土壤微生物总 DNA 的定量分析

对土壤微生物总 DNA 进行不同倍数的稀释，并在同一稀释倍数条件下，将不同方法所得到的基因拷贝数平均值相比较，采用实时荧光定量 PCR 技术，计算土壤样品中微生物数量（表 2-24），结果表明，与土壤 DNA 未稀释母液相比，土壤 DNA 稀释后所获得的微生物数量较高，表明土壤 DNA 稀释大于 10 倍能够有效降低土壤有机质等杂质的影响。

表 2-24　土壤 DNA 不同稀释倍数条件下微生物数量变化规律（单位：copies/μL）

土壤类型		稀释倍数					
		原液	10 倍	50 倍	100 倍	200 倍	1000 倍
新鲜土壤	PS-F	1.42×10^{10}	2.25×10^{10}	2.17×10^{10}	1.85×10^{10}	1.77×10^{10}	1.14×10^{10}
	BS-F	3.13×10^{9}	7.22×10^{9}	7.29×10^{9}	7.52×10^{9}	6.26×10^{9}	5.55×10^{9}
	FS-F	3.95×10^{9}	5.35×10^{9}	4.95×10^{9}	4.69×10^{9}	4.19×10^{9}	3.66×10^{9}
风干土壤	PS-D	1.36×10^{10}	2.18×10^{10}	1.91×10^{10}	1.76×10^{10}	1.57×10^{10}	1.15×10^{10}
	BS-D	2.62×10^{9}	5.43×10^{9}	4.84×10^{9}	6.68×10^{9}	6.36×10^{9}	3.33×10^{9}
	FS-D	2.72×10^{9}	2.75×10^{9}	2.66×10^{9}	2.61×10^{9}	2.39×10^{9}	2.47×10^{9}

1）稻田土壤腐殖酸等有机质对微生物定量的影响

图 2-45 结果表明，针对 PS-F（新鲜稻田土壤）和 PS-D（风干稻田土壤），通过定量 PCR 扩增分析，不同的提取方法和不同的稀释倍数会导致土壤微生物定量结果具有明显差异，但其变化趋势基本一致。

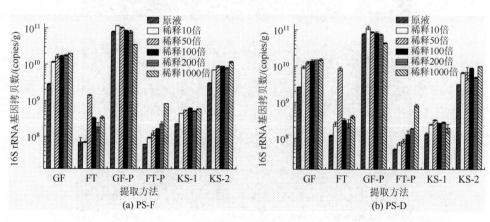

图 2-45　不同的提取方法、稀释倍数对 PS-F 和 PS-D 微生物定量的结果比较

对于 PS-F 和 PS-D 两种土壤，GF-P 法、GF 法和 KS-2 法三种方法较好，检测到的基因拷贝数最多，能更好地反映土壤微生物的数量，这与图 2-44 所得到的结论一致，但此时 GF-P 法得到的定量结果最好，且高于 GF 法 2.5～31 倍，高于 KS-2 法 3.5～96 倍，更普遍高于其他方法 10～165 倍，FT、FT-P 两种方法定量结果最差。同时相比较 GF 法和 FT 法，因增加纯化步骤而改进的 GF-P 法和 FT-P 法要优于前者，得到更多的基因拷贝数，表明纯化作用虽然可以减少 DNA 提取量（图 2-45），但同时会去除溶液中的抑制剂，反而使定量结果增加，更能反映真实的土壤微生物量[64]。

不同提取方法的最佳稀释倍数也有所不同，各不一致。例如 GF-P 法在稀释 10 倍时定量结果已达到较高水平，是其他稀释倍数所得定量结果的 1.5～2.5 倍。但 80%的结果表明稀释后定量结果都有所增长，表 2-23 表明稀释 10～100 倍时定量结果基本上已达到较高的水平，表明稀释溶液能降低溶液中杂质的浓度，在一定程度上减少杂质对定量试剂的抑制作用。

由表 2-24 得知，在所有的稀释倍数条件下，将不同的方法所得的基因拷贝数平均值相比较，PS-D 普遍比 PS-F 减少 3%～12%，表明自然风干会导致土壤微生物数量的减少，但在稀释 1000 倍后 PS-D 却是增加的，原因应该是稀释倍数过多出现误差所致。

2）黑土土壤腐殖酸等有机质对微生物定量的影响

图 2-46 结果表明，针对 BS-F（新鲜黑土）和 BS-D（风干黑土），通过定量 PCR 扩增分析，采用 6 种提取方法和 5 种稀释倍数，土壤微生物 16S rRNA 基因拷贝数定量结果具有明显差异，但其变化趋势基本一致。

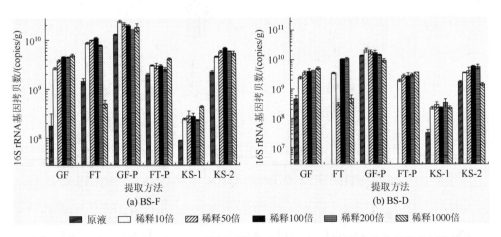

图 2-46　不同的提取方法、不同的稀释倍数对 PS-F 和 PS-D 微生物定量的结果比较

对于 BS-F 和 BS-D 两种土壤，GF-P 法得到的基因拷贝数最多，普遍高于其

他方法 2~450 倍，能够更好地反映土壤微生物的数量。与 GF 法相比较，因增加纯化步骤而改进的 GF-P 法要优于前者，得到更多的基因拷贝数，表明纯化作用虽然可以减少 DNA 提取量（图 2-46），但同时能够有效去除土壤腐殖酸等有机物杂质，减少其对实时荧光定量 PCR 的干扰，更加真实地反映土壤微生物量[64]；然而，对于 FT 法，增加纯化步骤而改进的 FT-P 法并未明显优于前者，纯化效果并不明显，可能土壤中抑制物含量过高。KS-1 法定量结果最差。

不同提取方法的最佳稀释倍数也有所不同，各不一致。例如，GF-P 法在稀释10 倍时定量结果已达到较高水平，是其他稀释倍数所得定量结果的 1.1~2.8 倍。但绝大多数结果表明稀释后定量结果都有所增长，稀释溶液能降低溶液中杂质的浓度，在一定程度上减少杂质对实时荧光定量 PCR 的抑制作用。

图 2-46 结果同时表明，在所有的稀释倍数条件下，将不同的方法所得的基因拷贝数平均值相比较，BS-D 普遍比 BS-F 减少 11%~40%，表明自然风干导致土壤微生物数量减少，但也有个别增加现象，原因可能是稀释倍数过多而带来的误差。

3）森林土壤腐殖酸等有机质对微生物定量的影响

图 2-47 结果表明，针对 FS-F（新鲜森林土壤）和 FS-D（风干森林土壤），通过定量 PCR 扩增分析，采用 6 种提取方法和 5 种稀释倍数，土壤微生物 16S rRNA 基因拷贝数定量结果具有明显差异，但其变化趋势基本一致。

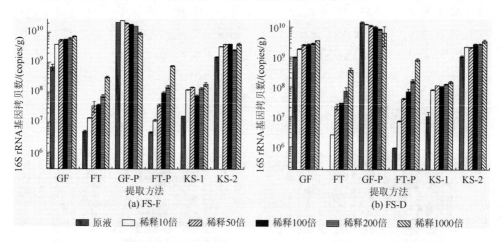

图 2-47　不同的提取方法、稀释倍数对 PS-F 和 PS-D 微生物定量的结果比较

对于 FS-F 和 FS-D 两种土壤，GF-P 法、GF 法和 KS-2 法三种方法较好，能得到较多的基因拷贝数，更好地反映土壤微生物的数量，这与图 2-44 所得到的结论一致，但此时 GF-P 法得到的定量结果最好，且高于 GF 法 1.2~31 倍，高于KS-2 法 1.2~310 倍，更普遍高于其他方法 4~700 倍，有的甚至成千上万倍，FT、

FT-P 两种方法定量结果最差。相比较 GF 法，因增加纯化步骤而改进的 GF-P 法要优于前者，得到更多的基因拷贝数，表明纯化作用虽然导致 DNA 提取量减少（图 2-47），但能够有效去除 DNA 溶液中的腐殖酸等杂质，获得更多的基因拷贝数，更加真实地反映土壤微生物量[64]；但与 FT 方法相比，单纯增加纯化步骤的 FT-P 法并未明显优于前者，纯化效果不明显，这可能与 FT 方法本身有关。

不同提取方法的最佳稀释倍数也有所不同，各不一致。例如，GF-P 法在稀释 10 倍时定量结果已达到较高水平，是其他稀释倍数所得定量结果的 1～1.3 倍。但 80%的结果表明稀释后定量结果都有所增长，图 2-47 表明稀释 10～100 倍时定量结果所占比例较高，基本上已达到较高的水平，表明稀释溶液能降低溶液中杂质的浓度，在一定程度上减少杂质对定量试剂的抑制作用。

由表 2-23 可知，在所有的稀释倍数条件下，将不同的方法所得的基因拷贝数平均值相比较，FS-D 普遍比 FS-F 减少 30%～40%，表明自然风干会导致土壤微生物数量的减少。

4）单因素方差分析

上述研究结果表明，土壤 DNA 稀释大于 10 倍后，通常情况下即可较为准确地反映土壤微生物数量。据此，如图 2-48 所示，选择了 10 倍稀释条件下的结果，对 6 种土壤、6 种 DNA 提取方法的微生物定量结果进行单因素方差分析。结果表明 $P=0.001<0.05$，差异极为显著，且 GF-P 法与其他 5 种方法之间 $P<0.001$，是勘探样品微生物定量分析的最佳策略之一。

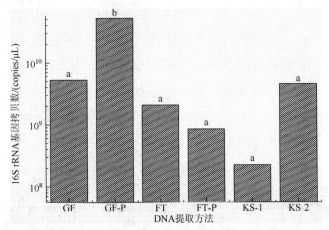

图 2-48　不同的 DNA 提取方法在稀释 10 倍条件下所得定量结果之间的方差分析

柱形图上的 a、b 代表显著性水平

（二）土壤样品保存策略对基因定量的影响

本书采集了江苏油田典型油气藏和非油藏近地层上方的剖面土壤勘探样品，

每组样品包含 4 个不同剖面深度的勘探土壤样品（0～30cm、30～60cm、60～100cm、100～150cm），样品采集后置于 4℃冰箱保存。

采集原位新鲜土壤后，去除肉眼可见的石块和植物残渣等杂物，并通过研钵研磨，并通过 20 目筛网将土壤样品尽可能均一化处理。对于含水率大于 28%的个别深层样品则直接提取土壤微生物 DNA。将均一化处理的土壤样品分为 3 份，每份 45g 左右，分别进行如下 3 种处理后进一步分析：①新鲜土壤处理，将新鲜采集的土壤样品直接封存于 4℃冷库中；②冷冻干燥处理，将新鲜采集的土壤样品置于冷冻干燥机中处理 3 天，即在–55℃条件下，通过真空将土壤水分升华，并将去除土壤水分的样品封存于 4℃冷库中；③自然风干处理，将新鲜土样在通风较好的条件下，自然干燥 4 天，直至风干壤含水量在 0.5%～2.3%。

1. 自然风干和冷冻干燥处理对土壤微生物基因组总 DNA 的影响

土壤微生物基因组 DNA 凝胶电泳的条带越亮，表明其含量越高。如图 2-49 所示，与新鲜土壤相比，自然风干或冷冻干燥处理显著降低了土壤微生物基因组总 DNA 含量。在干旱条件下，土壤微生物量通常会比正常水分条件下有所减少。对于油藏上方不同剖面的新鲜土壤，随着深度的增加，土壤微生物基因组总 DNA 含量显著降低，这与 Fierer 等研究结果相同，除某些微生物群落（如革兰氏阳性菌、放线菌等），大部分微生物量随着土壤深度增加而减少，并且其活性也可能会

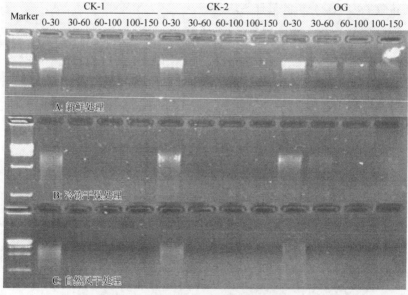

图 2-49　新鲜、冷冻干燥和风干处理下油气藏和非油气藏近地层上方不同土壤剖面微生物
基因组总 DNA 电泳分析

CK-1、CK-2 为非油气藏上方表层土壤；OG 为油气藏上方表层土壤

减小[65]；自然风干或冷冻干燥处理后，30～60cm 深度及以下土壤微生物基因组总 DNA 信号几乎消失。对于非油气藏上方不同剖面土壤（CK-1 和 CK-2），3 种方法处理下都无法检测到 30～60cm 深度及以下土壤微生物基因组 DNA 信号。

2. 自然风干和冷冻干燥处理对土壤甲烷氧化菌数量的影响研究

如图 2-50 所示，与新鲜处理土壤相比，自然风干或冷冻干燥处理显著降低了土壤甲烷氧化细菌 *pmoA* 基因丰度。干旱是一种土壤水分不足的状态，能够抑制微生物活性。对于油藏上方新鲜土壤（OG），随着深度的增加，*pmoA* 基因丰度呈降低趋势，与表层 0～30cm 的土壤相比，降幅为 41.5%～77.5%。自然风干或冷冻干燥处理导致不同剖面新鲜土壤 *pmoA* 基因丰度显著降低，特别在 100～150cm 的深度 *pmoA* 基因丰度甚至低于检测限，自然风干处理导致 *pmoA* 基因丰度降低 78.0%～86.7%，冷冻干燥处理导致 *pmoA* 基因丰度降低了 28.9%～79.4%；对于非油藏上方土壤，*pmoA* 基因仅存在于表层 0～30cm 的土壤里，自然风干处理导致 CK-1 和 CK-2 新鲜土壤中 *pmoA* 基因丰度分别降低了 50.6% 和 90.7%，冷冻干燥处理的降幅分别为 21.0% 和 71.1%。

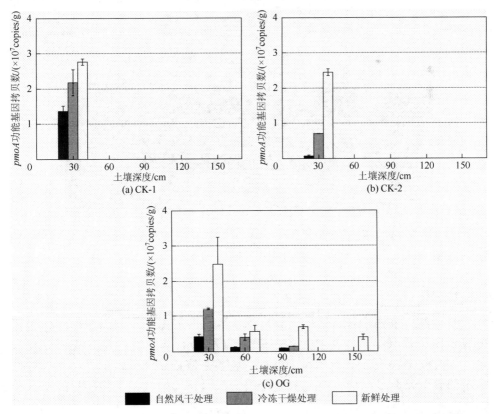

图 2-50　不同方法对不同土壤剖面甲烷氧化细菌 *pmoA* 功能基因的数量变化规律

3. 土壤杂质对甲烷氧化细菌 *pmoA* 基因 PCR 扩增的抑制效应

非油藏上方 30cm 以下土壤 DNA 中可能含有腐殖酸等杂质，导致 *pmoA* 基因无法扩增产生人为误差。因此，选取非油藏 CK-1 地表 30~60cm 深度的土壤 DNA 原液或 10 倍稀释后的原液作为模板，并将其与含有 *pmoA* 基因的质粒 DNA 混合后进行 PCR 扩增。

如图 2-51 所示，其中 P1 和 P2 为阳性对照 DNA 样品，单独的 DNA 模板为非油藏 CK-1 地表 30~60cm 深度土壤 DNA 原液或 10 倍稀释后的原液模板，而混合的 DNA 模板是将非油藏 CK-1 地表 30~60cm 深度土壤 DNA 原液或 10 倍稀释后的原液分别与阳性对照 DNA 样品 P1 或 P2 混合。

图 2-51 中表明，除两个单独的 DNA 模板之外，其他样品都能得到明显的特异性较强的 PCR 目标产物。以土壤 DNA 原液作为模板的 PCR 产物出现杂带，而且条带微弱，稀释 10 倍后则无法获得目标 PCR 产物，表明土壤 DNA 中腐殖酸等杂质抑制 PCR 的可能性较小。因此，非油气藏上方 30cm 以下土壤中 *pmoA* 基因低于检测限的原因主要是甲烷氧化细菌数量太低以致无法检测。

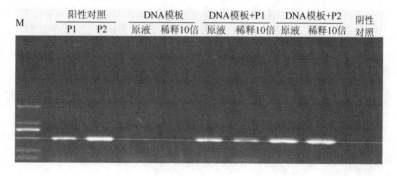

图 2-51　凝胶电泳分析非油气藏表层 30~60cm 土壤中甲烷氧化细菌 *pmoA* 基因 PCR 扩增过程的抑制作用

4. 小结

与新鲜土壤相比，自然风干和冷冻干燥显著降低了不同土壤剖面微生物丰度，其中油气指示微生物甲烷氧化菌的 *pmoA* 基因数量最大降幅分别为 90.7% 和 77.5%。然而，自然风干处理尽管显著降低了油气藏上方不同土壤剖面中的微生物数量，但未改变其变化趋势，可作为油气微生物勘探的保存策略之一。

尽管如此，风干处理如何影响微生物细胞及胞外游离 DNA，目前国内外仍没有明确的定论；风干或冷冻干燥处理对微生物细胞不同生理生长状态的影响仍不清楚，有待进一步研究。

四、油气微生物荧光原位杂交技术

（一）技术方法构建的思路和原理

荧光原位杂交（FISH）技术是采用荧光染料标记的、以微生物的核糖体小亚基为靶标的寡核苷酸探针，与固定好的微生物样品进行原位杂交，将未杂交的荧光探针洗去后用荧光显微镜或共聚焦激光扫描显微镜进行观察和摄像，对微生物类群进行原位分析和空间位置示标。荧光原位杂交技术检测微生物样品的操作主要包括以下步骤：①用多聚甲醛将微生物细胞固定；②将固定好的细胞固定在明胶包被过的载玻片上，用梯度浓度乙醇脱水；③在杂交温度下，用探针进行杂交；④清洗多余探针；⑤用 DAPI（4，6-联脒基-2-苯基吲哚）复染；⑥将样品封片；⑦利用荧光显微镜或共聚焦激光扫描显微镜进行观察。

对于细菌研究，FISH 技术的目标分子通常是 16S rRNA，因为它在微生物体内具有较高的拷贝数，分布广泛、功能稳定，而且在系统发育上具有适当的保守性。不同细菌的 16S rRNA 序列有着不同程度的差异，针对目标微生物体内某段有差异的序列设计出相应的寡核苷酸探针，就可以实现对目标微生物的原位检测，而选取在分子遗传性质上保守性不同的特异序列，就可以在不同水平（如属、种等）上进行检测。目前，公共和商业数据库中已发布的 16S rRNA 序列逐渐增多，因此，基于 16S rRNA 的 FISH 技术的应用也越来越广泛，对环境样品中微生物的原位研究也越来越方便和准确。

（二）方法的构建和技术关键

核酸探针的制备是 FISH 技术关键的一步，影响着该技术的应用与发展。近年来，随着 DNA 合成技术的发展，可以根据需要随心所欲地合成相应的核酸序列，因此，人工合成寡核苷酸探针被广泛采用。这种探针与天然核酸探针相比具有特异性高、容易获得、杂交迅速、成本低廉等优点，所以，首先利用细菌通用探针并以大肠杆菌为模式菌建立荧光原位杂交基础方法。

1. 细菌通用探针的设计

通过查阅文献，细菌通用探针序列见表 2-25。

表 2-25　细菌通用探针序列

通用探针名称	序列（5′-3′）
EUB338（特异）	GCTGCCTCCCGTAGGAGT
NON338（非特异）	ACTCCTACGGGAGGCAGC

2. 选择合适的荧光发光基团

表 2-26 为常用的荧光染料参数，这些荧光染料具有不同的激发和吸收波长，方便于在需要选择两种以上的探针同时杂交时，给这几种探针分别标记不同的荧光素。根据微生物研究所激光共聚焦显微镜的激光器配置，选择了在探针的 5′端标记 ROX。

表 2-26　常用的荧光染料参数

缩写	全名	吸收波长/nm	发射波长/nm	颜色
6-FAM	6-carboxy-fluorescein	494	518	绿
TET	5-tetrachloro-fluorescein	521	538	橙
HEX	5-hexachloro-fluorescein	535	553	粉
TAMRA	tetramethyl-6-carboxyrhodamine	560	582	玫瑰红
ROX	6-carboxy-x-rhodamine	587	607	红
Cy3	Indodicarbocyanine	552	570	红
Cy5	Indodicarbocyanine	643	667	紫

3. 以大肠杆菌为模式菌，建立 FISH 实验方法

在生物体中，核糖体是负责蛋白质翻译的场所，在漫长的生命演化过程中，组成它的蛋白质和 RNA 在各种属中都相对保守，由此核糖体 RNA 的序列变化就能很好地反映物种的进化关系。而大肠杆菌属于原核生物，细胞壁中肽聚糖含量低，而脂类含量高，它作为模式菌受到广泛的研究，所以生物学背景十分清晰。当用甲醛溶液对细菌细胞膜骨架进行固定后再用乙醇处理时，脂类物质溶解，细胞壁通透性增强，细菌菌体产生孔洞，由此 DNA 探针可通过膜孔洞进入菌体，若此时使菌体温度发生变化并导致核糖体 RNA 释放，则可使 DNA 探针通过碱基互补配对结合到核糖体 RNA 上，然后就可利用流失检测技术利用荧光集团区分细菌。本实验所用探针为细菌通用探针，若使用细菌种属特异的探针则可根据是否结合有特异探针来鉴定该细菌的种属。

（三）FISH 技术的流程和步骤

1. 主要试剂及配制方法

（1）4%多聚甲醛：无菌 H_2O；HCl 溶液（用于调节 pH）；NaOH（1 当量）；多聚甲醛粉末；1 倍 PBS：0.137mol/L NaCl，0.05mol/L NaH_2PO_4，pH 7.4。

若配制 1L 此溶液，则首先需将 800mL PBS 置于烧杯中并加热至 60℃，随后加入 40g 多聚甲醛粉末并搅拌混匀，与此同时逐步加入 NaOH 粉末直至甲醛粉末接近溶解，待溶液恢复室温后利用 HCl 将 pH 调节至 6.9 左右。最后定容至 1L。

（2）杂交缓冲液配制（以 2mL 为例，甲酰胺浓度为 20%）：5mol/L NaCl 360μL；1mol/L Tris/HCl 40μL；甲酰胺 400μL；10%SDS 2μL；无菌水 1.2mL。

（3）20×SSC（盐水柠檬酸钠）缓冲溶液（1L）：NaCl 175.3g；柠檬酸钠 88.2g；无菌水加至 1L。用 HCl 调节 pH 为 7.0，高压灭菌（110℃ 15min）并储藏于室温，用时用无菌水稀释。

（4）50%乙醇、80%乙醇及无水乙醇。

（5）DAPI 工作液：避光操作，从–20℃中取 10μL 1mg/mL DAPI 原液，4℃解冻，溶于 800μL 纯水中。加入 200μL 抗淬灭剂，吹打混匀，4℃避光保存。DAPI 浓度达到 10μg/mL。

2. 实验步骤

（1）大肠杆菌接种于 LB（Luria-Bertani）液体培养基中（15mL 玻璃管 2～3mL），37℃摇床过夜。

（2）次日转接大肠杆菌至 1～2mL LB 培养基中，培养至 OD_{600} 为 0.4～0.6（3×10^8）。

（3）将菌液 17000r/min 离心并用 PBS 洗涤两次。

（4）向试管中加入 500μL 4%多聚甲醛，混匀后在常温下放置 2～3h。

（5）将菌液 17000r/min 离心，后向试管中加入 500μL 50%乙醇混匀并在室温下放置 5min。

（6）将菌液 17000r/min 离心，利用 80%乙醇及无水乙醇重复以上步骤。加入无水乙醇的菌体可保存 1 个月。

（7）将菌体放在 55℃或室温下风干。

（8）用 50μL 杂交缓冲液重悬菌体并放置于 37℃水浴 30min。

（9）加入通用探针，终浓度为 5ng/μL。然后 42℃水浴 2h。

（10）加入 500μL 0.1×SSC 洗涤并将菌液 17000r/min 离心。

（11）加入 500μL 0.1×SSC 重悬菌体并放置于 37℃水浴 15min，重复 1 次。

（12）用 50μL 0.1×SSC 重悬菌体，并以 1∶1000 加入 DAPI 进行核酸染色。

（13）在与流式细胞术相结合的应用中，操作过程同上述过程，只是土壤微生物悬液不涂布于玻片，而是整个过程在 1.5mL EP 管中进行。

（14）数据处理：①荧光显微镜设备一般本身自带图像分析软件，计算机图片处理算法首先对固定好的杂交样品进行数字图像分析，根据不同浓度时被检测物质在总标记物中的面积比绘制对数曲线图，然后根据回归方程将测验结果折算成真实浓度。②流式细胞仪检测探针荧光强度，流式图直接反映探针对应的菌种的比例，根据比例和样品总数技术菌的丰度。FISH 结合流式细胞术的最大区别就是样品的载体，流式细胞仪检测样品时，样品必须呈单细胞悬液状态，因此在这种方法中细菌样品不能涂在玻片上，而是放于 1.5mL EP 管中，其他步骤和实验条件与传统方法相同（图 2-52）。在实验过程中主要优化样品固定的固定液、固定温度和时间。在杂交的过程中也要摸索杂交的时间、探针的浓度。

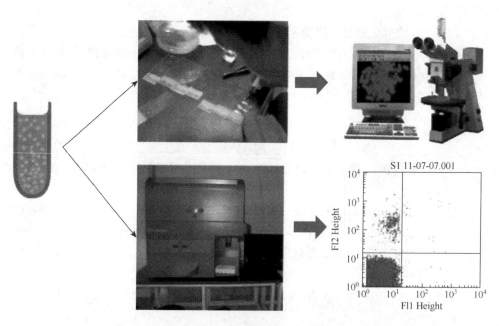

图 2-52　FISH 和流式细胞仪结果观察方法

3. 实验结果

利用合成的带有 ROX 荧光染料的细菌通用特异探针（EUB338）或非特异探

针（NON338）和核酸特异染料 DAPI 共同标记大肠杆菌，发现 EUB338 特异探针染色的样品，红光和蓝光有非常好的共定位（图 2-53），但是阴性对照探针 NON338染色的样品，红光标记不上（图 2-54），说明标记的探针特异性非常高，能够很好地反映细菌的存在、数量和比例。

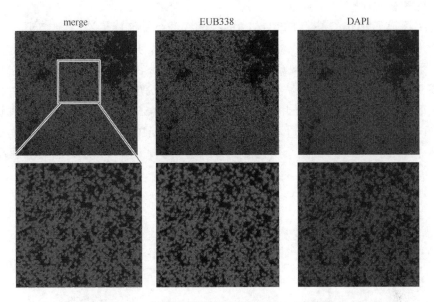

图 2-53　细菌通用探针 EUB338 的 FISH 检测

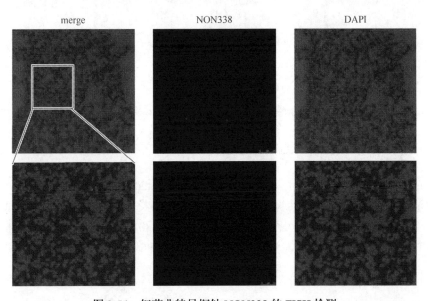

图 2-54　细菌非特异探针 NON338 的 FISH 检测

4. FISH 与流式细胞仪结合进一步验证方法的准确性

流式细胞术（FCM）是对悬液中的单细胞或其他生物粒子，通过检测标记的荧光信号，实现高速、逐一的细胞定量分析和分选的技术。这项技术测量速度快，可进行多参数测量。

将标记了 EUB338 探针和 DAPI 的待测细菌样品制成悬液，在一定压力下通过壳液包围的进样管而进入流动室，由流动室的喷嘴喷出而成为细菌液流，并与入射激光束相交。细菌被激发而产生荧光，由放在与入射的激光束和细胞液流成 90°处的光学系统收集。整个仪器用多道脉冲高度分析器处理荧光脉冲信号和光散射信号，测定的结果用散点图来表示（图 2-55）。标记了 EUB338 探针和 DAPI 的细菌 [图 2-55（b）]，基本全处于 ROX/DAPI 双阳性的区域，而对照的样品 [图 2-55（a）]，则是全阴性的结果，进一步证明了 FISH 方法的准确性。

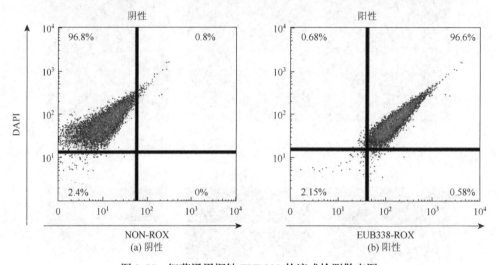

图 2-55　细菌通用探针 EUB338 的流式检测散点图

（四）油气指示微生物原位杂交技术

在建立 FISH 方法基础上，进一步考察其指示油气的可行性和有效性。针对典型油气指示微生物 16S rRNA 序列，设计了带有荧光的特异性探针，对油气藏上方土壤样品中微生物进行逐一检测，得到的数据和前期数据进行统一的梳理和分析对比，考查 FISH 方法在油气微生物检测中的准确性和可实施性。

1. 细菌特异探针的设计

针对普光气田和春光油田上方丰度较高的假单胞菌的 16S rRNA 序列，设计了特异性探针（5′-CGATCCGTAACTGGTCTG-3′）。此外，为了排除部分细菌自发荧光的影响（图 2-56），对特异探针标记 FAM 荧光基团。

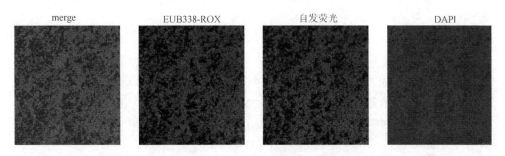

图 2-56 部分细菌的自发荧光现象

2. 纯化细菌中探针特异性的鉴定

为了验证设计探针的特异性，利用已经建立的 FISH 方法，用探针标记后，再用荧光显微镜观察，发现假单胞菌的探针能够非常特异地结合在细菌上，EUB338 通用探针作为细菌 FISH 的阳性对照（图 2-57）。

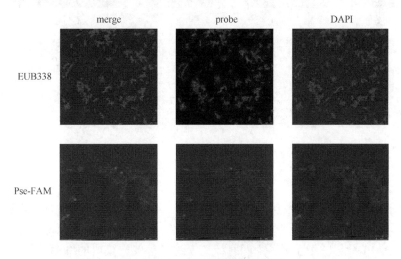

图 2-57 Pse-FAM 探针特异检测

3. 油气田土壤样品的 FISH 检测

FISH 技术可在免培养的条件下检测土壤中微生物的形态、数量等方面的信息，使人们可以在自然或人工的微生物环境中监测和鉴定不同的微生物个体，并对微生物群落进行评价。首先需对土壤微生物进行富集预处理（图 2-58），具体的步骤如下。

（1）称取土壤样品 1 加入 50mL 离心管中，后加入玻璃珠若干，补充无菌水至 30mL 左右。

（2）将样品置于摇床上振荡 30min。

（3）将样品取下静置 5min 然后放入离心机中 1000r/min 离心 1min。

（4）将上清液滤过 400 目尼龙膜，然后将上清液 1000r/min 离心 1min。

（5）保留上清液重复离心 1 次获得土壤菌悬浮液。

（6）将菌液 2400g 离心 3min，弃去上清然后用 1mL 无菌水或 PBS 重悬菌液并移至 1.5mL EP 管中。

（7）充分吹洗菌液后，7800r/min 离心 0.5～1min。

（8）随后按照 FISH 步骤逐步进行细菌鉴定实验。

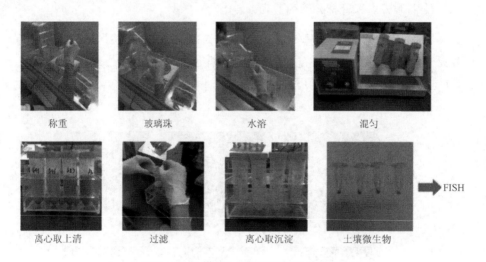

图 2-58　土壤微生物的富集预处理流程

如图 2-59 所示，在油田土壤样品中，能够检测到 Pse-FAM 特异探针标记的假单胞菌。其中，绿色荧光标记的是假单胞菌，红色荧光是通用探针 EUB338，蓝色是 DAPI 标记的细菌核酸，同时标记上这三种荧光染料的细菌即是假单胞菌，如图 2-59 中绿圈所示。而只标记上红色和蓝色两种颜色的就是其他细菌。同时，用流式细胞术方法进行分析（图 2-60），得到了类似的结果。首先选取 DAPI 和 ROX 双阳的区域（红框），即细菌进行分析，发现标记上特异探针 Pse-FAM 的细菌比例大概是 0.79%（绿框），这也给出了土壤样品中假单胞菌的丰度，而对照没有标记的样品则无信号。

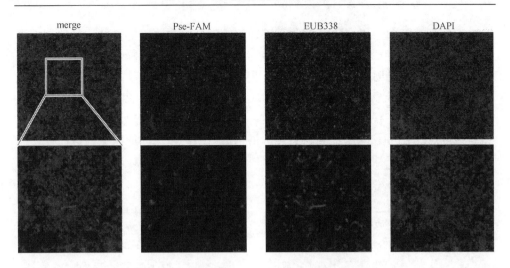

图 2-59　油田土壤样品的 Pse-FAM 特异探针 FISH 检测

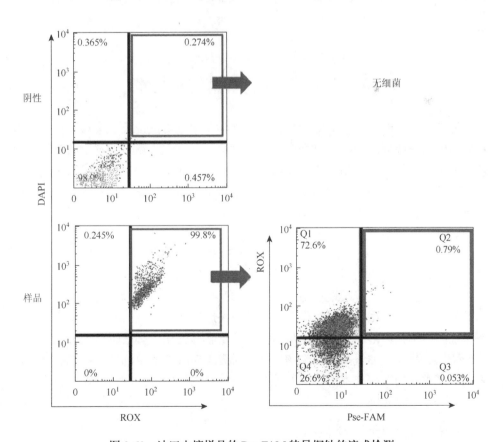

图 2-60　油田土壤样品的 Pse-FAM 特异探针的流式检测

在培养法方面，以 MPN 法为基础建立的油气微生物检测方法，虽然该方法稳定，但检测通量低，所得数据介于半定量和定量之间。稀释平板法作为经典的培养检测方法，同时考虑了微生物数量和活性，为美国微生物石油勘探技术所采用，但该方法的缺点是对于操作人员和耗材的需求量较大。免培养检测技术，无需培养，准确性、稳定性和重现性极高，同时可以克服长期野外的样品保藏问题（直接提取 DNA 后冻存），但缺点是价格稍贵。实际应用时应根据勘探对象、经费情况、检测条件和要求精度等综合进行选择，详见表 2-27。

表 2-27　油气指示微生物定量方法比较

类型	定量方法	准确性	测试周期	经济性	备注
培养法	MPN 法	一般	较长	经济	基础方法，稳定，但检测通量较低
	稀释平板法	较高	较长	一般	同时考虑数量和活性，人员和材料消耗较多
免培养法	油气基因定量	极高	短	较贵	快速、稳定、特异性高，克服样品保藏问题
	荧光原位杂交	高	短	较贵	快速、特异性高，但需要克服自发荧光问题

第四节　微生物群落解析技术

地表土壤或沉积物样品中油气指示微生物异常极可能反映了来源于正下方深部封存的油藏或气藏的高丰度烃类物质的供给，并且作为微生物利用的底物，强烈改变了其正上方油气指示微生物的群落结构。因此，根据油气指示微生物的变化，特别是环境中油气微生物富集程度为依据来反映轻烃渗漏的强弱，判断下伏油气的富集程度，推测陆相和海相的油气藏前景，并区分烃前景的级别和无烃区，是油气藏微生物勘探技术的关键。

过去几十年中，微生物勘探技术的精度随着实践运用已得到很大提高。然而，已有的绝大多数微生物勘探技术大都是基于非原位（*in vitro*）的实验室培养分析，不能准确全面地反映漫长地质历史过程中油气指示微生物的原位动态变化规律。随着先进的高通量测序及生物信息学技术的快速发展，原位（*in situ*）分析地质生态系统的微生物群落演替规律，从微生物群落整体的角度描述特定油气指示微生物的变化，从单一油气指示微生物的指示研究走向综合系统的地质微生物研究，将是未来微生物勘探技术的重要发展方向。目前的油气勘探微生物检测技术还存在以下两方面的问题。

1. 什么是油气指示微生物？

对策：DNA-SIP 研究油气指示微生物的种类及其指示作用。据估计，大量的油气指示微生物可能是难培养微生物，无法通过纯培养技术开展研究[66, 67]。现有技术条件下，每克环境样品如土壤中最多可能含有 100 亿微生物个体、100 万种不同的微生物[68]，因此，从这些难以计数的微生物中，明确鉴别油气指示微生物的分类与组成，单就技术角度而言，在 20 年前也是难以想象的[69]。然而，21 世纪以来，分子生态学技术飞速发展，特别是近年来得到广泛关注的稳定性同位素核酸探针（DNA/RNA-SIP）技术，使研究者能利用稳定性同位素原位示踪复杂环境中的油气指示微生物核酸 DNA/RNA，在分子水平鉴定油气资源形成过程中活性微生物群落的演替规律，明确鉴别具有较强勘探价值的油气指示微生物种类，丰富油气指示微生物遗传数据库，提高微生物勘探精度。

稳定性同位素核酸探针，即采用稳定性同位素原位标记油气藏环境样品中烃类氧化菌核酸 DNA/RNA，采用分子微生物学方法分析稳定性同位素标记的核酸 DNA/RNA，揭示同化了 ^{13}C-标记烃类化合物的微生物种类和组成，明确油气藏资源长期地质历史形成过程中特征微生物的群落变化规律。DNA-SIP 的基本原理与 1958 年证明 DNA 半保留复制的 Meselson-Stahl 实验类似，主要区别在于 DNA 半保留复制实验必须以纯菌为研究对象，证明子代 DNA 来源于父代 DNA；而 DNA-SIP 以复杂环境样品如油气藏土壤为研究对象，标记复杂环境中特定微生物的核酸 DNA，揭示在漫长地质历史形成过程中可能以油气藏化合物为底物生长的微生物作用者。

以稳定性同位素核酸探针为基础的油气指示微生物勘探技术如图 2-61 所示，以甲烷氧化菌为例，采用稳定性同位素 ^{13}C-标记的甲烷培养油气藏和非油气藏环境样品如土壤，由于合成代谢是所有生命的基本特征之一，土壤中利用“^{13}C-甲烷”的微生物细胞不断分裂、生长、繁殖，并利用 ^{13}C 底物合成 ^{13}C 标记的生物质：如核酸（DNA）；提取油气藏和非油气藏土壤样品中 ^{13}C-核酸和 ^{12}C-核酸总 DNA 混合物，超高速密度梯度离心分离获得核酸 ^{13}C-DNA；进一步分析核酸 ^{13}C-DNA，即可鉴别出油气藏和非油气藏样品中的甲烷氧化菌，特别是采用常规手段无法认知的甲烷氧化菌。采样相同的技术，利用 ^{13}C-标记的碳数为 2～4 的烃类物质培养油气藏环境样品，即能揭示难培养和易培养的烃类氧化菌。

稳定性同位素核酸探针的缺点和目前微生物勘探技术常用的 CFU 法与 MPN 法相似。通常情况下，由于油气藏样品和非油气藏样品中烃类物质的浓度较低，烃类氧化细菌的数量差别较小，因此，当采用较高浓度的碳数为 1～4 的烃类标记底物培养非油气藏样品时，极可能导致烃类氧化菌大量繁殖，与油气藏样品中烃类氧化菌数量相当，降低微生物勘探技术的准确度。然而，稳定性同位素核酸探针的优势在于，提供了目前技术条件下最全面的油气指示微生物（烃类氧化菌群落）的全貌。换言之，通过稳定性同位素示踪烃类氧化菌的 DNA，以及烃类降解过程中 [13]C-标记的次级代谢产物相关微生物,在最大程度上克服了传统分离培养技术的缺陷，全面揭示了在漫长地质历史过程中可能同化了油气化合物及其相应降解产物的微生物群落变化规律。

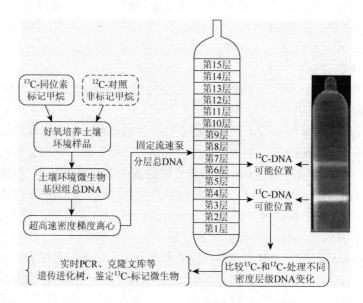

图 2-61　稳定性同位素核酸探针技术流程

2. 微生物实验室非原位勘探技术的问题及对策

对策：以环境基因组学技术为基础的原位微生物群落勘探技术。传统的微生物勘探技术具有一定的局限性，特别是样品采集后的实验室分析。传统方法主要采用特异培养基（如富含烃类组分的培养基分离油气指示微生物），从环境样品中选择性地对油气指示微生物进行计数和分类，推测其新陈代谢机理，进而推测油气资源分布的有利区块。然而，单细胞的原核微生物通常对环境具有极强的适应能力，即便在烃类浓度极低的情况下，烃类氧化菌也有可能存在[70]。事实上，20 世纪 30 年代即有科学家提出地球上微生物的分布规律遵从"微生物每每处处存在，但是受到环境的选择"[71]原则。因此，非油气藏环境样品中也可能含有极少量的烃类氧化菌。采用高底物浓度的营养基纯培养技术，不仅能高效富集油气藏样品中的指示微生物，同时可能强烈刺激非油气藏样品中的微生物生长，使研究结果与油气藏在长期地质历史形成过程中的原位实际状况相去甚远。例如，油气藏分布区的自然环境中许多微生物可能长期处于贫营养状态，而选择性营养丰富的培养基，可能特异性地刺激了烃类氧化菌的生长，导致油气藏环境与非油气藏环境中的烃类氧化菌快速繁殖，成几何倍数地高于原位环境中的烃类氧化菌数量，不可避免地掩盖了油气藏环境与非油气藏环境中烃类氧化菌数量上的差别，降低了微生物勘探技术的精度。此外，目前似乎没有一种微生物是完全依赖于单一的油气藏化学物质作为底物生长的，也没有任何一种微生物的存在与否对油气藏资源具有绝对的勘探意义。因此，原位采集环境样品，规避实验室内高浓度烃类物质培养过程，从微生物群落的角度直接分析特征微生物组成和数量的变化规律，可能在最大程度上反映油气藏形成过程中微生物群落演替规律，提升微生物勘探技术的精度。

此外，已知的碳数 1～4 的烃类氧化菌极可能仅占油气指示微生物很少的一部分，大部分的油气指示微生物目前尚不为人所知，其理论基础是 20 世纪 70 年代美国科学家 Woese 提出的 16S rRNA 为基础的生物三域分类标准[72]。采用微生物 16S rRNA 序列为基础的分析表明，地球上可培养的微生物仅占所有微生物的 1%～10%，绝大多数微生物无法在实验室获得纯菌株开展下游研究[73]。传统的研究手段可能忽视了绝大多数油气指示微生物，无法为油气藏勘探提供有利而准确地支撑。例如，就微生物数量而言，每克土壤据估算最多含有 100 亿微生物个体；就微生物种类而言，1987 年已知的微生物可分类为 12 个门，2007 年统计约 100 个门，其中 70%以上的门仍没有代表性的纯菌。就目前采用的常规技术而言，似乎很难有一种培养基，能在极短的时间内产生成千上万个微生物种类，并准确鉴别油气指示微生物。此外，油气指示微生物，特别是难培养微生物的形成极可能伴随着漫长的油气藏地质历史形成过程，因而，自然条件下的油气藏指示微生物极可能长期处于一种贫营养状态，属于难培养微生物，实验室内采用 CFU 法和 MPN 法很难准确甄别难培养油气指示微生物的变化规律，为油气藏微生物勘探技术提供有利支撑。此外，CFU 法[9, 10]和 MPN 法[11, 12]的操作过极为烦琐、费时，尤其不适于大样本量的规模化工业勘探应用。

环境微生物基因组学技术是未来微生物勘探的核心之一。主要原因是：①原位。微生物勘探技术的核心是采集地质环境样品，比较不同样品中油气指示微生物的数量与组成，推断油气藏的有利区块。因此，采集样品后，直接分析其中的微生物组成并比较不同样品之间的变化规律，是降低外来干扰，直接反映油气藏长期形成过程中特征微生物群落循环特点并提高勘探精度的关键。②实时。在目前技术条件下，土壤微生物总 DNA 最快可以在 2h 内完成提取，环境微生物基因组学分析所需时间和工作量也远远低于传统的 CFU 法和 MPN 法，同时环境基因组学主要开展分子微生物操作分析及生物信息学计算分析，具体实验工作量远低于传统方法，其工序简单易携带，未来随着技术的不断发展,具有野外原位勘探的巨大潜力。③高通量。环境微生物群落基因组学技术适合于大样本量操作(在 16S rRNA 基因分类水平),能最大程度地反映土壤微生物群落的全貌(单一样品每次分析可获得高达 100 万个微生物序列),对于传统技术而言,环境微生物基因组学的高通量特点几乎是不可想象和无法完成的。

　　然而,对于环境微生物基因组学为基础的微生物勘探技术,目前国内外似乎尚未有报道。采用基因组学技术研究复杂环境样品的报道始于 2004 年。国际著名基因组学研究所——克雷格·文特尔研究所的创始人 Venter 率先采用鸟枪法对马尾草海洋环境微生物群落进行了研究,首次发现海洋泉古菌含有氨单加氧酶基因(amoA)序列,可能具有氨氧化的功能[74]。随后 Schleper 研究小组对土壤微生物大片段 DNA 进行了 Fosmid 文库构建,清楚证实了古菌氨氧化的遗传功能[75],使地球氮循环过程的微生物研究取得了革命性的突破。事实上,2004 年 Venter 著名的环境基因组学论文中也发现了大量与古菌具有高度同源关系的变形菌视紫红质基因,验证了基于传统克隆文库技术的重大发现[74],表明 PR 类型的光合作用极可能广泛存在于地球环境,改变了光合作用发生机理的传统认识。目前技术条件下,由于地球环境中绝大多数微生物无法通过分离培养获得,因此,基于 DNA 序列分析的环境基因组学技术被认为是继发明显微镜以来微生物研究方法史上最重要的进展。然而,以油气藏资源勘探为导向的烃氧化菌基因组学目前还未见报道。通常情况下,甲烷(烃)氧化菌在环境中相对丰度很低,用传统的方法很难准确表征油气藏原位环境中甲烷(烃)氧化菌的种类组成和丰度,真实反映油气藏长期地质历史形成过程中低丰度的指示微生物群落变化规律。采用微生物 16S rRNA 基因作为通用的标靶引物,通过高通量深度测序技术,理论上能获得海量的微生物 DNA 序列(每次分析获得 100 万序列,每个样品所得微生物序列取决于每次分析样品数,即 100万/样品数),清楚揭示不同环境样品中油气指示微生物组成和丰度的细微变化,明确认知油气藏形成过程中对烃氧化菌的影响规律,特别是对于相对丰度较低、难培养的油气指示微生物,具有目前技术条件下的最高分辨率。此外,基于高通量测序的环境微生物基因组学分析技术,主要针对微生物种群的相对丰度,而不是绝对丰度的变化规律,因此有可能消除非油气藏环境因子对油气指示微生物的影响,是目前技术条件下排除油气富集或贫乏假象的有利工具。

　　针对上述问题,结合目前微生物勘探技术的相关前沿领域,本书对几种主要的群落解析技术进行简要介绍。

一、DNA 群落指纹技术

（一）磷脂脂肪酸分析

磷脂脂肪酸（PLFAs）是构成活体细胞膜的重要组分，不同类群的微生物能通过不同生化途径形成不同的磷脂脂肪酸。近年来，磷脂脂肪酸分析法被广泛地应用于环境样品中微生物群落结构变化的分析。磷脂脂肪酸是活体微生物细胞膜恒定组分、种属差异明显、对环境因素敏感，特征磷脂脂肪酸数量、种类及不同脂肪酸间比值可反映原位土壤菌群结构和活力[76]。其中，甲烷氧化菌一直是磷脂脂肪酸分析方法研究较多的类群[19]，随着近几年溢油污染事件的频发，该技术已经常被用来原位诊断石油烃降解微生物群落[77, 78]。

PLFAs 提取：提取使用 Bligh-Dyer 方法，即用氯仿/甲醇/0.5mol/L 磷酸盐缓冲液的混合液超声提取有机质，将所得有机质进行硅胶柱层析，分别用 5mL 氯仿、5mL 丙酮和 10mL 甲醇冲洗中性脂、糖脂类和极性脂。其中，PLFAs 存在极性脂中。PLFAs 的甲酯化使用温和碱性甲醇分解法：将 PLFAs 溶于 0.2mol/L 氢氧化钾甲醇溶液中，恒温 30min 后用醋酸中和，加入 100μL 盐酸甲醇溶液，恒温 30min 后用正己烷萃取上层有机相。萃取所得脂肪酸甲酯（FAME）用氮气吹干，–20℃保存。

色谱检测：色谱型号为安捷伦公司生产的 6890N 气相色谱仪，配以 FID，进样口和检测器温度分别为 290℃和 300℃。磷脂脂肪酸衍生物检测：色谱柱型号同烃类检测。升温程序：初始温度为 60℃，以 30℃/min 升至 110℃后，以 2℃/min 升至 220℃，最后以 10℃/min 升至 295℃恒温保持 20min。采用无分流模式进样，载气为高纯氦气，流速 1.0mL/min。

色谱-质谱（GC-MS）分析：为了进一步确定化合物的性质，挑选部分样品进行 GC-MS 分析。仪器型号：Thermo Trace GC Ultra-AL/AS 3000 色谱色质仪，离子源为电子轰击源（70eV），离子源温度为 230℃，进样口温度为 290℃，扫描数为 0.7911/s，扫描数率为 500amu/s，质谱扫描范围为 30~650amu，载气为高纯氦气。磷脂脂肪酸衍生物检测：色谱柱为 DB-5MS 毛细管色谱柱（50m×0.25mm，i.d.*0.25μm 涂层）。升温程序：初始温度为 60℃，以 30℃/min 升至 110℃后，以 2℃/min 升至 220℃，最后以 10℃/min 升至 295℃恒温保持 20min。采用无分流模式进样，载气为高纯氦气，流速为 1.0mL/min。

色谱-同位素质谱（GC-IRMS）：安捷伦公司生产的 6890N 气相色谱仪，联用 GV（GC5 MK1）IsoPrime 同位素质谱仪。磷脂脂肪酸衍生物检测：色谱柱型号同烃类检测。升温程序：初始温度为 100℃，以 20℃/min 升至 160℃后，以 1.5℃/min 升至 220℃，最后以 10℃/min 升至 295℃恒温保持 20min。采用无分流模式进样，载气为高纯氦气，流速为 1.5mL/min。$\delta^{13}C$ 的标准偏差为 ±0.5‰。对于酸类、醇类化合物，一起测定的 $\delta^{13}C$ 是衍生化产物的 C 同位素值，必需扣除衍生化试剂 BSTFA 或三氟化硼甲醇的稳定 C 同位素值，计算式参见文献[79]。所有样品、三氟化硼甲醇、十三醇标样的 C 同位素都重复 3 次，偏差小于 0.5‰。

（二）末端限制性片段多态性分析

末端限制性片段多态性分析（T-RFLP）是融合 PCR 技术、RFLP 技术和 DNA 测序技术所产生的一种快速有效的微生物群落结构分析方法。Liu 等[80]首先将 T-RFLP 技术引入环境微生物群落分析中，其原理是在 PCR 扩增群落总 DNA 时，将其中一个引物的 5′端进行荧光标记，PCR 产物采用识别 4 个碱基位点的内切酶消化后通过自动测序仪将荧光片段分开。这种方法操作简单，根据末端限制性片段（T-RF）的长度与网络数据库进行模拟酶切（如 MiCA），就有可能直接鉴定群落图谱中的单个菌种[81]。近来也有研究者把引物两端都标记荧光[82]或用不同的内切酶分别消化[83]来提高比对的准确性。

T-RFLP 技术无法像 DGGE 那样可以割胶后克隆测序分析。若采用不同的内切酶对同一分析样品分别进行消化，通过叠加靶基因酶切位点，可使待鉴定种属在数据库中的匹配度有所提高，但还是存在一定的错配率[84]。由于 16S rRNA 或其他功能基因数据库的不完善，某些 T-RFLP 图谱中的 T-RF 经常找不到匹配的种属。因此，常用的做法是在产生 T-RF 图谱的同时，对分析样品创建克隆文库、测序鉴定，两者互补解决上述问题[85]。

1. 油气基因扩增

PCR 反应采用甲烷氧化菌和烃氧化菌特异性引物。PCR 反应体系（50μL）如下：TaKaRa *Taq* HS 聚合酶缓冲液 5μL，MgCl₂ 5.0mmol/L，dNTPs 0.2mmol/L，正、反向引物各 0.5mmol/L，模板 10～20ng，*Taq* HS 聚合酶（TaKaRa）2U，ddH₂O 31μL。反应程序：预变性 94℃条件下 5min，变性 94℃条件下 1min，*pmoA* 基因 56℃复性 1min（*alkB* 基因 55℃复性 1min），延伸 72℃条件下 1min，21（克隆文库）或 30（T-RFLP）次循环，最后一步延伸 72℃ 5min。扩增产物用 PCR 纯化试剂盒纯化。PCR 扩增结果如图 2-62 所示。图 2-62（a）为 *pmoA* 基因扩增产物，片段大小为 508bp。图 2-62（b）为 *alkB* 基因扩增产物，片段大小为 550bp。

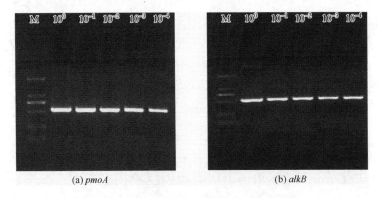

(a) pmoA　　　　　　　(b) alkB

图 2-62 pmoA 和 alkB 基因 PCR 扩增结果

M 为分子量标准；$10^0 \sim 10^{-4}$ 代表稀释倍数

2. 克隆文库构建和系统发育学分析

（1）PCR 产物利用柱离心式 DNA 胶回收试剂盒回收 PCR 产物。纯化步骤详见 TaKaRa 公司提供的产品说明书。

（2）将回收的 PCR 产物克隆到质粒 pGEM-T Easy 载体上。酶联体系：pGEM-T Easy vector 1μL，2×Rapid Ligation Buffer 5μL，T4 Ligase 1μL（3U），回收 PCR 产物 3μL，共 10μL。4℃过夜。

（3）PCR 产物的转化：将冻存的感受态细胞 JM109 从−70℃取出，置冰上融化，加入冰预冷的连接反应产物 5μL，轻轻混匀；冰浴 30min，转到 42℃水浴中热激 90s，随后快速冰浴 2min；加入 950mL SOC 培养基，混匀，置于 37℃，200r/min 培养 1.5h。

（4）同时在预先倒好的含 100μg/mL 氨苄青霉素的 LB 平板上涂布 20μL 40mg/mL 的 IPTG 和 40μL 20mg/mL 的 X-gal，37℃倒置平皿，使其被培养基充分吸收。

（5）将培养 1.5h 的菌液取出，涂布 200μL 于准备好的平板，37℃培养 12～14h 后。使用蓝白斑筛选，用无菌的牙签随机挑取白色的菌落，转移至 5mL 含 100μg/mL 氨苄青霉素的 LB 液体培养基中，37℃摇床过夜。

（6）所得菌液用一代测序仪进行测序。采用 Kemp 等[86]提出的渐进采样方法来检验克隆文库是否足够代表样品群落中微生物的多样性。

3. T-RFLP 群落指纹分析

T-RFLP 检测在 Peng 等的方法[87]基础上做了调整。正向引物 5′端均用 6-羧基四甲基若丹明（FAM）标记。纯化后的 PCR 产物用 Msp I 消化，反应体系 20μL，其中限制性内切酶 Msp I 10U，10 倍基准浓度的 buffer 2μL，PCR 扩增产物 16μL，

37℃下消化 2h，然后升温至 60℃将酶灭活 10min。酶切产物的 T-RFLP 分析由上海基康公司完成。T-RFLP 图谱中，单个 T-RF 的相对丰度为该峰峰高与 T-RF 总面积之比。同时，克隆文库所得序列经过 DNAStar 软件模拟酶切后，可以对应 T-RFLP 图谱中各个 T-RF 所代表的具体种属[88]（图 2-63）。

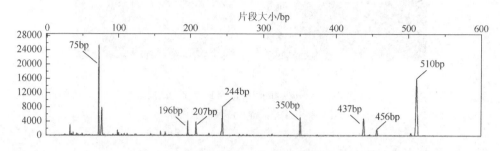

图 2-63　甲烷氧化 *pmoA* 基因 T-RFLP 图谱

4. 多元统计分析

将不同的 T-RFs 进行分组和排序，以计算其第一排序轴的梯度范围。如第一轴小于 3.0，则选用线性模型分析[88]；如第一轴大于 4.0，则选择非线性模型分析。应用排序软件 CANOCO 进行运算，将生成的数据文件.sol，应用 Canodraw 作图。

二、稳定性同位素探针示踪技术

1. 样品与试剂

（1）糖原 Glycogen（20mg/mL），矿物油。

（2）Tris-EDTA，制备方法：去离子水配置 10mmol/L Tris-HCl（pH=8），1mmol/L EDTA（pH=8.0）的 TE 缓冲液，并灭菌。

（3）缓冲液 Gradient Buffer[GB 缓冲液含 0.1mol/L Tris-HCl（pH=8.0），0.1mol/L KCl，1.0mmol/L EDTA]，制备方法：加入 50mL Tris-HCl（1mol/L），3.75g KCl 和 1.0mL 0.5mol/L EDTA 于 400mL 去离子水，去离子水定容至 500mL，0.2μm filter 过滤并灭菌。

（4）70%冰乙醇：加入 370mL 95%乙醇于 130mL 去离子水，配置完置于−20℃保存。

（5）Tris-HCl（1mol/L，pH=8.0）：溶解 121.1g Tris base 于 800mL 去离子水，盐酸调节 pH 至 8.0，去离子水定容为 1000mL。

（6）CsCl 溶液（层级分离不同密度梯度核酸 DNA）：溶解 603g CsCl 于 500mL 最终体积 GB 缓冲液(可加热至 30℃促进 CsCl 溶解)，室温 20℃下，其密度为 1.88～1.89g/mL；或者溶解 50g CsCl 于 30mL GB 缓冲液（该方法配置的最终体积大于 30mL），其密度约为 1.85g/mL，光反射指数（nD-TC 模式）为 1.4153±0.0002。

（7）Polyethylene Glycol 6000（PEG6000）溶液：去离子水溶解 150g PEG 6000 和 46.8g NaCl，并定容于 500mL；0.2μm filter 过滤并灭菌。

（8）TE 饱和 1-丁醇溶液：加入 100mL TE 于 1-丁醇溶液。

2. 仪器与设备

（1）超高速离心机（Beckman Coulter，型号 392049）。

（2）超高速离心机转子，Ultracentrifuge rotor，Vti 65.2（Beckman Coulter，型号 362754）。

（3）5.1mL 多聚合物超高速离心试管（Beckman，型号 342412）。

（4）超高速离心试管密封仪（Beckman Coulter，型号 349646）。

（5）固定流速泵（High-performance liquid chromatography（HPLC）syringe pump）。

（6）6 号针头：1mL、2mL 及 20mL 注射器；橡皮管（1.5mm 直径，1.5mm 壁厚）。

（7）折光仪（Reichert，型号 13950000）。

（8）高速离心机，1.5mL 离心试管。

3. 微宇宙室内培养（以甲烷为例）

首先，称取相当于 3.0g 土壤干重的新鲜土壤于 60mL 培养瓶中，并各设置两个以准备分别加入 $^{12}CH_4$ 和 $^{13}CH_4$，将每个培养瓶中的土壤样品的含水量调至土壤最大含水率的 60%，具体方法是通过烘干法确定每种土壤样品原有的含水率，测定土壤最大含水率，计算土壤样品需补水量；然后，培养瓶密封好后，向所有密封瓶内加入 10000mg/m³ 的纯甲烷气体，并区分 ^{12}C 对照培养瓶和 ^{13}C 同位素培养瓶，创造微宇宙环境条件，并置于 28℃培养箱中静置培养动态监测培养瓶内甲烷浓度的变化，直至微宇宙的甲烷气体被完全氧化。

4. 超高速密度梯度离心及分层实验

（1）测定土壤总 DNA 含量：微量分光光度计测定 $^{13}CH_4/^{12}CH_4$ 微宇宙培养土壤微生物总 DNA。

（2）采用梯度缓冲溶液（GB）将 2.0μg 的土壤总 DNA 定容到 100μL（2.0μg 土壤总 DNA+GB 缓冲液=100μL）。

（3）在 15mL 的无菌离心管中，依次加入：

4.9mL CsCl（1.85g/mL）；

0.9mL GB；

100μL total GB 含有 2.0μg DNA。

（4）使用用涡旋振动仪将 CsCl 溶液、GB 缓冲液和 DNA 溶液完全混合。

（5）采用折光仪测定离心前混合液的折光率并通过添加 GB 或者 CsCl 调节折光率[折光率 nD-TC 值为 1.4029±0.0002（1.725g/mL CsCl）]，用长针头注射器将混合液加入 5.1mL 离心管中，并将离心时对称方式的离心管配平（±0.01g）。

（6）超高速离心：44h、20℃、45000r/min，计时（Hold）、离心机启动加速参数（Accel，9）、离心机停止参数（Decel，no break）。

（7）超高速离心结束后，采用经优化的"密度梯度离心液自动分层装置"将离心液分为 15 层，并使用折光仪测定各层级的折光值，最终通过经验公式（$\rho=-75.9318+99.2031x-31.2551x^2$，$\rho$ 为浮力密度，x 为折光值）换算出各层级浮力密度。

（8）加入 2 倍体积的 PEG 溶液于离心溶液中，头尾倒置若干次混匀溶液，37℃水浴加热 1h 沉淀 DNA，在 15～20℃下 13 000r/min 高速离心 30min，除去上清液。

（9）加入 500μL 70%乙醇清洗 DNA 沉淀，离心 10min，除去上清液后再次清洗 1 次，室温干燥沉淀 DNA 约 15min，并溶于 30μL TE 缓冲液，−20℃保存。

土壤气态烃氧化菌的 DNA-SIP 富集分离流程如图 2-64 所示。

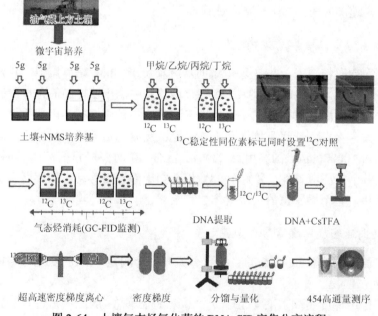

图 2-64 土壤气态烃氧化菌的 DNA-SIP 富集分离流程

三、高通量测序技术（以 454 焦磷酸测序为例）

（1）首先设计含有 TAG 标签的通用引物 8F/553R，确保每一对引物的 TAG 标签不同，进一步针对不同的勘探样品 DNA，采用相应的含 TAG 引物进行 PCR 扩增。454 PCR 扩增的反应体系: 515F/907R。50μL PCR 反应体系包括: TaKaRa *Ex Taq* HS（5U/μL）0.25μ，10×*Ex Taq* Buffer（Mg^{2+}Plus）5μL，dNTP Mixture（各 2.5mmol/L）4μL，PCR Forward Primer（10μmol/L）1μL，PCR Reverse Primer（10μmol/L）1μL，DNA 模板 1μL，加水补足 50μL。每个样品 3 个重复，PCR 结束后在 1.2%的琼脂糖胶上检测 PCR 产物。454 PCR 扩增的反应条件: 94℃，5.0min; 30×（94℃，45s; 55℃，45min; 72℃，1min）; 72℃，10min; 4℃保存。

（2）获得 PCR 产物后，采用 1.8%的琼脂糖胶进行切胶回收，并用 Agarose Gel DNA Fragment Recovery Kit 试剂盒将 PCR 产物进行纯化，最终溶解在 25μL 的 TE 缓冲液中，取 3μL 纯化后的 PCR 产物在 1.2%的琼脂糖胶上电泳检测。

（3）纯化后的 PCR 产物采用安捷伦 2100 进行定量，并将不同勘探样品的 PCR 纯化产物等量混合，454 测序在罗氏 454 测序仪进行。

（4）获得 DNA 序列后，根据各个样品扩增时所用引物的 TAG 标签的不同将不同的样品区分开来，然后进行后续分析; 高通量数据分析软件采用美国微生物生态中心核糖体 RDP 数据库和 mothur 多样性软件完成，通过将相关数据库下载并利用超算平台完成（图 2-65）。

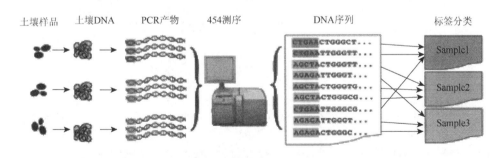

图 2-65　454 焦磷酸测序流程示意图

（5）多样性分析，采用生物信息学软件进行 α 多样性分析和稀释曲线比较不同样品的物种多样性特征，并根据样品间的 β 多样性绘制 Venn 图，提取油气藏上方土壤样品的核心菌群。采用多元统计分析方法（Fast UniFrac、R 软件等），获取油气区样品的演替特征。

（6）类群分布比较分析，利用 RDP Classifier 和 MG-RAST 针对 Greengenes、RDP 和 Silva 数据库进行种系划归。采用 MEGAN 软件配合 Cluster 和 Treeview 进行双向聚类分析，从原位和非原位两方面明确油气指示微生物类群，并进行统计学和可视化分析（图 2-66）。

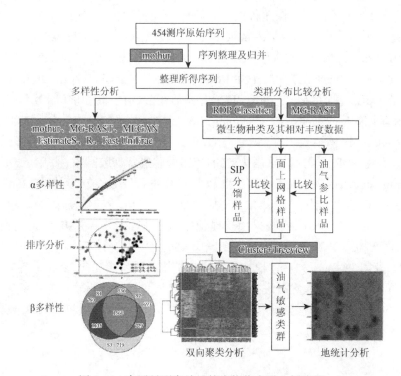

图 2-66　高通量测序结果的生物信息学分析流程

参 考 文 献

[1]　BRISBANE P G, LADD J N. The role of microorganisms in petroleum exploration [J]. Annual review of microbiology, 1965, 19: 351-364.

[2]　WAGNER M, PISKE J, SMIT R. Case histories of microbial prospecting for oil and gas, onshore and offshore in Northwest Europe [M]//Geology 48 and SEG geophysical references series, 2002, 11（1）: 453-479.

[3]　HANSON R S, HANSON T E. Methanotrophic bacteria [J]. Microbiological reviews, 1996, 60（2）: 439-471.

[4]　THEISEN A R, MURRELL J C. Facultative methanotrophs revisited [J]. Journal of bacteriology, 2005, 187（13）: 4303-4305.

[5]　STOECKER K, BENDINGER B, SCHONING B, et al. Cohn's Crenothrix is a filamentous methane oxidizer with an unusual methane monooxygenase [J]. Proceedings of the National Academy of Sciences of the United States of

America, 2006, 103 (7): 2363-2367.

[6] POL A, HEIJMANS K, HARHANQI H R, et al. Methanotrophy below pH 1 by a new Verrucomicrobia species [J]. Nature, 2007, 450 (7171): 874-878.

[7] SHENNAN J L. Utilisation of C_2-C_4 gaseous hydrocarbons and isoprene by microorganisms [J]. Journal of chemical technology & biotechnology, 2006, 81 (3): 237-256.

[8] SANTOS H F, CURY J C, CARMO F L, et al. 18S rDNA sequences from microeukaryotes reveal oil indicators in mangrove sediment [J]. PLoS one, 2010, 5 (8): e12437.

[9] 邓平, 王国建, 刘运黎. 微生物油气勘探技术的试验研究 [J]. 天然气工业, 2003, 23 (1): 19-21.

[10] 向廷生, 周俊初, 袁志华. 利用地表甲烷氧化菌异常勘探天然气藏 [J]. 天然气工业, 2005, 25 (3): 41-43.

[11] 梅博文, 袁志华, 王修垣. 油气微生物勘探法 [J]. 中国石油勘探, 2002, 7 (3): 42-43.

[12] 易绍金, 佘跃惠. 石油与环境微生物技术 [M]. 武汉: 中国地质大学出版社, 2002.

[13] 中国石油化工股份有限公司, 中国石油化工股份有限公司石油勘探开发研究院. 一种专性烃氧化菌检测方法: CN 201010519521. X[P]. 2012-05-16.

[14] PEREYRA L P, HIIBEL S R, PRIETO-RIQUELME M V, et al. Detection and quantification of functional genes of cellulose-degrading, fermentative, and sulfate-reducing bacteria and methanogenic archaea [J]. Applied and environmental microbiology, 2010, 76 (7): 2192-2202.

[15] 顾爱星, 张艳, 石书兵, 等. 秸秆覆盖法对土壤微生物区系的影响 [J]. 新疆农业大学学报, 2005, 28 (4): 64-68.

[16] MUYZER G, VAN DER KRAAN G M. Bacteria from hydrocarbon seep areas growing on short-chain alkanes [J]. Trends in microbiology, 2008, 16 (4): 138-141.

[17] VALENTINE D L. Emerging topics in marine methane biogeochemistry [J]. Annual review of marine science, 2011, 3 (3): 147-171.

[18] BOWDEN E D, NEWKIRK K M, RUKKO G M. Garbon dioxide and methane fluxes by a forest soil under laboratory-controlled moisture and temperature conditions[J]. Soil biology and biochemistry, 1998, 30 (12): 1591-1597.

[19] SHRESTHA M. Dynamics of methane oxidation and composition of methanotrophic community in planted rice microcosms [D]. Marburg: Philipps University of Marburg, 2008.

[20] 林先贵. 土壤微生物研究原理与方法 [M]. 北京: 高等教育出版社, 2010.

[21] STEINBERG L M, REGAN J M. *mcrA*-targeted real-time quantitative PCR method to examine methanogen communities [J]. Applied and environmental microbiology, 2009, 75 (13): 4435-4442.

[22] LUTON P E, WAYNE J M, SHARP R J, et al. The *mcrA* gene as an alternative to 16S rRNA in the phylogenetic analysis of methanogen populations in landfill [J]. Microbiology, 2002, 148 (11): 3521-3530.

[23] BILLINGS S A, RICHTER D D, YARIE J. Sensitivity of soil methane fluxes to rednced precipitation in boreal forest soils[J]. Soil biology and biochemistry, 2000, 32 (10): 1431-1441.

[24] 王万春, 李能树, 刘文汇, 等. 微生物降解天然气模拟试验 [J]. 天然气工业, 2008, 28 (11): 34-37.

[25] 袁志华, 李波, 安燕飞. 油气微生物勘探技术的应用展望 [J]. 内蒙古石油化工, 2008, 34 (4): 100-102.

[26] KALLISTOVA A Y, KEVBRINA M V, NEKRASOVA V K. Enumeration of methanotrophic bacteria in the cover soil of an aged municipal landfill [J]. Microbial ecology, 2007, 54 (4): 637-645.

[27] BENDER M, CONRAD R. Kinetics of CH_4 oxidation in oxic soils exposed to ambient air or high CH_4 mixing ratios [J]. FEMS microbiology letters, 1992, 101 (4): 261-270.

[28] 闵航, 陈中云, 陈美慈. 水稻田土壤甲烷氧化活性及其环境影响因子的研究 [J]. 土壤学报, 2002, 39 (5):

686-692.

[29] PAWLOWSKA M, STEPNIEWSKI W. An influence of methane concentration on the methanotrophic activity of a model landfill cover [J]. Ecological engineering, 2006, 26 (4): 392-395.

[30] 陈中云, 闵航, 吴伟祥. 不同离子对水稻田土壤甲烷氧化活性影响的研究 [J]. 植物营养与肥料学报, 2002, 8 (2): 219-223.

[31] STRIEGL R G, MCCONNAUGHEY T A, THORSTENSON D C, et al. Consumption of atmospheric methane by desert soils [J]. Nature, 1992, 357 (6374): 145-147.

[32] ROSLEV P, LVERSEN N, HENRIKSEN K. Oxidation and assimilation of atmospheric methane by soil methane oxidizers [J]. Applied and environmental microbiology, 1997, 63 (3): 874-880.

[33] HILGER H A, CRANFORD D F, BARLAZ M A. Methane oxidation and microbial exopolymer production in landfill cover soil [J]. Soil biology and biochemistry, 2000, 32 (4): 457-467.

[34] CZEPIEL P M, SHORTER J H, MOSHER B, et al. The influence of atmospheric pressure on landfill methane emissions [J]. Waste management, 2003, 23 (7): 593-598.

[35] VISVANATHAN C, POKHREL D, CHEIMCHAISRI W, et al. Methanotrophic activities in tropical landfill cover soils: effects of temperature, moisture content and methane concentration [J]. Waste management and research, 1999, 17 (4): 313-323.

[36] HUMER M, LECHNER P. Alternative approach to the elimination of greenhouse gases from old landfills [J]. Waste management and research, 1999, 17 (6): 443-452.

[37] MEGRAW S R, KNOWLES R. Methane production and consumption in a cultivated humisol [J]. Biology and fertility of soils, 1987, 5 (1): 56-60.

[38] BOECKX P, CLEEMPUT O V. Methane oxidation in a neutral landfill cover soil: influence of moisture content, temperature, and nitrogen-turnover [J]. Journal of environmental quality, 1996, 25 (1): 178-183.

[39] FLESSA H, DORSCH P, BEESE F. Seasonal variation of N_2O and CH_4 fluxes in differently managed arable soils in southern Germany [J]. Journal of geophysical research: atmospheres, 1995, 100 (D11): 23115-23124.

[40] KLEMEDTSSON Å K, KLEMEDTSSON L. Methane uptake in Swedish forest soil in relation to liming and extra N-deposition [J]. Biology and fertility of soils, 1997, 25 (3): 296-301.

[41] PRIEMÉ A, CHRISTENSEN S. Seasonal and spatial variation of methane oxidation in a Danish spruce forest [J]. Soil biology and biochemistry, 1997, 29 (8): 1165-1172.

[42] HUTSCH B W, WEBSTER C P, POWLSON D S. Long-term effects of nitrogen fertilization on methane oxidation in soil of the Broadbalk wheat experiment [J]. Soil biology and biochemistry, 1993, 25(10): 1307-1315.

[43] HUTSCH B W, WEBSTER C P, POWLSON D S. Methane oxidation in soil as affected by land use, pH, and N fertilization [J]. Soil biology and biochemistry, 1994, 26 (12): 1613-1622.

[44] BENDER M, CONRAD R. Effect of CH_4 concentrations and soil conditions on the induction of CH_4 oxidation activity [J]. Soil biology and biochemistry, 1995, 27 (12): 1517-1527.

[45] YUN J, ZHUANG G, MA A, et al. Community structure, abundance, and activity of methanotrophs in the zoige wetland of the tibetan plateau [J]. Microbial ecology, 2012, 63 (4): 835-843.

[46] ESCHENHAGEN M, SCHUPPLER M, RÖSKE I. Molecular characterization of the microbial community structure in two activated sludge systems for the advanced treatment of domestic effluents [J]. Water research, 2003, 37 (13): 3224-3232.

[47] MCDONALD I R, BODROSSY L, CHEN Y, et al. Molecular ecology techniques for the study of aerobic methanotrophs [J]. Applied and environmental microbiology, 2008, 74 (5): 1305-1315.

[48] KOLB S, KNIEF C, STUBNER S, et al. Quantitative detection of methanotrophs in soil by novel pmoA targeted real-time PCR assays [J]. Applied and environmental microbiology, 2003, 69 (5): 2423-2429.

[49] YAN T, YE Q, ZHOU J, et al. Diversity of functional genes for methanotrophs in sediments associated with gas hydrates and hydrocarbon seeps in the Gulf of Mexico [J]. FEMS microbiology ecology, 2006, 57: 251-259.

[50] MARTINEAU C, WHYTE L G, GREER C W. Stable isotope probing analysis of the diversity and activity of methanotrophic bacteria in soils from the canadian high arctic [J]. Applied and environmental microbiology, 2010, 76 (17): 5773-5784.

[51] HAN B, CHEN Y, ABELL G, et al. Diversity and activity of methanotrophs in alkaline soil from a Chinese coal mine [J]. FEMS microbiology ecology, 2009, 70 (2): 40-51.

[52] ZHANG F, SHE Y, ZHENG Y, et al. Molecular biologic techniques applied to the microbial prospecting of oil and gas in the Ban 876 gas and oil field in China [J]. Applied microbiology and biotechnology, 2010, 86 (4): 1183-1194.

[53] 张凡, 余跃惠, 舒福昌, 等. 气库上方土壤中甲烷氧化菌群落研究——以大港油田板 873 储气库为例 [J]. 石油天然气学报, 2010, (3): 364-368.

[54] ROJO F. Degradation of alkanes by bacteria [J]. Environmental microbiology, 2009, 11 (10): 2477-2490.

[55] KOHNO T, SUGIMOTO Y, SEI K, et al. Design of PCR primers and gene probes for general detection of alkane-degrading bacteria [J]. Microbes and environments, 2002, 17 (3): 114-121.

[56] SHENNAN J L. Utilisation of C_2-C_4 gaseous hydrocarbons and isoprene by microorganisms [J]. Journal of chemical technology & biotechnology, 2006, 81 (3): 237-256.

[57] KLOOS K, MUNCH J C, SCHLOTER M. A new method for the detection of alkane-monooxygenase homologous genes (alkB) in soils based on PCR-hybridization [J]. Journal of microbiological methods, 2006, 66 (3): 486-496.

[58] WANG W, WANG L, SHAO Z. Diversity and abundance of oil-degrading bacteria and alkane hydroxylase (alkB) genes in the subtropical seawater of xiamen island [J]. Microbial ecology, 2010, 60 (2): 429-439.

[59] HATTON R, SLEAT R. Indentification of hydrocarbon deposits through detection of a micrbial polynucleotide: GB 2451287[S]. 2009.

[60] AMANN R I, LUDWIG W, SCHLEIFER K H. Phylogenetic identification and in situ detection of individual microbial cells without cultivation [J]. Microbiological reviews, 1995, 59 (1): 143.

[61] LIMPIYAKORN T, KURISU F, YAGI O. Development and application of real-time PCR for quantification of specific ammonia-oxidizing bacteria in activated sludge of sewage treatment systems [J]. Applied microbiology & biotechnology, 2006, 72 (5): 1004-1013.

[62] LOPEZ-GUTIERREZ J C, HENRY S, HALLET S, et al. Quantification of a novel group of nitrate-reducing bacteria in the environment by real-time PCR [J]. Journal of microbiological methods, 2004, 57 (3): 399-407.

[63] ZHANG T, FANG H H P. Applications of real-time polymerase chain reaction for quantification of microorganisms in environmental samples [J]. Applied microbiology and biotechnology, 2007, 70 (3): 281-289.

[64] JUNIPER S K, CAMBON M A, LESONGEUR F, et al. Extraction and purification of DNA from organic rich subsurface sediments (ODP Leg 169S) [J]. Marine geology, 2001, 174 (1-4): 241-247.

[65] FIERER N, SCHIMEL J P, HOLDEN P A. Influence of drying-rewetting frequency on soil bacterial community structure [J]. Microbial ecology, 2003, 45 (1): 63-71.

[66] KINNAMAN F S, VALENTINE D L, TYLER S C. Carbon and hydrogen isotope fractionation associated with the aerobic microbial oxidation of methane, ethane, propane and butane [J]. Geochimica et cosmochimica acta, 2007, 71 (2): 271-283.

[67]　REDMOND M C, VALENTINE D L, SESSIONS A L. Identification of Novel Methane-, Ethane-, and Propane-Oxidizing Bacteria at Marine Hydrocarbon Seeps by Stable Isotope Probing [J]. Applied and environmental microbiology, 2010, 76 (19): 6412-6422.

[68]　GANS J, WOLINSKY M, DUNBAR J. Computational improvements reveal great bacterial diversity and high metal toxicity in soil [J]. Science, 2005, 309 (5739): 1387-1390.

[69]　SCHMIDT T M. The maturing of microbial ecology. [J]. International microbiology: the official journal of the spanish society for microbiolgy, 2006, 9 (3): 217-223.

[70]　LENNON J T, JONES S E. Microbial seed banks: the ecological and evolutionary implications of dormancy [J]. Nature reviews microbiology, 2011, 9 (2): 119-130.

[71]　DE WIT R, BOUVIER T. Everything is everywhere, but, the environment selects: what did Baas Becking and Beijerinck really say? [J]. Environmental microbiology, 2006, 8 (4): 755-758.

[72]　WOESE C R, FOX G E. Phylogenetic structure of the prokaryotic domain: the primary kingdoms [J]. Proceedings of the National Academy of Sciences of the United States of America, 1977, 74 (11): 5088-5090.

[73]　AMANN R, FUCHS B M. Single-cell identification in microbial communities by improved fluorescence in situ hybridization techniques [J]. Nature reviews microbiology, 2008, 6 (5): 339-348.

[74]　VENTER J C, REMINGTON K, HEIDELBERG J F, et al. Environmental genome shotgun sequencing of the sargasso sea [J]. Science, 2004, 304 (5667): 66-74.

[75]　SCHLEPER C, JURGENS G, JONUSCHEIT M. Genomic studies of uncultivated archaea [J]. Nature reviews microbiology, 2005, 3 (6): 479-488.

[76]　BOSSIO D A, SCOW K M, GUNAPALA N, et al. Determinants of soil microbial communities: effects of agricultural management, season and soil type on phospholipid fatty acid profiles [J]. Microbial ecology, 1998, 36 (1): 1-12.

[77]　SCHUBOTZ F, LIPP J S, ELVERT M, et al. Stable carbon isotopic compositions of intact polar lipids reveal complex carbon flow patterns among hydrocarbon degrading microbial communities at the Chapopote asphalt volcano [J]. Geochimica et cosmochimica acta, 2011, 75 (16): 4399-4415.

[78]　SCHUBOTZ F, LIPP J S, ELVERT M, et al. Petroleum degradation and associated microbial signatures at the Chapopote asphalt volcano, Southern Gulf of Mexico [J]. Geochimica et cosmochimica acta, 2011, 75: 4377-4398.

[79]　XIAO Q L, SUN Y G, CHAI P X. Experimental study of the effects of thermochemical sulfate reduction on low molecular weight hydrocarbons in confined systems and its geochemical implications [J]. Organic geochemistry, 2011, 42 (11): 1375-1393.

[80]　LIU W T, MARSH T L, CHENG H, et al. Characterization of microbial diversity by determining terminal restriction fragment length polymorphisms of genes encoding 16S rRNA [J]. Applied and environmental microbiology, 1997, 63 (11): 4516-4522.

[81]　KENT A D, SMITH D J, BENSON B J, et al. Web-based phylogenetic assignment tool for analysis of terminal restriction fragment length polymorphism profiles of microbial communities [J]. Applied and environmental microbiology, 2003, 69 (11): 6768-6776.

[82]　COLLINS G, WOODS A, MCHUGH S, et al. Microbial community structure and methanogenic activity during start-up of psychrophilic anaerobic digesters treating synthetic industrial wastewaters [J]. FEMS microbiology ecology, 2003, 46 (2): 159-170.

[83]　PADMASIRI S I, ZHANG J, FITCH M, et al. Methanogenic population dynamics and performance of an anaerobic membrane bioreactor (AnMBR) treating swine manure under high shear conditions [J]. Water research, 2007, 41 (1): 134-144.

[84] CLEMENT B G, KEHL L E, DEBORD K L, et al. Terminal restriction fragment patterns (TRFLPs), a Rapid, PCR-Based method for the comparison of complex bacterial communities [J]. Journal of microbiological methods, 1998, 31 (3): 135-142.

[85] 赵阳国. 生态因子对硫酸盐还原系统中微生物群落动态影响的表征 [D]. 哈尔滨: 哈尔滨工业大学, 2006.

[86] KEMP P F, ALLER J Y. Estimating prokaryotic diversity: when are16S rDNA libraries large enough? [J]. Limnology and oceanography: methods, 2004, 2 (1): 114-125.

[87] PENG J J, LU Z, RUI J P, et al. Dynamics of the methanogenic archaeal community during plant residue decomposition in an anoxic rice field soil [J]. Applied and environmental microbiology, 2008, 74 (9): 2894-2901.

[88] XU K, LIU H, LI X, et al. Typical methanogenic inhibitors can considerably alter bacterial populations and affect the interaction between fatty acid degraders and homoacetogens [J]. Applied microbiology and biotechnology, 2010, 87 (6): 2267-2279.

第三章 油气微生物勘探作用机理研究

油气微生物检测技术已取得较大进展，但实际勘探应用中经常会涉及一些关键的机理问题。

（1）目前国内外开展的油气微生物勘探技术研究均以野外采集的土壤样品为对象，对油气背景和异常信息的认识还存在一定局限性，对检测方法的适用性、准确性和灵敏度还有待进一步评估。

（2）油气田烃类微渗漏区上方油气微生物个体发育和群落演替机理尚不明确；以气为主和以油为主的概念模型有待建立。

（3）非烃环境因子对油气指示微生物生长发育的影响程度有待评估，不同地貌和地下油品条件下，敏感性微生物种属及其特定组合值得挖掘。

本章将从实验室非原位（in vitro）和典型油气田原位（in situ）两个尺度开展机理研究，为油气微生物勘探提供理论依据和实践指导。

第一节 实验室模拟条件下油气微生物变化机理

【研究思路】通过构建不同类型油气藏（气藏、凝析油藏、油藏）的人工模拟模型，结合培养法和分子生物学方法，考查不同模拟条件下（不同油气藏类型和不同时间序列）土壤中油气指示微生物的数量变化和群落演替特征；评估现有检测方法的适用性、准确性和灵敏度，并探索不同油气藏类型的微生物群落特征和数量变化机理。主要研究以下三方面内容。

（1）建立烃类与微生物相互作用的实验模拟装置。设置不同的烃类组成和浓度范围，设计并构建烃类与微生物相互作用的物理模型。

（2）烃类诱导下微生物数量和群落结构变化特征。在人工驯化培养条件下，采用培养法和分子生物学检测技术，对不同烃类组成和浓度，不同时间序列的土壤样品的油气指示微生物进行检测，考察土壤中油气指示微生物的数量变化机理和群落结构演替特征。

（3）微生物对烃类及同位素组成的反馈作用。在人工驯化培养条件下，定期监测烃类和同位素组成的变化，考查微生物烃类降解的偏好性及其降解程度，为油气微生物勘探提供直接实验依据。

一、烃类长期驯化微生物的人工模拟实验装置构建

土壤样品采自江苏油田海安凹陷富安油气区。采用取土钻分别在油气背景区和油气区的地表进行钻孔取样，取样深度为60cm，含水率经过现场测试在30%～35%。因土壤样品需要通过长期驯化来检测其中的油气指示微生物数量和群落的变化，故主要采集了油气区和背景区的混合样品。土壤性质主要为亚砂土和亚黏土，为了保证培养实验中土壤样品的均一性，使实验中样品的采集具有代表性，对野外样品进行了前处理。采用20目土壤筛进行了过筛处理，并除去岩石碎屑、草根等杂质，然后进行混匀，保证土壤样品性质（岩性、湿度和粒度）的均一性。图3-1为处理前后的土壤样品。

(a) 处理前　　　　　　　　　　　　　　　(b) 处理后

图 3-1　处理前后的土壤样品

人工微宇宙模型设计的出发点是油气微生物勘探的基本原理，即地下油气藏中的轻烃组分持续向地表扩散运移，地表土壤中能够降解这类轻烃的特定微生物经长期驯化大量发育繁殖。人工微宇宙模型模拟实验装置需要考虑烃源、模拟柱体、烃类检测及微生物取样设施等各个要素。本书跟踪国内外人工模拟微宇宙模型的最新进展，在对信息资料充分理解的基础上，设计并构建了两种不同尺度的微宇宙模型。

（一）微宇宙培养瓶系统的构建

微宇宙培养瓶为容积2.8L的加盖广口瓶，培养瓶密封性必须良好，瓶盖上留

有进气孔和出气孔。在土壤样品放置之前培养瓶经过高压灭菌处理，防止交叉污染。根据甲烷、丁烷、混合轻烃三种不同培养条件，将微宇宙培养瓶设置为对应的三组，每组两个平行。培养瓶具体设计如图 3-2 和图 3-3 所示。

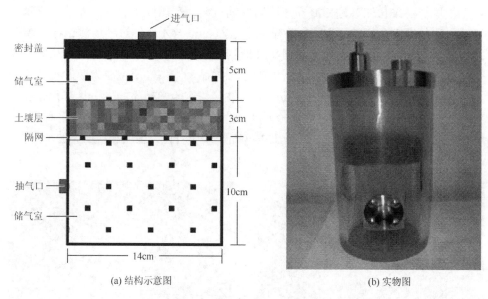

(a) 结构示意图　　　　　　　　　(b) 实物图

图 3-2　微宇宙培养瓶结构示意图及实物图

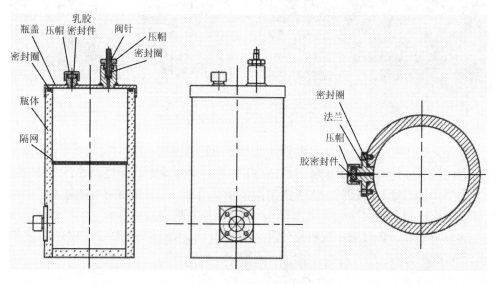

图 3-3　培养瓶建构图

培养瓶体积：2.77L；储气室体积：2.3L；土壤体积：0.47dm^3；培养瓶：透明钢化玻璃，耐高温高压；隔网：不锈钢材质、耐高温高压，可拆卸，30～40 目；

密封盖：全密封，可拆卸，内置丁基橡胶垫耐高温高压；土壤样品：亚砂土或亚黏土，除去杂质，经 20 目筛网均一化处理，土壤含水率为 30%；进气口：用于充入轻烃气体；抽气口：用于置换装置内气体。

培养瓶实物如图 3-2 所示，模拟实验中的土壤样品必须为油气藏背景区样品，即土壤中的微生物未经轻烃长期驯化，其中的油气指示微生物没有异常发育。采集油气田新鲜土壤后，去除肉眼可见的石块和植物残渣等杂物，并通过研钵研磨过筛。随后测定含水率，称取 200g 样品置于微宇宙培养瓶中（图 3-3），将其含水率均调制 30%左右，保证微生物的生长和繁殖需要。

微宇宙培养瓶烃类驯化培养方式：将土壤样品置于微宇宙培养瓶中密封后，即向培养瓶中充入轻烃气体或在底部加入原油样品。构建不同烃类组分和浓度的微宇宙培养瓶模型，向微宇宙培养瓶中充入 99%纯度的甲烷气体；向微宇宙培养瓶中充入 99%纯度的丁烷；向微宇宙培养瓶中充入 70%体积的甲烷，10%体积的乙烷，10%体积的丙烷气体，10%体积的正丁烷气体。这样创建出不同培养条件的微宇宙环境。这几种轻烃比例在一定程度上代表了不同类型的油气藏烃类组分（图 3-4）。

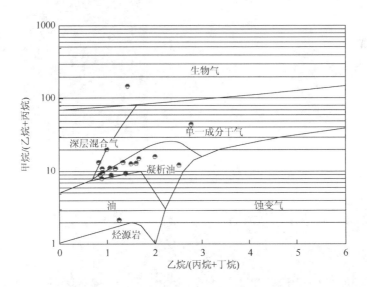

图 3-4 不同类型油气藏轻烃组分图版

考虑到微宇宙培养瓶中的轻烃气体被油气指示微生物消耗减少，以及微宇宙培养瓶中氧气含量的不足，因此需定期向微宇宙培养瓶中补充轻烃气体和新鲜空气。气体置换周期根据气相色谱测试结果决定。微宇宙培养瓶模拟实验从始到终都处在常温下，与地表土壤环境温度相符合。在土壤样品微宇宙培养过程中，在不同的时间点对培养瓶中的土样进行采集，采用第二章中所述检测方法，对样品中油气指示微生物的数量和群落结构的变化进行检测。

（二）微渗漏土壤柱模拟系统的构建

为了模拟天然气微渗漏对土壤中的甲烷氧化菌的数量和种群发育机理，设计和搭建了两套土壤柱反应器，一套为实验组，连通烃类气体（图3-5）；一套为对照组，无气体通入。模拟柱采用亚克力玻璃外壁，顶部具有顶盖，顶盖具有出气口，出气口外接气路阀门。侧壁具有土壤取样口，底部具有气体储室和进气口。侧壁取样口采用螺旋式密闭螺塞，方便取样。气体储室区设置压力表。整个土壤柱要求完全密封，不漏气。土壤柱外接气体钢瓶，联通土壤柱之间的管路设置气体流量表和气路阀门。土壤柱细部图模型如图3-6所示。

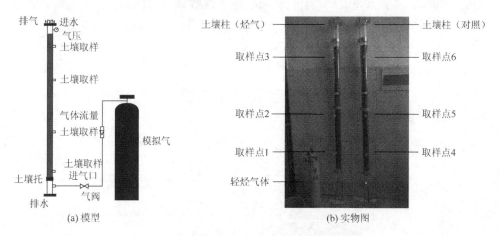

图 3-5　人工模拟微渗漏土壤柱模型及实物图

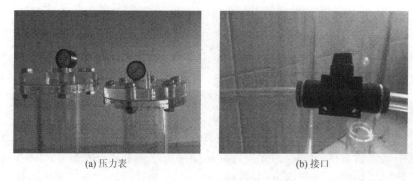

图 3-6　土壤柱细部图

二、烃类诱导下微生物数量和群落结构变化特征

（一）烃类诱导下油气指示微生物数量变化特征

1. 不同轻烃组分下油气指示微生物数量变化特征

在微宇宙培养瓶中分别充入甲烷、丁烷和不同比例的轻烃气体，分别模拟了在微渗漏条件下不同轻烃组分的培养环境。在理想化的条件下考察不同轻烃组分条件下土壤中油气指示微生物数量的变化情况。研究结果发现，在微渗漏条件和三种轻烃组分条件下，土壤中甲烷氧化菌（MOB）和丁烷氧化菌（BOB）数量随着培养周期的延长，其数量也随之增加。

在微量甲烷培养条件下（图 3-7），甲烷氧化菌数量增幅较大，同样，在前 3个月内为快速增长期，在 18 个月左右趋于稳定，数量从 68CFU 增至 162CFU（本实验的稀释倍数为 1000 倍），增幅达 94CFU；同样丁烷氧化菌在气藏条件下也有一定的增加，数量从 22CFU 增至 63CFU，增幅为 41CFU，表明丁烷氧化菌中的兼性类群在培养条件下逐渐适应了微宇宙环境，对甲烷气体产生一定的降解能力，因此呈现了数量上的增加。

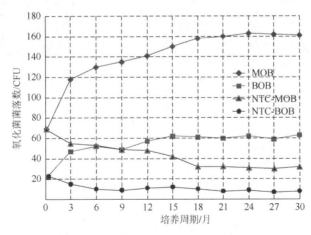

图 3-7　微量甲烷培养条件下油气指示微生物数量变化曲线（100mg/m³）

NTC 为空白对照组

在微量丁烷培养条件下（图 3-8），丁烷氧化菌数量增幅较大，同样在前 3 个月内为快速增长期，在 18 个月左右趋于稳定，数量从 25CFU 增至 106CFU，增幅达81CFU；而甲烷氧化菌在丁烷培养条件下也有一定的增加，数量从 70CFU 增至110CFU，增幅为 40CFU，表明甲烷氧化菌中的某些类群在驯化培养条件逐渐适应

了微宇宙环境，对丁烷气体产生一定的降解能力，因此呈现了数量上的增加。

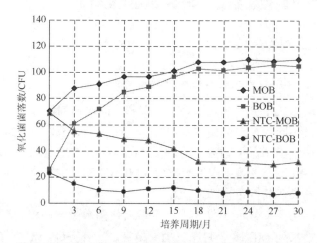

图 3-8　微量丁烷培养条件下油气指示微生物数量变化曲线（100mg/m³）

在混合轻烃培养条件下（图 3-9），甲烷氧化菌数量和丁烷氧化菌数量均有不同幅度的增加。由于甲烷组分占 70%以上，乙烷、丙烷、丁烷只占 20%左右，因此甲烷氧化菌可利用的底物浓度较高，其数量增加也较明显，从 74CFU 增加到 145CFU，增幅为 71CFU；丁烷氧化菌数量从 28CFU 增至 82CFU，增幅为 54CFU。

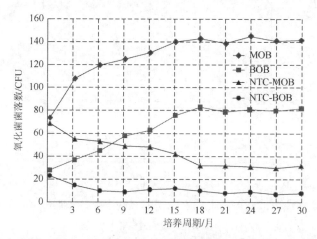

图 3-9　混合轻烃培养条件下油气指示微生物数量变化曲线（100mg/m³）

对照实验样品在 30 个月无烃培养检测中，油气指示微生物数量呈现下降趋势，表明在无碳源供给的培养环境下，指示微生物逐步衰亡。图 3-10 直观反映出不同烃类组分驯化环境下，油气指示微生物数量上下限。实验表明在模拟烃类微渗漏环境下，两大类传统油气指示微生物（甲烷氧化菌和丁烷氧化菌）对气态烃底物均有较好的响应，能够较快的利用烃类气体用于自身的增殖和能量维持，并在 18 个月时达到平台期，数量趋于稳定。

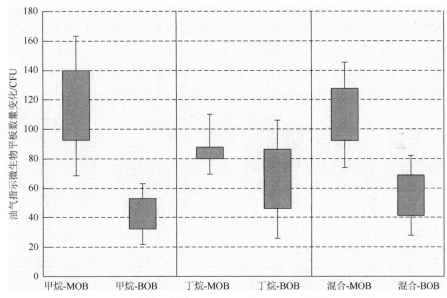

图 3-10　不同轻烃组分条件下油气指示微生物数量变化对比（100mg/m³）

甲烷-MOB 为甲烷培养下的甲烷氧化菌

2. 不同烃类浓度下油气指示微生物数量变化特征

在模拟实验中同时考查了不同烃类浓度下油气指示微生物数量变化规律。分别在微宇宙培养瓶中充入甲烷气体和丁烷气体，每个培养瓶中放置 50g 土壤样品。甲烷充气组分为五个气体浓度梯度，分别为 10mg/m³、100mg/m³、1000mg/m³、10000mg/m³、100000mg/m³；丁烷充气组也分为五个气体浓度梯度，分别为 10mg/m³、100mg/m³、1000mg/m³、10000mg/m³、100000mg/m³。在 30 个月的驯化周期内，进行了 60 次气体置换，以保证微宇宙培养瓶中碳源和氧气的充足。培养结束后，对不同轻烃浓度下油气指示微生物的数量进行连续监测。

图 3-11 为不同气态烃浓度下微生物数量变化特征。从图 3-11（a）中可以看出，在培养驯化之前，初始样品中甲烷氧化菌数量相同，均为 80CFU 左右。3 个月培养驯化结束后，五种条件下甲烷氧化菌数量均有了增长，但不同甲烷浓度梯度下的甲烷氧化菌数量呈现出明显的差异，在 10mg/m³ 和 100mg/m³ 浓度下，甲烷氧化菌数量增加较少，分别为 118CFU 和 115CFU；在 1000mg/m³ 和 10000mg/m³ 浓度下，甲烷氧化菌数量的增幅变大，分别为 135CFU 和 142CFU，其中在 10000mg/m³ 浓度下数量增幅最大；在 100000mg/m³ 下甲烷氧化菌数量增长幅度反

而下降，推测甲烷含量增加到此浓度以上，可能会对甲烷氧化菌造成底物抑制或毒性作用。图 3-11（b）中丁烷氧化菌数量对不同丁烷浓度梯度的响应与甲烷氧化菌的结果类似。随着轻烃浓度的升高，其数量也急剧增加，在 10000mg/m³ 浓度下，丁烷氧化菌是数量最大的，从 26CFU 增加到 88CFU；和甲烷氧化菌类似的是，在高浓度下丁烷氧化菌数量的增幅也有所下降，因此，丁烷氧化菌的生长发育也受到底物抑制影响。以上测试结果表明，油气指示微生物数量与轻烃气体浓度呈正相关关系，但达到一定的浓度后，会产生底物抑制油气微生物的生长发育。

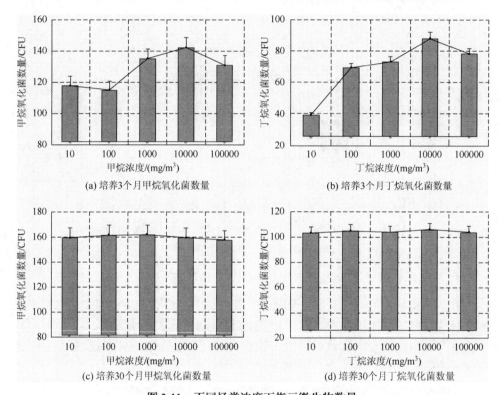

(a) 培养3个月甲烷氧化菌数量

(b) 培养3个月丁烷氧化菌数量

(c) 培养30个月甲烷氧化菌数量

(d) 培养30个月丁烷氧化菌数量

图 3-11　不同烃类浓度下指示微生物数量

图 3-11（c）和（d）为 30 个月的测试结果，由图可知，在较长时间的培养条件下，在不同轻烃浓度条件下，甲烷氧化菌和丁烷氧化菌数量均趋于一致。在野外地质环境中，烃类微渗漏从地下油气藏扩散至地表的浓度因油藏压力、埋深、油气性质和地层构造而不同，但均会引起地表土壤中油气指示微生物的异常发育。

3. 不同轻烃组分条件下油气指示基因丰度特征

图 3-12、图 3-13、图 3-14 分别为丁烷、甲烷和混合轻烃培养条件下土壤油气指示基因丰度变化曲线。观察到在三种轻烃微渗漏驯化培养条件下，土壤样品中

甲烷单加氧酶 *pmoA* 基因丰度和丁烷单加氧酶 *bmoX* 基因丰度变化情况各不相同。

在甲烷培养条件下，*pmoA* 基因丰度增幅较大，从开始驯化培养到 18 个月的培养周期内，一直呈现出增长的趋势。21～30 个月呈现出较稳定的平台期，在培养周期内，*pmoA* 基因丰度变化为 12000～61000copies/g；同样，在甲烷培养条件下，*bmoX* 基因丰度呈下降的趋势，这和培养条件下丁烷氧化菌平板计数呈增长的现象所不同。原因推测培养法检测可能含有兼性菌，而油气指示基因相对保守，严格遵循自身的代谢途径，所以 *bmoX* 基因丰度在甲烷气体存在的条件下并没有增加的趋势。

在丁烷培养条件下，*bmoX* 基因丰度增幅较大，从开始驯化培养到 75 天的培养周期内，*bmoX* 基因丰度持续增加，在 18 个月左右趋于平衡，其基因丰度从 8500copies/g 增加到 60000copies/g；而 *pmoA* 基因丰度在丁烷培养条件下亦呈下降趋势。甲烷单加氧酶 *pmoA* 基因在丁烷气体存在的条件下并没有增加。

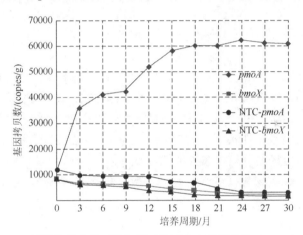

图 3-12　甲烷培养条件下油气指示基因丰度变化曲线（100mg/m³）

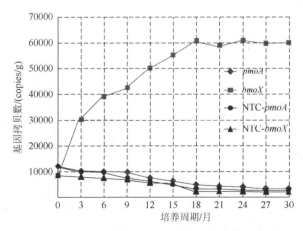

图 3-13　丁烷培养条件下油气指示基因丰度变化曲线（100mg/m³）

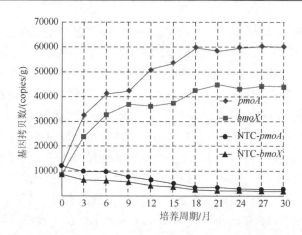

图 3-14　混合轻烃培养条件下油气指示基因丰度变化曲线（100mg/m³）

在混合轻烃驯化培养下，*pmoA* 基因丰度和 *bmoX* 基因丰度均有不同幅度的增加。由于甲烷组分占 70%以上，乙烷、丙烷、丁烷只占 20%左右，因此甲烷氧化菌可利用的底物浓度较高，其对应的 *pmoA* 基因丰度从 12000copies/g 增至 60000copies/g，增幅较大；*bmoX* 基因丰度从 8500copies/g 增至 44000copies/g，增幅较小。无烃对照样品中油气指示基因在 30 个月的培养周期内其丰度呈现缓慢的下降趋势。

图 3-15 直观反映出在模拟不同轻烃组分条件下，油气指示基因丰度变化情况。实验表明在不同轻烃组分培养条件的微渗漏环境下，*pmoA* 基因和 *bmoX* 基因分别对甲烷底物和丁烷底物都有良好的响应，特异性较强，不受其他烃类的干扰，分辨率较高。

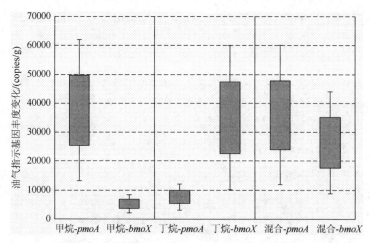

图 3-15　不同轻烃组分培养下油气指示基因丰度变化对比（100mg/m³）

4. 不同烃类浓度梯度下油气指示基因丰度变化特征

分别在微宇宙培养瓶中充入甲烷气体和丁烷气体，每个培养瓶中放置 50g 土壤样品。甲烷充气一组分为五个气体浓度梯度，分别为 $10mg/m^3$、$100mg/m^3$、$1000mg/m^3$、$10000mg/m^3$、$100000mg/m^3$；丁烷充气一组也分为五个气体浓度梯度，分别为 $10mg/m^3$、$100mg/m^3$、$1000mg/m^3$、$10000mg/m^3$、$100000mg/m^3$。在 30 个月的驯化周期内，进行了 60 次气体置换，以保证微宇宙培养瓶中碳源和氧气的充足。培养结束后，对不同轻烃浓度下油气指示基因丰度进行检测分析。其中 pmoA 基因为气指示基因，其对应的菌类消耗甲烷气体；bmoX 基因为油指示基因，其对应的菌类主要消耗丁烷气体。

图 3-16 为不同甲烷和丁烷浓度梯度下油气指示基因丰度变化规律。驯化 3 个月后，五种甲烷浓度梯度条件下 pmoA 基因丰度均有增长，不同甲烷浓度梯度下的 pmoA 基因丰度呈现出不同的结果。在 $10mg/m^3$ 和 $100mg/m^3$ 浓度下，pmoA 基因丰度增加较少；在 $10000mg/m^3$ 浓度下，pmoA 基因丰度增加值最大；在 $100000mg/m^3$ 下 pmoA 基因丰度增长幅度反而下降，结果与培养法类似。bmoX 基因丰度对不同丁烷浓度梯度的响应和 pmoA 基因类似，其丰度和底物浓度呈正相关关系。

图 3-16（c）和（d）为 30 个月的测试结果。由图可知，拉长培养时间，不同

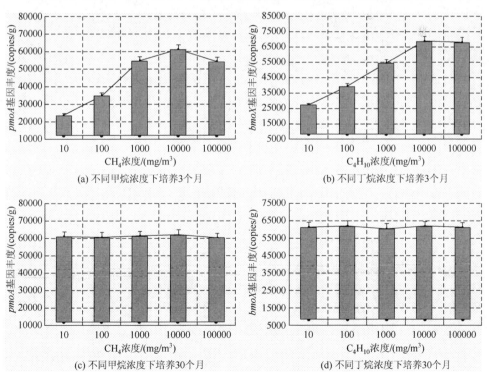

(a) 不同甲烷浓度下培养3个月　　　　　　　(b) 不同丁烷浓度下培养3个月

(c) 不同甲烷浓度下培养30个月　　　　　　　(d) 不同丁烷浓度下培养30个月

图 3-16　不同烃类浓度下油气基因丰度对比

轻烃浓度驯化的 *pmoA* 和 *bmoX* 的基因丰度均趋于一致，表明在较长的地质历史时期尺度下，即使是较低浓度烃类也会造成指示微生物数量上明显的变化。

5. 高低烃类驯化条件下油气指示基因丰度比较

如图 3-17 和图 3-18 所示，随着驯化时间增加，两种油气指示基因丰度逐渐增加。在低浓度烃类驯化环境下，*pmoA* 基因和 *bmoX* 基因在前 15 个月内出现大幅度增长，在 18 个月左右其两者丰度趋于稳定；在高浓度烃类驯化环境下，*pmoA* 基因和 *bmoX* 基因丰度呈现指数级增长。此外，在驯化前期（前 15 个月），高浓度条件下的指示基因丰度显著高于低浓度的油气指示基因丰度，表明高浓度的烃类气体能够更好地刺激油气指示微生物的生长发育。驯化后期，在两类驯化环境条件下的指示丰度趋于一致。

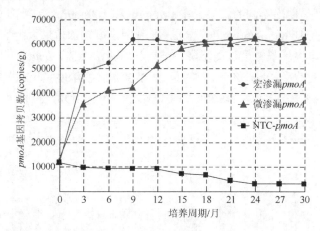

图 3-17　高低烃类驯化条件下 *pmoA* 基因丰度变化曲线（10mg/m³、10000mg/m³）

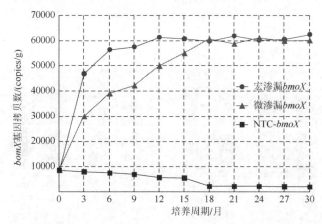

图 3-18　高低烃类驯化条件下 *bmoX* 基因丰度变化曲线（10mg/m³、10000mg/m³）

6. 停止供烃后油气指示微生物数量变化

驯化结束后，对培养瓶中轻烃气体进行吹脱，停止烃气补给并放置18个月，每两个月进行油气指示微生物数量检测，考察在无底物条件下，土壤中已经发育的油气微生物会发生何种变化。

如图3-19所示，在无烃条件下，甲烷氧化菌菌落数及其 *pmoA* 基因拷贝数均呈现缓慢回落。甲烷氧化菌数量在前4月保持稳定，从4～12月数量开始线性减少，12月以后基本接近于驯化之前的数量水平；而 *pmoA* 基因丰度则在前10月内保持稳定，之后缓慢下降至驯化前水平。推测可能的原因是油气指示微生物一旦缺少轻烃底物的供给，其生长代谢会迅速降低或停止，导致油气指示微生物衰亡，但其DNA不会在短期内分解。本实验结果进一步验证了油气指示微生物对烃类具有明确的响应。在实际地质条件下，地表土壤中的油气指示微生物在油气微渗漏环境下经历长期缓慢的驯化过程，地下油气藏中的轻烃组分只要能够持续渗漏至地表，土壤中油气指示微生物的数量便会达到动态平衡。基于停止供烃后油气指示微生物响应消失的规律，将对剩余油追踪、油田老区块评价具有应用潜力。

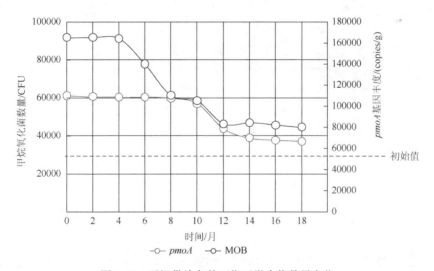

图3-19　无烃供给条件下指示微生物数量变化

（二）烃类诱导下微生物群落结构变化特征

本书采用DNA高通量测序技术配合生物信息学分析，旨在厘清不同烃类浓度、不同烃类组成、不同时间、人工模拟条件下油气微生物群落的特征及其变化。

1. 不同烃类组成下的微生物群落差异

根据对焦磷酸测序结果的系统发育学分析，烃类驯化实验中的土壤样品中包含了 6507 个细菌 OTU[①]，共划分为 19 个纲（图 3-20），其中优势细菌包括变形菌纲（Proteobacteria）、酸杆菌纲（Acidobacteria）、放线菌纲（Actinobacteria）等。此外还有 20.4%的序列与已知序列的相似性低于 75%，意味着油田土壤样品中仍存在大量未知细菌有待进一步研究。所得细菌群落结构组成结果与之前有关的油田区细菌组成相似，以高浓度甲烷培养样品为例，在油田区土壤相关细菌序列中，有 41.2%的细菌序列分类地位未知，其余序列中优势细菌纲为 Proteobacteria、Acidobacteria 和 Actinobacteria，含量分别占细菌总测序量的 36.6%、16.5%和6.96%。

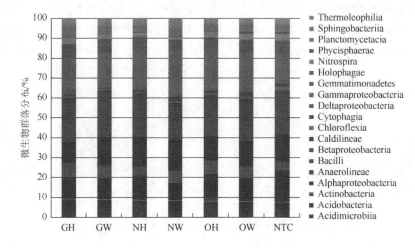

图 3-20　烃类驯化 60 天后微生物群落分布图（纲水平）

GH 为高浓度甲烷气培养；GW 为低浓度甲烷气培养；NH 为高浓度混合气培养；NW 为低浓度混合气培养；
OH 为高浓度丁烷气培养；OW 为低浓度丁烷气培养；NTC 为空白对照

在目的水平上，富安地区土壤微生物的序列属于 39 个细菌目（图 3-21），其中最优势的目为酸杆菌目（Acidobacteriales）（18.9%），其次为厌氧绳菌目（Anaerolineales）（11.1%）和根瘤菌目（Rhizobiales）（6.5%）。通过比较，发现无论是高浓度还是低浓度烃类培养，均无显著性差异，表明经过一段时间烃类驯化

---

① OTU, operational taxonomic unit, 分类操作单元，每个 OTU 对应一种不同的 16S rRNA 序列，对应一种不同的微生物。

后，总群落并没有发生演替，这与上述多样性分析结果相一致。

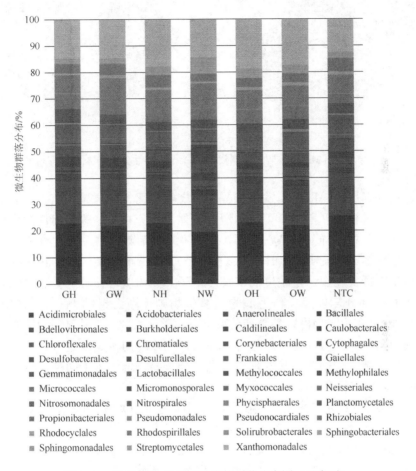

■ Acidimicrobiales	■ Acidobacteriales　　■ Anaerolineales　　■ Bacillales
■ Bdellovibrionales	■ Burkholderiales　　■ Caldilineales　　■ Caulobacterales
■ Chloroflexales	■ Chromatiales　　■ Corynebacteriales　　■ Cytophagales
■ Desulfobacterales	■ Desulfurellales　　■ Frankiales　　■ Gaiellales
■ Gemmatimonadales	■ Lactobacillales　　■ Methylococcales　　■ Methylophilales
■ Micrococcales	■ Micromonosporales　　■ Myxococcales　　■ Neisseriales
■ Nitrosomonadales	■ Nitrospirales　　■ Phycisphaerales　　■ Planctomycetales
■ Propionibacteriales	■ Pseudomonadales　　■ Pseudonocardiales　　■ Rhizobiales
■ Rhodocyclales	■ Rhodospirillales　　■ Solirubrobacterales　■ Sphingobacteriales
■ Sphingomonadales	■ Streptomycetales　　■ Xanthomonadales

图 3-21　烃类驯化 60 天后微生物群落分布图（目水平）

　　但值得注意的是，通过仔细比较各个样品微生物群落中 OTU 的分布情况，通过计算样品的 Beta 多样性（指沿环境梯度不同生境群落之间物种组成的相异性或物种沿环境梯度的更替速率），从维恩图上可以清晰地看出（图 3-22），不同类型样品中独有的种属和共有的种属。例如，高浓度培养样品中，甲烷培养的特有种属有 1 个，丁烷培养有 4 个，混合气体培养有 1 个，其中还有很大一部分烃类培养样品中共有而在背景样品中缺失的种属。以下采用双序分析和多元统计分析方法挖掘这些关键的可能具有油气指示意义的种属。

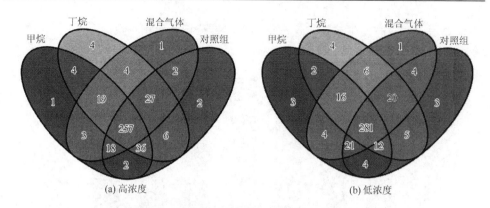

图 3-22　不同烃类驯化样品 Beta 多样性分析维恩图

　　通过仔细比较热图后，发现这些样品聚类特征十分明显，几乎所有的高浓度烃类培养的样品（甲烷、丁烷和混合气体）都分布在一簇，而低浓度烃类培养的样品则和背景样品混杂在一起，只有在培养后期的样品才逐渐向高浓度培养样品簇靠拢。这表明，短时期内（3 个月），高浓度烃类（10000mg/m³）能使土壤微生物群落发生一定程度的演替，由于其高浓度可使敏感性微生物受到抑制，同时一部分能以烃类作为底物的微生物则逐渐占据优势。而低浓度烃类（100mg/m³）在短时期内则并不能使群落发生明显变化，但从结果来看，随着培养时间的延长似乎可以在一定程度上补偿烃类浓度的不足。是否真的存在这一机理，对于微生物勘探的基本理论研究十分重要，现将采用同位素示踪的方法在后续实验中进一步证实。

　　从敏感性种属角度来看，存在一部分微生物在烃类培养驯化样品中的相对丰度显著高于对照，可能具有很强的油气指示意义，如 *Lacibacter cauensis*、*Methylobacter*、Methylococcaceae、嗜甲基菌科（Methylophilaceae）、红螺菌科（Rhodospirillaceae）和一些未培养的硫氧化微生物等。其中，甲基杆菌和甲基球菌已被证明具有气态烃氧化功能，在科技部项目中沾化实验区块已知油气藏上方也发现了上述两类细菌的大量分布。Methylophilaceae 已在巴西陆上油气藏上方被确认为油气敏感菌，同时也是生物强化采油的常见菌株，常在溢油污染点和输油管线周围土壤中被检测到。红螺菌则与石油污染土壤、含有废水和污泥有关。

　　多元统计分析的结果进一步显示高浓度培养样品和其他样品在微生物群落结构上呈现出明显的差异，低浓度培养样品由于驯化时间短无法与对照样品分开（图 3-23）。酸杆菌科（Acidobacteriaceae）、Solimonadaceae、硫发菌科（Thiotrichaceae）在对照和低浓度培养样品的方向载荷较大，而 *Lacibacter cauensis*、Methylococcaceae、Methylophilaceae 则与甲烷气体培养正相关（气指示菌），未培养的硫氧化微生物等则与丁烷培养正相关（油指示菌）。

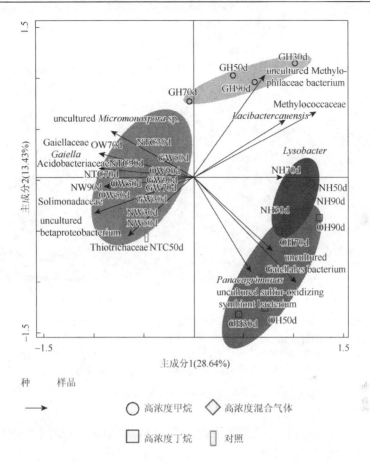

图 3-23　不同烃类组分、不同浓度驯化下不同时间样品微生物群落多元统计分析图

对几种关键的油气指示微生物随着培养时间的变化进行了跟踪，由图 3-24 可

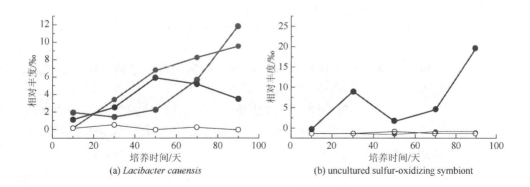

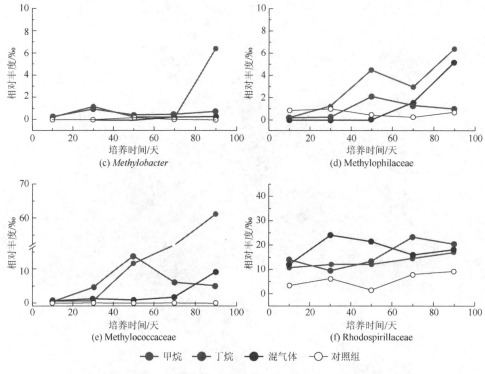

图 3-24　关键油气指示微生物相对丰度随时间变化图

知，经过 90 天驯化后，这几类微生物相较于对照实验，其相对丰度都明显增加，表明这些微生物对于烃类都表现出明显的响应。

2. 不同烃类浓度下的微生物群落差异

一般情况下，由于烃类只占土壤中碳源的很少一部分，因此属于油气指示微生物的限制性底物，即微生物细胞生长过程中培养基中底物浓度对其生长有较大影响，烃类浓度增加会影响生长速率，而其他营养组成浓度的变化对生长速率无明显影响。因此，设置浓度梯度实验来考查微生物对于不同烃类浓度的响应差异。

通过比较，发现各个浓度梯度驯化培养后微生物群落结构从纲和目的水平上并无显著性差异，表明经过一段时间烃类驯化后，总群落并没有发生演替（图 3-25、图 3-26）。但是通过仔细比较各个样品微生物群落中 OTU 的分布情况，计算样品的 Beta 多样性，可以看出低浓度和高浓度的甲烷和丁烷培养有其特有微生物。

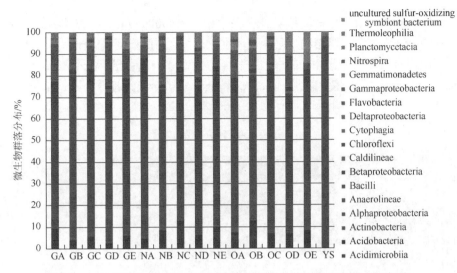

图 3-25　烃类驯化 90 天后不同烃类浓度下微生物群落分布图（纲水平）

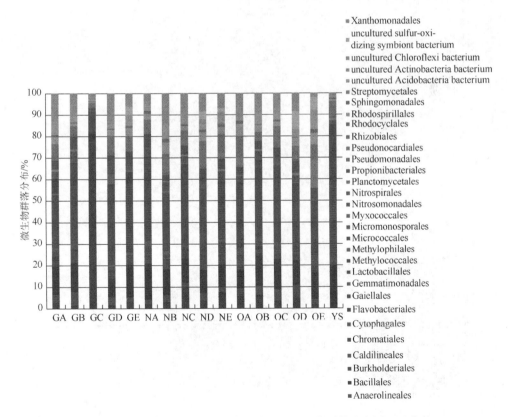

图 3-26　烃类驯化 90 天后不同烃类浓度下微生物群落分布图（目水平）

　　双序图和多元统计分析的结果显示，高浓度（10000mg/m³）气态烃驯化的样品和其他样品在微生物群落结构上呈现出明显的差异，而低浓度驯化样品由于驯化时间短无法与对照样品分开（图3-27、图3-28）。由图中可以看出，Methylococcaceae、Methylophilaceae、甲基孢囊菌属（*Methylocystis* sp.）、类诺卡氏菌科（Nocardioidaceae）

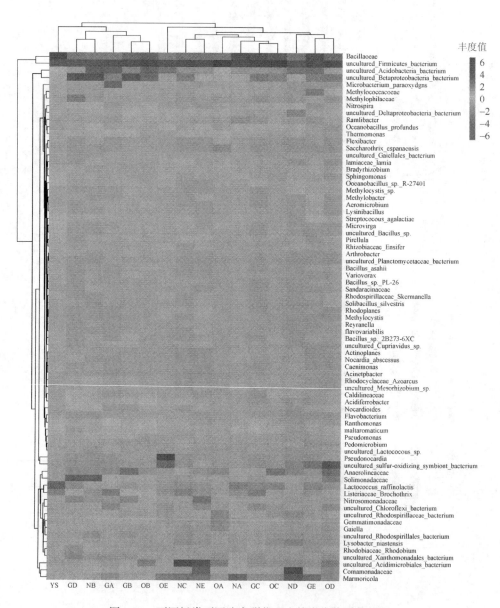

图3-27　不同烃类不同浓度驯化下土壤微生物群落热图

等微生物与甲烷气体浓度呈正相关。Rhodosprillaceae、假诺卡氏菌属（*Pseudonocardia*）、*Methylobacter* 与重烃浓度相关。而一些硝化微生物硝化螺旋菌（*Nitrospira*）、黄单胞菌属（*Xanthomonas*）等则与烃类呈负相关，表明易受到烃类高浓度的影响而抑制生长。

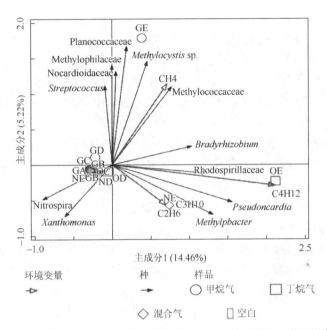

图 3-28　不同烃类、不同浓度下驯化样品的微生物群落多元统计分析图

三、原油顶空驯化条件下油气指示微生物数量与群落演替规律

选取春 50、春 17-8、春 45、玉北 1-4 四口油井原油的顶空气，同时以空气作为空白对照组，采用微宇宙培养瓶作为人工模拟环境进行驯化培养（图 3-29）。实

图 3-29　OG-1、OG-2、OG-3、OG-4 和 NTC 的原油顶空培养模拟瓶

验组编号为 OG-1、OG-2、OG-3、OG-4，分别对应春 50、春 17-8、春 45 和玉北 1-4；空白对照组编号为 NTC，模拟实验中的土壤样品预处理同上。

（一）不同原油顶空驯化下油气基因丰度变化

在微宇宙培养瓶中分别充入不同原油顶空气，模拟油气田原位环境，考查理想条件下不同油品土壤中油气指示基因丰度变化规律。实验组 OG-1 和 OG-3 为稀油，顶空组分中甲烷气含量均较高，无戊烷气态烃组分存在；OG-2 和 OG-4 为稠油，顶空组分中含有戊烷气态烃，其中 OG-4 中甲烷含量较少而戊烷以上烷烃气态烃含量较高。

图 3-30 为不同原油顶空驯化条件下土壤油气指示基因丰度变化柱状图。*pmoA* 基因为甲烷氧化功能基因，*alkB* 基因为重组分气态烃（戊烷以上烷烃）降解功能基因。不同原油顶空驯化培养 180 天后，土壤样品中 *pmoA* 基因和 *alkB* 基因丰度变化规律不尽相同。如图所示，驯化样品中 *pmoA* 基因拷贝数均显著增加：OG-1 的 *pmoA* 基因为 4589copies/g，OG-2 的 *pmoA* 基因为 11267copies/g，OG-3 的 *pmoA* 基因为 9199copies/g，OG-4 的 *pmoA* 基因为 4609copies/g。*pmoA* 基因丰度与顶空甲烷的含量成正比，OG-2 与 OG-3 所属油品为轻质油，顶空中甲烷含量较高，表明 *pmoA* 基因保守且特异性强。

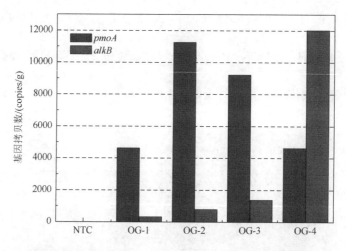

图 3-30　不同原油顶空驯化 180 天后油气指示基因 *pmoA* 和 *alkB* 丰度

alkB 基因丰度差异较大：OG-1 的 *alkB* 基因为 293copies/g，OG-2 的 *alkB* 基因为 774copies/g，OG-3 的 *alkB* 基因为 1390copies/g，OG-4 的 *alkB* 基因为

11970copies/g。分析认为，*alkB* 基因丰度差异与顶空中重质烃组分含量有关，OG-4 所属油品为稠油，顶空中重质组分（戊烷以上烷烃气）含量最高。

实验表明在不同原油顶空驯化环境下，*pmoA* 基因和 *alkB* 基因对甲烷底物和 C_{5+} 气态烃分别有很好的响应，特异性较强，分辨率较高。

（二）不同原油顶空驯化下油气微生物群落演替规律

驯化 30 天后，抽提基因组 DNA 进行焦磷酸测序。根据对焦磷酸测序结果的系统发育学分析，所有样品中细菌的 OTU 共划分为 36 个纲（图 3-31），其中优势细菌包括 Acidobacteria、Chloracidobacteria、Actinobacteria、Proteobacteria 等。此外还有比重较大的序列与已知序列的相似性低于 75%，意味着油田土壤样品中仍存在大量未知细菌有待进一步研究。所得细菌群落结构与之前有关的油田区细菌组成相似。以 OG-1 培养 36 天样品为例，在已经提交到 GeneBank 中的油田区土壤相关细菌序列中，有 47.3% 的细菌序列分类地位未知，其余序列中优势细菌门为 Acidobacteria、Chloracidobacteria、Actinobacteria、Proteobacteria，含量分别占细菌总测序量的 13.9%、9.3%、4.5% 和 31.2%。

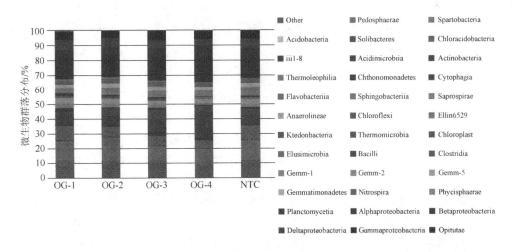

图 3-31　驯化 30 天后微生物群落分布图（纲水平）

在目的水平上（图 3-32），OG-1—OG-4 微生物驯化 30 天的序列属于 36 个细菌目，其中最优势的目为 Acidobacteriales（10%～14%），其次为嗜热氯酸菌目（Chloracidobacteriales）（5%～7%）和 Rhizobiales（4%～6%）。

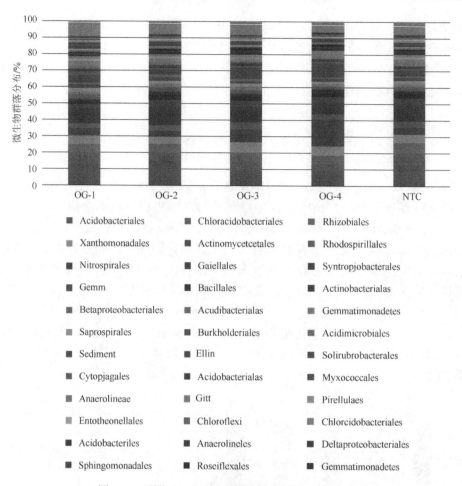

图 3-32　驯化 30 天后微生物群落分布图（目水平）

模拟驯化实验 180 天后，所有样品中细菌的 OUT 仍划分为 36 个纲（图 3-33），其中优势细菌包括 Acidobacteria、Chloracidobacteria、Actinobacteria、Proteobacteria 等的优势地位没有发生变化，而所占丰度发生了变化，OG-1 中 Acidobacteria、Chloracidobacteria、Actinobacteria、Proteobacteria，含量分别占细菌总测序量从 13.9%、9.3%、4.5%和 31.2%，变为 8.2%、5.6%、8.8%和 40%；OG-2 中由 15.8%、6.5%、3.8%和 32.1%，变为 9.9%、7.7%、4.1%和 30.2%；OG-3 中由 10.0%、6.6%、8.3%和 33.2%，变为 6.8%、6.8%、17.3%和 31.2%；OG-4 中由 9.7%、5.1%、16.7% 和 34.5%，变为 8.6%、6.1%、10.5%和 39.6%。

在目的水平上（图 3-34），OG-1—OG-4 样品微生物驯化 180 天的序列属于 42 个细菌目，其中最优势的目丰度也发生了变化为 Acidobacteriales（7.1%～ 8.5%），其次为 Chloracidobacteriales（4.5%～6.5%）和 Rhizobiales（4.7%～6.3%）。

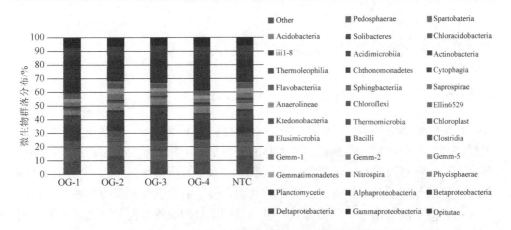

图 3-33　驯化 180 天后微生物群落分布图（纲水平）

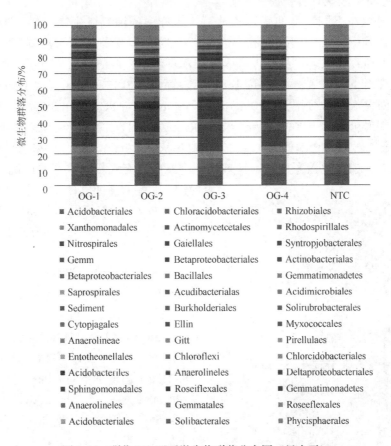

图 3-34　驯化 180 天后微生物群落分布图（目水平）

四、微生物对烃类及同位素组成的反馈作用

（一）微生物对烃类浓度和组成的反馈作用

地层中的微生物不仅降解原油中的烃类组分和其他组分，同样也降解轻烃和天然气。轻烃在向地表垂直扩散和运移的过程中，一部分被岩层所拦截，这部分包括岩层的物理吸附和化学吸附；另一部分被微生物所降解。目前，对于油气渗漏区中的油气指示微生物的菌属鉴定、代谢活性、数量变化及微生物种群的研究较多，但对于油气指示微生物与其赖以生长和发育的底物之间的关系的研究却鲜有报道。研究油气指示微生物对轻烃的降解规律，对于更好地结合传统地球化学技术进行综合勘探具有积极意义。

为研究在不同浓度的轻烃条件下，土样中的油气微生物对轻烃的降解规律，选取 $100mg/m^3$ 和 $10000mg/m^3$ 两个浓度梯度，分别模拟微渗漏环境与高浓度阳性对照环境条件。另外，考虑土样本身对于轻烃的吸附和解析，在两个轻烃浓度梯度下各设置一个对照组，实验装置如图 3-35 所示。其中 $100mg/m^3$ 实验组及对照组编号分别为 $100mg/m^3$ 与 $100mg/m^3$-NTC，$10000mg/m^3$ 实验组及对照组编号分别为 $10000mg/m^3$ 与 $10000mg/m^3$-NTC，向玻璃顶空瓶中各加入 25g 土样，对照组土壤样品于 121℃下高压灭菌 20min，封上丁基橡胶密封塞，并盖上有孔的黑色盖子旋紧。向玻璃顶空瓶中各充入相应浓度的甲烷、乙烷、丙烷、丁烷的高纯气体。随后将样品玻璃顶空瓶放入 30℃恒温培养箱中培养，定期通过气相色谱测定玻璃顶空瓶中各组分含量的变化。

如图 3-36 所示，组分中人工混合气态烃含量的变化随着时间的延续（0 天、4 天、8 天、12 天、16 天、20 天、24 天、28 天、32 天、36 天、40 天、44 天、48 天、52 天、56 天、60 天、64 天），在微渗漏和高浓度阳性对照下出现了不同的降解趋势。在培养初始阶段，各人工混合气态烃含量下降很小；随着培养时间的增加，两种浓度梯度下的人工混合气态烃含量逐步降低，其中 $100mg/m^3$ 中的降低趋势明显大于 $10000mg/m^3$ 条件下的降低趋势。

图 3-35　轻烃降解试验装置

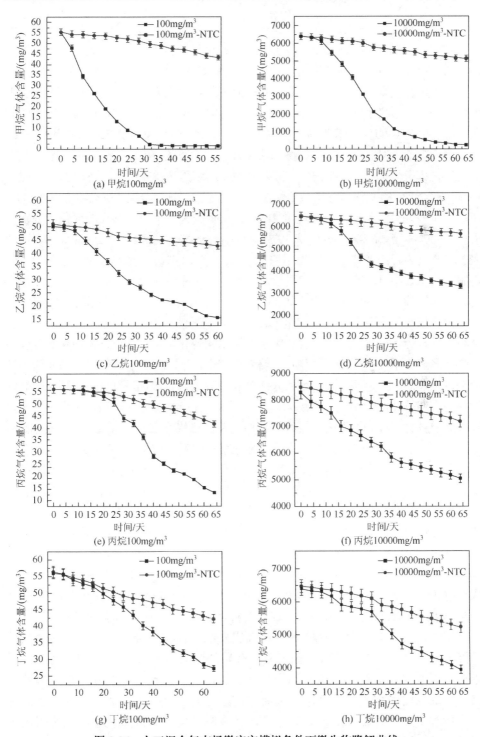

图 3-36　人工混合气态烃微宇宙模拟条件下微生物降解曲线

培养中期（约 32 天），在微渗漏条件下，实验组 100mg/m³ 的人工混合气态烃的变化率分别为甲烷 95.5%、乙烷 46.4%、丙烷 25.4% 和丁烷 22.5%，对照组 100mg/m³-NTC 的变化率分别为甲烷 10.8%、乙烷 11.2%、丙烷 7.6% 和丁烷 14.2%。在高浓度阳性对照条件下，实验组 10000mg/m³ 的人工混合气态烃的变化率分别为甲烷 73.5%、乙烷 35.6%、丙烷 24.9% 和丁烷 17.1%，对照组 10000mg/m³-NTC 的人工混合气态烃的变化率分别为甲烷 11.0%、乙烷 5.6%、丙烷 7.8% 和丁烷 8.8%。

培养末期（32~64 天），在微渗漏条件下，实验组 100mg/m³ 的人工混合气态烃的变化率分别为甲烷 97.0%、乙烷 70.1%、丙烷 76.8% 和丁烷 51.6%，对照组 100mg/m³-NTC 的变化率分别为甲烷 27.0%、乙烷 17.5%、丙烷 25.8% 和丁烷 25.4%。在高浓对阳性对照条件下，实验组 10000mg/m³ 的人工混合气态烃的变化率分别为甲烷 97.00%、乙烷 50.8%、丙烷 39.3% 和丁烷 38.4%。对照组 10000mg/m³-NTC 的人工混合气态烃的变化率分别为甲烷 21.5%、乙烷 12.4%、丙烷 15.3% 和丁烷 19.4%。对照组气态烃组分均有一定程度的变化，可确定造成该变动的原因是土壤的吸附作用和土壤间隙气体的解吸作用。如图 3-36 所示，微渗漏和高浓度阳性对照条件下，人工混合气态烃均降解地比较完全，表明土样中的微生物能较好地利用气态烃。实验组中气态烃组分含量变化明显，大于对照组的变化，表明在该过程中轻烃降解菌的生物降解作用发挥了主导作用。全培养周期下，不同烃类的降解基本都经历了适应期、对数期、稳定期和衰亡期。分别对其适应期和对数期进行分析发现，轻烃降解菌适应期持续性为甲烷<乙烷<丙烷<丁烷。各烃类组分在对数增长期的底物浓度（S）与时间（t）表现出了很好的线性关系。微渗漏条件下，实验组 100mg/m³ 条件下人工混合气态烃的平均降解速率分别为甲烷 1.61mg/(m³·d)、乙烷 0.70mg/(m³·d)、丙烷 0.43mg/(m³·d) 和丁烷 0.38mg/(m³·d)；高浓度阳性对照条件下，实验组 10000mg/m³ 条件下人工混合气态烃的平均降解速率分别为甲烷 142.46mg/(m³·d)、乙烷 70.1mg/(m³·d)、丙烷 62.7mg/(m³·d) 和丁烷 33.1mg/(m³·d)。高浓度阳性对照条件下，人工混合气态烃的平均降解速率明显高于微渗漏条件下的平均降解速率，表明轻烃降解菌能更好地利用高浓度的气态烃。在对数期，底物的降解速率与底物的浓度无关，呈零级反应，符合劳伦斯和麦卡蒂根据莫诺方程提出底物利用速率与微生物浓度寄底物浓度之间的动力学方程在对数时期的关系。对数期降解速率为甲烷>乙烷>丙烷>丁烷，表明分子量越大的烃类降解速率越慢。

早期研究认为，微生物降解天然气优先消耗丙烷组分，这种认识主要是基于降解天然气中丙烷组分较其他组分具有异常偏重的 C 同位素组成。而王万春等使用天然气样品进行模拟降解实验则发现，正丁烷比异丁烷易降解，多数样品正丁烷也比丙烷和乙烷易降解，而丙烷则比乙烷易降解。他们认为由于丙烷分子相对于正丁烷分子少一个碳原子，当降解消耗掉的丙烷和正丁烷的碳数相同时，丙烷相对于正丁烷有较大的 C 同位素分馏，故丙烷 C 同位素组成较正丁烷的 C 同位素组成变得更重时，意味着丙烷未必比正丁烷优先降解。其与本次研究发现的现象不同，其原因可能为原油中的微生物与土壤基质中的微生物群落组成和数量之间的差异，通过不同原位油气组分模拟条件下微生物群落的结构解析可证实这一猜测。

在不同渗漏条件下模拟微生物降解轻烃气研究中，从对照组中可以发现土壤对各种轻烃气均有一定的吸附作用，然而土壤对于轻烃的解吸和吸附作用有限，达到一定浓度后就不再具有吸附能力，对于渗漏环境下的轻烃浓度影响较小。微渗漏和高浓度阳性对照两种轻烃环境下，各组分轻烃均得到了不同程度的降解，且高浓度阳性对照条件下，微生物能很好地利用轻烃。此外，从不同烃组分降解量与降解速率可以发现，微生物对不同轻烃的降解作用具有选择性，其中碳链越少的轻烃组分越容易发生微生物降解，速率越快（甲烷＞乙烷＞丙烷＞丁烷）。

（二）微生物对气态烃同位素组成的反馈作用

微生物降解使有机化合物的稳定 C、H 同位素发生不同程度分馏的研究在有机污染物来源和微生物环境修复等领域取得了长足进展，并对原油和天然气微生物降解研究有借鉴意义。微生物作用下的同位素分馏为动力同位素分馏，导致重同位素在残余物中富集。影响微生物降解有机物同位素分馏的主要因素有微生物的降解代谢途径、辅酶作用、降解类型与程度、同位素质量差异和有机物碳数等。不同的微生物代谢途径代表不同的生物化学反应，造成了同位素分馏的显著差异；辅酶对反应的催化作用使微生物作用的同位素分馏更加复杂。

碳和氢是组成有机化合物的主要元素，它们至少都有两个能够被质谱仪检测到的同位素。尽管稳定同位素的化学和物理性质一致，但由于重同位素与轻同位素在零位能上的差别，其量子机械效应也有微小差异。轻同位素较高的零位能意味着其形成的化学键比重同位素形成的化学键弱，这一原理控制着同位素在环境中的反应并引起同位素分馏。

有机化合物的稳定 C、H 同位素组成反映了其来源与演化特征，在油源对比等研究领域得到广泛应用。有机物是地表和地下广泛分布的微生物（细菌）活动所需要的能量和物质来源，微生物降解作用使其稳定 C 同位素发生不同程度的分馏。探讨微生物作用下的同位素分馏机理及其影响因素，对于利用同位素研究油气降解及降解后的油源对比，都具有实际意义。

1. 同位素测定方法

测定原理：通过使干燥的样品在密封的有过量氧气的石英玻璃管中燃烧，使样品中所有的碳都转化为二氧化碳，然后通过低温蒸馏（或液氮冷阱冷却）使产生的二氧化碳与其他的燃烧产物分离，得到纯净二氧化碳后采用同位素质谱仪测定 ^{13}C 原子百分含量，换算为 $\delta^{13}C$。

测定方法：对于土壤样品，需要预先除去其中的碳酸盐。具体方法如下，首先将风干土样过 0.1mm 孔径筛，用百万分之一天平称取含 400～800μg 的土样（20～40mg 土壤）置于铝箔中封口，放进自动进样转盘测定。采用同位素质谱仪测定 ^{13}C 原子百分比，并换算为 $\delta^{13}C$：

$$(R_t/R_0) = (C_t/C_0)^{(\alpha-1)} \tag{3-1}$$

$$\varepsilon = (\alpha-1)\times1000 \tag{3-2}$$

式中，R 为样品 ^{13}C 和 ^{12}C 同位素比值；R_t 为样品值；R_0 为标准量；C 为降解组分浓度；C_t 为过程量；C_0 为初始量；ε 为 $\delta^{13}C$。

计算不同组分的生物降解程度的公式为

$$B=C_t/C_0 \tag{3-3}$$

2. 微生物对气态烃同位素组成的作用

微生物降解后正构烷烃的同位素变化，一方面与碳数高低密切相关，即低碳数正构烷烃 C、H 同位素分馏大于高碳数正构烷烃；另一方面与微生物降解程度有关，即降解程度越高，同位素分馏越大。而在同样的降解程度下，正构烷烃的 H 同位素分馏大于 C 同位素分馏。见表 3-1，随着春 50 顶空气中气态烃不断地被土壤微生物利用降解而降低，整个驯化周期时长 15 天，各烷烃组分的同位素分馏明显，甲烷的 $\delta^{13}C$ 从原始的−33.3‰随之驯化升至−27.2‰，乙烷的 $\delta^{13}C$ 从原始的−25.6‰随之驯化升至−23.3‰，丙烷的 $\delta^{13}C$ 从原始的−15.3‰随之驯化升至−10.6‰，丁烷的 $\delta^{13}C$ 从原始的−14.1‰随之驯化升至−12.0‰，各个组分分别提高了 6.1‰、2.3‰和 4.7‰、2.1‰。

表 3-1 春 50 顶空气驯化模拟实验中微生物对气态烃同位素组成变化

时间	CH₄		C₂H₆		C₃H₈		C₄H₁₀	
	浓度/(mg/m³)	δ¹³C/‰	浓度/(mg/m³)	δ¹³C/‰	浓度/(mg/m³)	δ¹³C/‰	浓度/(mg/m³)	δ¹³C/‰
初始	463.6	−33.3	911.9	−25.6	853.7	−15.3	333.6	−14.1
驯化中期	439.2	−33.4	790.3	−24.4	551.6	−11.8	47.0	−12.6
驯化末期	244.2	−27.2	435.1	−23.3	256.5	−10.6	1.2	−12.0

数据分析的第一步为检查该同位素分馏数据是否可以进行瑞利分析。如图 3-37 通过对 4 种组分使用 $\ln(R_t/R_0)$ 对 $\ln(C_t/C_0)$ 作图，进行线性拟合后发现其 R^2 分别为甲烷 0.99、乙烷 0.88、丙烷 0.85、丁烷 0.85，4 种组分基本符合微生物降解单一因素造成同位素分馏，而分子量越高，受到模拟实验中土壤吸附

作用的影响越大，造成其偏离线性程度越大。

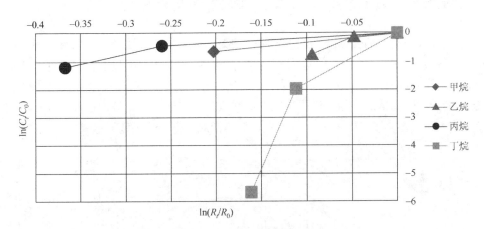

图 3-37　关键油气指示微生物相对丰度随时间变化图

生物降解导致的气态烃同位素分馏程度变化为甲烷>乙烷>丙烷>丁烷，分子量越大的烃类在生物降解过程中产生的同位素分馏效应越小，这是因为同位素分馏效应取决于含有同位素的原子在分子反应部位的不同反应，由重同位素形成的化学键能较高。在进行微生物降解反应过程中，轻同位素被优先利用，重同位素则富集于残余物。对于小分子物质来说，其受到同位素分馏的影响较为显著，使同样降解条件下，低碳数正构烷烃的同位素分馏大于高碳数正构烷烃。微生物作用下的同位素分馏也与微生物代谢途径密切相关，微生物对不同烃类化合物的代谢途径和机理不同，不同的代谢途径造成的同位素分馏差异也很大。微生物降解有机物是复杂的生物化学反应，微生物作用下的同位素分馏在遵循动力同位素分馏的前提下，受到微生物代谢途径、辅酶作用、降解类型与降解程度、有机物性质等诸多因素的影响。然而本书针对驯化后微生物对于同位素的反馈作用，可以发现对于同位素分馏效应，微生物作用明显作为油气地表地球化学勘探技术的补充，可以有效地对地球化学指标进行补充。

第二节　典型油气藏上方油气指示微生物异常特征

【研究思路】第一节研究了理想状态下油气指示微生物经过烃类持续驯化后，数量变化和群落演替规律。实际油气藏环境下，油品类型、地质和地貌条件等对油气微生物个体发育和群落结构的影响尚不明确。本节以胜利油田等典型油气藏为研究对象，采用分子生物学技术对油气藏上方的油气指示微生物群落进行深度识别和解析，挖掘不同地貌和地下油品条件下，敏感性微生物种属及其组合。

一、典型油气藏上方油气指示微生物多样性与群落结构特征

选择济阳拗陷沾化凹陷邵家油田某区块为实验对象（地质和地貌条件详见第四章）。图 3-38 为采样部署。整体思路为：①在油田、气田及背景区各部署 3 个地表钻孔，孔深 2m，采集不同深度的样品，进行微生物及地球化学分析，挖掘油气微生物群落的垂直分布信息，为采样提供依据；②设计一条过油田、气田剖面，总计部署 20 个样点，采样深度为 60cm，分别进行群落指纹分析和油气基因定量。

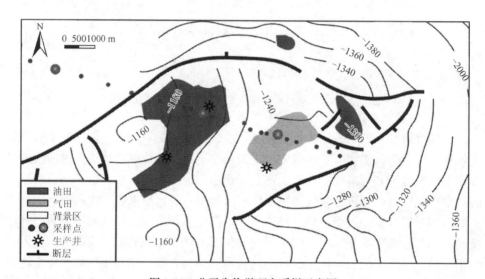

图 3-38　分子生物学研究采样示意图

绿色圆点为 3 个地表深度钻孔研究样点，剖面上其他蓝色小圆点做末端限制性片段多态性分析（T-RFLP）和定量 PCR 分析

（一）油气藏上方微生物群落的磷脂脂肪酸指纹特征

针对油田土壤样品，假设在经过微量烃类持续驯化的微生物群落结构必定会发生某种程度的变化。由于不同种类的微生物代谢途径差异明显，细胞膜结构和组成也不尽相同，因此可以通过解析不同来源样品的磷脂脂肪酸归类图谱，找出关键的油气指示微生物类群。笔者首先将所测的磷脂脂肪酸归类的绝对丰度进行比较，发现不同样品之间的各类型特征磷脂脂肪酸的变化非常混乱，难以分析。事实上，研究初期也认为，由于该区域内气态烃浓度极低（<10mg/m³），在总碳源中的比例微乎其微，造成的群落异常也可能是非常细微的。这与水合物或水热环境等高含烃生境有本质区别，差异不会很显著甚至没有差异。

有趣的是，把土壤样品间的环境差异考虑进来后，用总有机碳（TOC）作为

归一化指标，经过校正并计算各个组分的相对丰度，结果发现油田区、气田区、背景区的差别在某几个关键的微生物类群上差异非常明显。如图 3-39 所示，实验中分析检测出的链长为 $C_{12}\sim C_{20}$ 的可鉴定特征磷脂脂肪酸共有 19 个，进行磷脂脂肪酸归类划分[1-5]，共发现了细菌、耗氧细菌、真菌、甲烷氧化菌、革兰氏阴性菌、硫酸盐还原菌、放线菌等多种磷脂脂肪酸类型。其中，16∶1ω7 和 18∶1ω7 两类磷脂脂肪酸在油气田上明显高于背景区土壤。深度方面，观察到 60cm 以下检测到的磷脂脂肪酸在种类和丰度上显著减少甚至缺失，表明由于受到有机质和氧气浓度的限制，深层样品并不适合进行微生物种群分析。

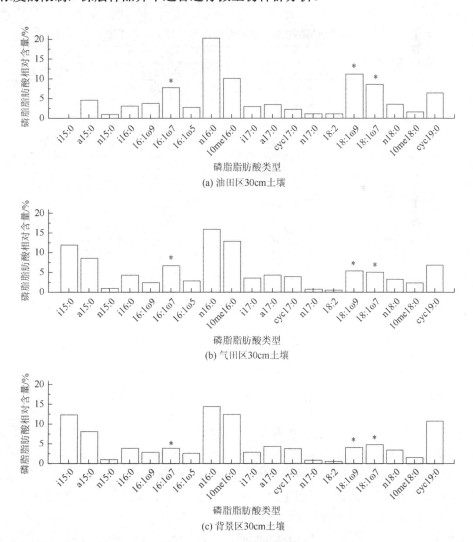

图 3-39　气藏、油藏和背景区表层供试土壤的磷脂脂肪酸的相对百分含量（TOC 校正）

　　为了确证上述两种磷脂脂肪酸的油气指示效果，又对其 $\delta^{13}C$ 进行了测定，由于微生物降解一般优先利用 ^{12}C 的底物，因此有降解活性类群的磷脂脂肪酸的 $\delta^{13}C$ 往往偏轻，这种现象在油气渗漏生活环境中经常出现[6]。所得结果也非常明显地显示，16：1ω7 和 18：1ω7 两类磷脂脂肪酸的 $\delta^{13}C$ 明显低于背景区（表 3-2）。通过参照典型石油污染区的磷脂脂肪酸比对图谱，可以看出 16：1ω7 和 18：1ω7 这两类磷脂脂肪酸的绝对丰度显著高于空白对照区（图 3-40）。张传伦等甚至在墨西哥湾的水合物上方发现 16：1ω7 和 18：1ω7 的摩尔百分比分别高达 53.6%和16.6%，远远高于其他生物标记物[7]。

表 3-2　不同土壤微生物群落磷脂脂肪酸生物标记的 $\delta^{13}C$　　（单位：‰）

磷脂脂肪酸生物标记	$\delta^{13}C$		
	油田土壤	气田土壤	背景区土壤
i15：0	−22.7	−22.8	−22.9
a15：0	−22.7	−22.6	−23.3
n15：0	—	−28.3	−29.2
i16：0	−23.0	−22.7	−22.6
16：1ω9	−16.4	−17.3	−19.0
16：1ω7	−28.0	−29.4	−23.1
16：1ω5	−23.0	−24.9	−25.9
n16：0	−25.8	−25.0	−25.5
10me16：0	−26.0	−23.6	−23.1
i17：0	−24.1	−19.8	−24.0
a17：0	−19.7	−16.1	−23.4
cyc17：0	−27.6	−27.1	−25.7
n17：0	−9.9	−21.5	−21.5
18：1ω9	−24.1	−21.7	−22.5
18：1ω7	−28.8	−26.2	−24.0
n18：0	−23.6	−22.7	−25.9
10me18：0	−24.5	−21.6	−20.6
cyc19：0	−24.7	−24.9	−25.4
STD	−30.1	−30.6	−30.3

　　那么这两类磷脂脂肪酸所代表的微生物类群到底是什么？之前多数文献只显示其属于革兰氏阴性菌。直到 2008 年，稳定性同位素探针（SIP）的发明人 Murrell 采用 SIP-PLFA 耦合分析技术首次明确了 16：1ω7 和 18：1ω7 分别属于Ⅰ型甲烷氧化菌和Ⅱ型甲烷氧化菌[8]，后续有学者补充了这一结论，认为这两类磷脂脂肪酸还包括革兰氏阴性的烃氧化菌。近来已有研究将 16：1ω7 和 18：1ω7 认定为革兰氏阴性菌的 γ-变形菌亚门（γ-Proteobacteria）。例如，16：1ω7 一般认为属于 γ-变形菌亚门中的甲烷氧化菌，而 18：1ω7 则是 γ-变形菌亚门中的假单胞菌[5]。这两类特征

性的磷脂脂肪酸所代表的微生物在 DNA 水平呈现相同的趋势。

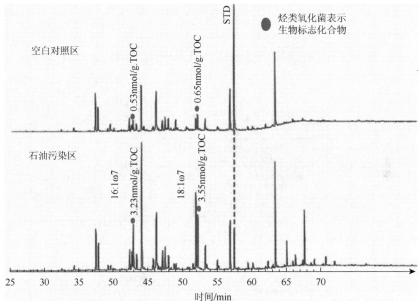

图3-40 典型石油污染区与空白对照区的磷脂脂肪酸图谱比对

（二）气指示甲烷氧化菌群落结构特征

1. 油气田上方甲烷氧化菌多样性分析

通过与相关文献比较，这些克隆在湖底沉积物、海底油气渗漏点、水稻根系、垃圾填埋场、活性污泥等好氧或兼氧生境中均有报道。对所挑取的总共 155 个克隆子做的系统发育分析后可以看出，沾化油区的甲烷氧化菌多样性比较高，基本覆盖了所有已知的中温菌，这些甲烷氧化菌包括 *Methylobacter*、*Methylomonas*、*Methylomicrobium*、*Methylococcus*、*Methylocaldum*、*Methylocystis* 和 *Methylosinus*，除此之外还有大量的未培养微生物（图 3-41）。对三个文库进行综合分析，其中 *Methylobacter* 是丰度最大的菌群（26%），其次是 *Methylomonas*（18%）和 *Methylocystis*·（14%），以 *Methylomicrobium* 为最少（7%）。

根据甲烷氧化菌吸收甲烷的代谢途径、细胞形态、休眠阶段类型、胞质内膜精细结构和生理特征的不同，可分类为属于 γ-变形菌亚门（Ⅰ型甲烷氧化菌），包括 *Methylobacter*、*Methylomonas*、*Methylosoma*、*Methylomicrobium*、*Methylococcus*、*Methylocaldum*、*Methylothermus*、甲基盐菌属（*Methylohalobius*）、甲基八叠球菌（*Methylosarcina*）和 *Methylosphaera* 等，它们利用戊糖磷酸核酮糖途径同化甲醛；属于 α-变形菌亚门（Ⅱ型甲烷氧化菌），包括 *Methylocystis*、*Methylosinus*、

Methylocapsa 和 *Methylocella* 等，它们同化甲醛的途径是丝氨酸途径，其占优势脂肪酸为 18-C 脂肪酸，胞内膜分布于细胞壁的周围。

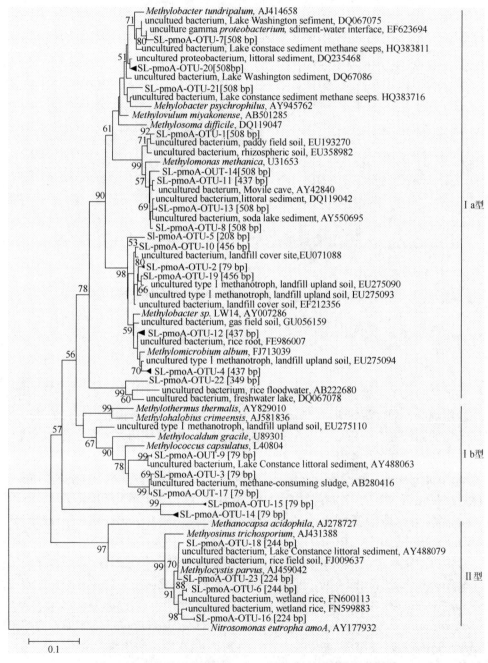

图 3-41 沾化油区甲烷氧化 *pmoA* 基因克隆文库系统发育树

土壤微生物在竞争过程中，通常有两种生态策略[9]。一种是在外界营养丰富条件下，微生物迅速生长繁殖（V_{max}↑），同时底物利用阈值也随之上升（K_m↑）；另一种是在底物浓度极低时，微生物胞内酶系自我调控，把能量消耗降到最低（V_{max}↓），同时底物利用阈值也随之降低（K_m↓）。现在普遍认为，地表土壤中存在两类甲烷氧化菌[10]，一类是在高浓度甲烷的环境下生长的，具有较低的亲和力（K 策略）；另一类是以微渗漏的甲烷为基质，具有较高的亲和力（R 策略）。与之对应，Ⅱ型甲烷氧化菌通常在极端环境土壤中存在（如沙漠、极地等），而且利用大气中的甲烷为主[11, 12]。Ⅰ型甲烷氧化菌则通常在土壤甲烷浓度较高的生境中存在，如森林、沼泽和水稻田土壤中[13-16]。那么在地质历史时期的持续轻烃供应下，油气藏上方的甲烷氧化菌群落是否会从Ⅱ型甲烷氧化菌向Ⅰ型甲烷氧化菌演替呢？

针对这一假设，本书对油田土壤、气田土壤和背景区土壤的 *pmoA* 基因克隆文库进行了分析（图 3-42）。结果发现来自油藏和气藏上方土壤中的甲烷氧化菌群落结构非常相似，与之对应，两点位土壤顶空气和游离气中的甲烷含量均占 90% 以上。背景区土壤与油气藏上方土壤相比，甲烷氧化菌群落结构则呈现了较大的差异，Ⅱ型甲烷氧化菌 *Methylocystis* 和 *Methylosinus* 的相对丰度明显高于油气藏上方土壤，而Ⅰ型甲烷氧化菌 *Methylococcus* 和 *Methylocaldum* 则显著减少。因此，从克隆文库的角度来看，长期的油气微渗漏确实能使甲烷氧化菌群落向Ⅰ型甲烷氧化菌演替，尽管甲烷的浓度很低（＜200mg/m³）。国内研究者[17]最近也对大港油田油气藏上方土壤中 *pmoA* 基因的多样性进行了研究，并提出Ⅱ型甲烷氧化菌 *Methylocystis* 和 *Methylosinus* 是两种可能的气藏指示菌，但并没有给出合理的理论解释，这与本书结论完全相反。分析该文献后笔者发现，该文献仅在气藏上方采集了两个点位，并没有比较背景区与油气藏上方甲烷氧化菌在群落组成和基因丰度上的差异。因此，可能说明该区域内的本源Ⅱ型甲烷氧化菌丰度较高。

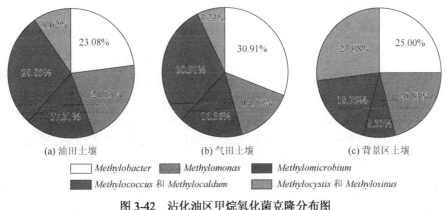

(a) 油田土壤   (b) 气田土壤   (c) 背景区土壤

☐ *Methylobacter*   *Methylomonas*   *Methylomicrobium*
Methylococcus 和 *Methylocaldum*   *Methylocystis* 和 *Methylosinus*

图 3-42   沾化油区甲烷氧化菌克隆分布图

由于数据四舍五入，加和不为 100%

2. 甲烷氧化菌群落解析

与克隆文库相对应（图 3-43），T-RFLP 图谱中有 9 个主要片段（79bp、98bp、196bp、200bp、244bp、349bp、437bp、456bp 和 508bp）。通过虚拟酶切，与克隆文库的 OUT 对应关系如下：79bp 的 T-RF 对应 *Methylococcus* 和 *Methylocaldum*，244bp 的 T-RF 对应 *Methylocystis* 和 *Methylosinus*，349bp 的 T-RF 对应 uncultured type Ⅰ methanotrophs，456bp 的 T-RF 对应 *Methylomicrobium*，437bp 的 T-RF 对应 *Methylomonas*，508bp 的 T-RF 对应 *Methylobacter*。其余 98bp、196bp、200bp 的片段未在文库中找到对应的克隆子，可能是 PCR 反应引入的非特异性片段造成的[18]。

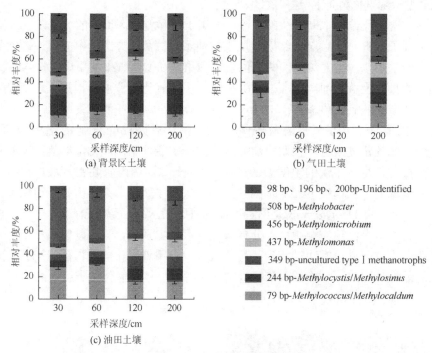

图 3-43　甲烷氧化菌在不同油气属性区的垂直分布特征

本图为各种群（T-RF）占总甲烷氧化菌群落的相对丰度

1）甲烷氧化菌群落的垂直分布

首先在油田、气田及背景区分别部署了 3 个地表钻孔，孔深 2m，采集不同深度的样品，旨在掌握油气微生物的垂直分布信息，为采样提供依据。结果发现，甲烷氧化菌在 3 类不同来源的土壤中差异较为明显，这种差异并不表现在种群类型上，而是表现为种群相对丰度的变化。如图 3-43 所示，79bp 代表的 *Methylococcus* 和 *Methylocaldum* 与 244bp 代表的 *Methylocystis* 和 *Methylosinus* 在不同来源及不同深度的土壤样品中都呈现出强烈的消长关系。这就印证了克隆文库的结果，即油气藏上方的Ⅰ型甲烷氧化菌的相对丰度高于背景区，而Ⅱ型甲烷氧化菌则相反。该结果与先前的同类研究也非常吻合，在水稻根系、森林土壤、垃圾填埋场等[15,19,20]甲烷含量较高的生活环境中，Ⅰ型甲烷氧化菌大多是绝对优势菌，某些情况下甚至检测不到Ⅱ型甲烷氧化菌的存在[21]。在本书中，虽然上浮轻烃的通量和浓度相对较低，但在一定程度上也促成了Ⅱ型甲烷氧化菌向Ⅰ型甲烷氧化菌的演替。据报道，*Methylococcus*是一类对甲烷高度敏感的类群[22]，笔者在对油气藏上方的甲烷富集培养物中也发现并分离了大量的球状细菌。由此可以推断，在该区域范围内*Methylococcus*可能是一种良好的油气指示微生物。此外，随着采样深度的增加，Ⅱ型甲烷氧化菌*Methylocystis*和*Methylosinus*在3类土壤样品中都呈现了逐渐增加的趋势。原因在于，采样深度增加，溶氧浓度也会随之降低，而Ⅱ型甲烷氧化菌相比Ⅰ型甲烷氧化菌，对不利环境的耐受能力要高得多。因此，若采样深度过深，其群落结构会由于溶氧等非底物因素的影响而发生变化，从而最终影响分子勘探的准确度。

2）甲烷氧化菌群落的水平分布

为全面地了解甲烷氧化菌在长期地质历史时期的演替情况，本书对标准化后的T-RFLP数据进行了多元统计分析（图3-44）。排序图符号解释：箭头表示物种，

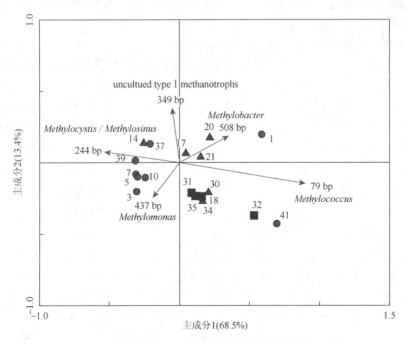

图3-44　甲烷氧化菌群落排序图

箭头方向代表物种增加方向，箭头长度代表与排序图轴关系的强弱。其中▲、■、●分别为油田土壤、气田土壤和背景区土壤

箭头所处的象限表示物种与排序轴之间的正负相关性，箭头连线的长度代表着某个物种与研究对象分布相关程度的大小，连线越长，代表该物种对研究对象的分布影响越大。箭头连线与排序轴的夹角代表某个物种与排序轴的相关性大小，夹角越小，相关性越高。首先对 T-RFLP 数据矩阵进行了典范对应分析（CCA）排序，但效果不佳。第一轴长度小于 3.0，表明使用线性模型 PCA（主成份分析）的效果要好于 CCA 分析[23]。因此，本书采用线性 PCA 分析细菌群落演替。蒙特·卡罗方法测试表明第一轴和所有轴可以解释细菌群落结构变化的显著性差异。具体种群变化讨论如下。

由图 3-44 可知，不同油气属性土壤样品的聚类特性表现得较为明显。经过地质历史时期的微量轻烃连续驯化，油气藏上方的甲烷氧化菌群落发生了演替，79bp 所代表的 *Methylococcus* 和 508bp 代表的 *Methylobacter* 就是推动这种演替变化的关键种群。在对照簇中，244bp、349bp 和 437bp 代表的 *Methylocystis*、*Methylosinus*、uncultured type I methanotrophs 及 *Methylomonas* 则表现出对微量甲烷的高度敏感性。据文献[24]报道，荚膜甲基球菌（*Methylococcus capsulatus*）常常被作为研究"methane-fixing symboints（甲烷固定共生体）"的模式菌株，这些都得益于其独特的生态特性。荚膜甲基球菌经常出现于垃圾填埋场、瘤胃和油气藏等高甲烷浓度的生境中[25]。对于其原位的生理生化特性，需应用稳定性同位素探针进行验证。

　　3）甲烷氧化菌的稳定性同位素探针示踪

技术流程：采用稳定性同位素 ^{13}C 示踪勘探样品中甲烷氧化菌核酸 DNA，获得勘探样品土壤微生物总 DNA 后，进行超高速离心并得到不同浮力密度 DNA（图 3-45），利用微生物 16S rRNA 基因通用引物，通过 454 焦磷酸测序技术分析由轻到重不同浮力密度 DNA 微生物物种组成的变化规律，通过与对照处理相比，同化了标记底物的甲烷氧化菌 ^{13}C-DNA 由于浮力密度增加而迁移至重浮力密度梯度区带，并在重浮力密度 DNA 中高度富集。进一步采用微生物 16S rRNA 基因的通用引物，针对不同浮力密度 DNA 包括 ^{13}C-DNA 进行高通量测序，分析不同浮力密度 DNA 的所有微生物组成，从中检测甲烷氧化菌占所有微生物的相对丰度，推测甲烷氧化菌的油气指示意义。

采用 ^{12}C-甲烷和 ^{13}C-甲烷微宇宙培养 18 天后，油藏近地层上方的 3 个勘探样品甲烷氧化较为完全，表明其中的甲烷氧化菌 DNA 可能成功富集了 ^{13}C-稳定性同位素。选取 3 个典型勘探样品，油藏-B14、油藏-B16、油藏-B18，进行微宇宙培养。设置了 3 个真重复、6 个处理（3 个 ^{13}C-甲烷培养处理、3 个 ^{12}C-甲烷培养处理），获得了勘探土壤样品基因组 DNA 并进行了超高速密度梯度离心，每个样品获得大约 14 个不同浮力密度 DNA，对不同浮力密度 DNA 进行纯化并去除氯化铯介质后，利用甲烷氧化菌的功能基因 *pmoA* 引物，对不同浮

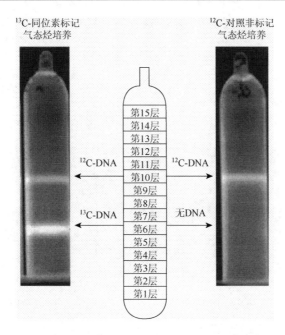

^{13}C-同位素标记　　　　　　　　　　^{12}C-对照非标记
气态烃培养　　　　　　　　　　　　气态烃培养

图 3-45　氯化铯密度梯度离心后 DNA 分层示意图

力密度 DNA 中的甲烷氧化菌进行实时荧光定量 PCR 分析。如图 3-46 所示，结果表明：油藏近地表上方土壤 DNA 样品中含有大量的 ^{13}C-甲烷氧化菌 DNA。主要依据是超高速密度梯度离心后，^{12}C-甲烷对照处理的 *pmoA* 功能基因最大值出现在浮力密度约为 1.72g/mL 的 DNA 中（轻层）；与之相反，^{13}C-甲烷标记处理样品的 *pmoA* 功能基因最大值出现在浮力密度约为 1.74g/mL 的 DNA 中，甲烷氧化菌的 DNA 浮力密度明显不同，两者高峰明显分开，表明 ^{13}C-甲烷处理中，甲烷氧化菌核酸 DNA 被 ^{13}C-所标记，并通过超高速离心进入离心试管的下部，与 ^{12}C-DNA 明显分开。油藏近表层上方 30～60cm 勘探样品的 3 个重复都得到了类似结果，表明甲烷氧化菌同化了大量 ^{13}C-稳定性同位素生长，具有油气指示的潜力。

　　据此，为了进一步分析油气指示甲烷氧化菌的种类，以 3 个 ^{13}C-甲烷标记处理的 ^{13}C-DNA 为模板，构建了 *pmoA* 功能基因的克隆文库，并进行系统发育树分析。针对油藏近地表 ^{13}C-甲烷标记的 3 个勘探样品，如图 3-46 所示，超高速离心获得 ^{13}C-DNA 后，以 ^{13}C-DNA 为模板，以甲烷氧化菌的通用引物扩增甲烷氧化过程的关键基因 *pmoA*，并对 *pmoA* 基因的扩增子进一步构建克隆文库，获得克隆编号分别为：A1～A18（油藏-B14）、B1～B18（油藏-B16）、C1～C18（油藏-B18）。利用 NCBI-Blast 进行序列比对，与数据库中的 28 条相似序列共同构建 ^{13}C-DNA 甲烷氧化菌的系统发育树进行分类学研究（图 3-47）。其中，OTU-1～7（包括

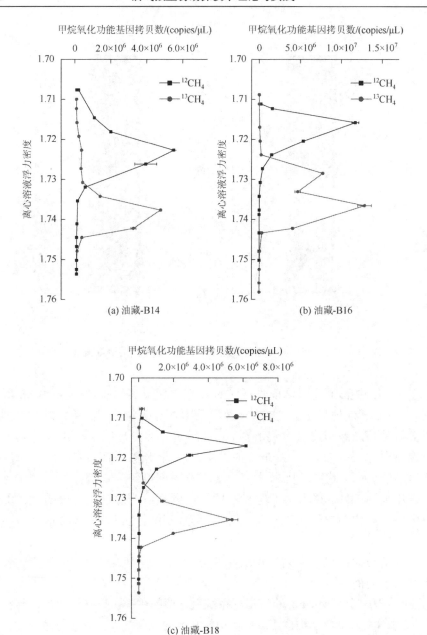

图 3-46　3 个油藏上方采样点的土壤 DNA 分层样品的 *pmoA* 功能基因的数量变化规律

44 个 ^{13}C-DNA 的 *pmoA* 基因序列）属于 I 型甲烷氧化菌，约占甲烷氧化菌总量的 81%，是该油藏区域的优势菌种，与韩平等[26]、满鹏等[27]在胜利油田的研究结果一致，而 OTU-8～9（包括 10 个 ^{13}C-DNA 的 *pmoA* 基因序列）属于 II 型甲烷氧化菌；同时 OTU-9（A13）未发现同源性大于 **80%**的相似序列，初步推测可能是未知的甲烷氧化菌新种。

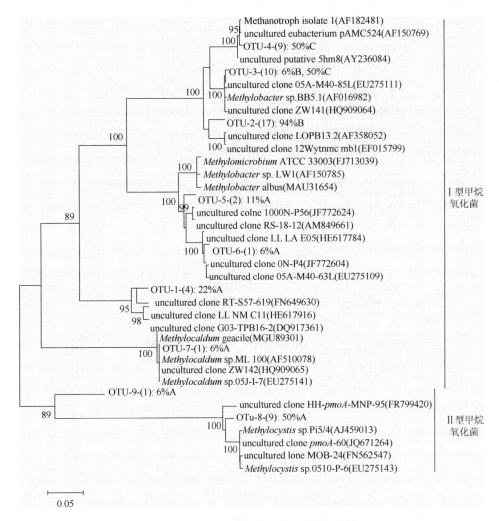

图 3-47　*pmoA* 功能基因序列系统发育树

OTU 代表 *pmoA* 基因的操作分类单元；以 OTU-1-(4):22%A 为例，克隆文库的含义为 A 样品 ^{13}C-DNA 构建的 *pmoA* 操作单元 OUT-1 中含有 4 个克隆序列，其序列相似度大于 99%，而且这 4 条序列占 A 样品中 *pmoA* 克隆序列的 22%；其中 A、B 和 C 分别对应油藏-B14、油藏-B16、油藏-B18，各含 18 个单克隆序列

　　NCBI-Blast 比对结果表明，28 条相似序列中的绝大多数 *pmoA* 基因能够确定种属。约 81%的目的 ^{13}C-DNA 克隆序列为 I 型甲烷氧化菌，则 I 型甲烷氧化菌为优势菌种。67%的目的 ^{13}C-DNA 克隆序列与 *Methylobacter* 较为相似；14%的目的 ^{13}C-DNA 克隆序列与 *Methylomicrobium* 和 *Methylocaldum* 较为相似；19%的目的 ^{13}C-DNA

克隆序列为Ⅱ型甲烷氧化菌，即 α-变形菌亚门的甲基孢囊菌科（Methylocystaceae），与 Methylocystis 较为相似。

见表 3-3，目的 ^{13}C-DNA 克隆序列的相似序列大多来自于垃圾填埋地、水稻土、湖底（海湾口）沉积物等，还有少数来自湿地环境、水体、盐碱地当中。例如，相似序列 uncultured clone LL-NM-C11、uncultured clone 05A-M40-85L、uncultured clone ZW141 等分别来自瑞士、中国台湾和河北涿州等地的垃圾填埋地，其中台湾的垃圾填满地已知为偏碱性环境，其余的未知；其次 uncultured clone RT-S57-619、uncultured clone 1000N-P56、uncultured clone RS-18-12、Methylocystis sp. Pi5/4 等均来自偏酸性环境；unculturedeubacterium pAMC524、Methanotroph 'isolate 1'等来自湖底、海湾口的沉积物，基本为厌氧环境。

表 3-3　目的 ^{13}C-DNA 样品相似序列

OUT 分类（数目）	克隆序列编号	相似序列	序列号	来源
OTU-1（4）	A1、A2、A8、A10	uncultured clone LL-NM-C11	HE617916	垃圾填埋地，瑞士
		uncultured clone G03-TPB16-2	DQ917361	pH 较低并含少量铜离子的地下水
		uncultured clone RT-S57-619	FN649630	水稻根土
OTU-2（17）	B1、B2、B3、B4、B5、B6、B7、B8、B11、B12、B13、B14、B15、B16、B17、B18、C5	uncultured clone 12Wytnmc-mb1	EF015799	潜育化土壤，英国 Wytham 村
		uncultured clone LOPB13.2	AF358052	沼泽地，英国 Sufflok 郡
		Methylobacter sp. BB5.1	AF016982	—
OTU-3（10）	B9、B10、C2、C4、C7、C9、C12、C14、C15、C16	uncultured clone ZW141	HQ909064	半好氧的垃圾填埋地，中国涿州
		uncultured clone 05A-M40-85L	EU275111	垃圾填埋地，中国台湾
OTU-4（9）	C1、C3、C6、C8、C10、C11、C13、C17、C18	uncultureddeubacteriumpAMC524	AF150769	华盛顿湖底沉积物
		Methanotroph 'isolate 1'	AF182481	海湾口沉积物
		uncultured putative 5hm8	AY236084	碱湖
		uncultured clone 1000N-P56	JF772624	水稻土，中国杭州
OTU-5（2）	A5、A17	uncultured clone RS-18-12	AM849661	水稻根际土
		Methylomicrobium ATCC 33003	FJ713039	泥土水
		Methylobacter sp. LW1	AF150785	华盛顿湖底泥
		Methylobacter albus	MAU31654	—

续表

OUT 分类（数目）	克隆序列编号	相似序列	序列号	来源
OTU-6（1）	A16	uncultured clone 0N-P4	JF772604	水稻土，中国杭州
		uncultured clone LL-LA-E05	HE617784	垃圾填埋地，瑞士
		uncultured clone 05A-M40-63L	EU275109	垃圾填埋地
OTU-7（1）	A4	uncultured clone ZW142	HQ909065	半好氧的垃圾填埋地，中国涿州
		Methylocaldum gracile	MGU89301	硝酸盐碱地
		Methylocaldum sp. ML100	AF510078	—
		Methylocaldum sp. 05J-I-7	EU275141	垃圾填埋地
OTU-8（9）	A3、A6、A7、A9、A11、A12、A14、A15、A18	uncultured clone *pmoA*-60	JQ671264	水稻根际土，中国
		uncultured clone MOB-24	FN562547	水稻土
		Methylocystis sp. 0510-P-6	EU275143	垃圾填埋地
		Methylocystis sp. Pi5/4	AJ459013	菲律宾水稻土
		uncultured HH-*pmoA*-MNP-95	FR799420	土壤,中国黑龙江黑河
OTU-9（1）	A13	—	—	—

注：A、B 和 C 各包含 18 个单克隆序列，分别来自油藏上方近表面土壤样品油藏-B14、油藏-B16 和油藏-B18；"—"代表无结果

进一步采用微生物 16S rRNA 基因的通用引物，针对不同浮力密度 DNA 包括 ^{13}C-DNA 进行高通量测序，分析不同浮力密度 DNA 的所有微生物组成，从中检测甲烷氧化菌占所有微生物的相对丰度，初步推测甲烷氧化菌的油气指示意义。如图 3-48 所示，横坐标 4～14 代表不同浮力密度 DNA，数字越小，浮力密度越重。例如，Fraction-4 所代表的 DNA 浮力密度最重，Fraction-14 的浮力密度最轻。红色曲线代表 ^{12}C-甲烷对照培养样品；蓝色曲线代表 ^{13}C-甲烷标记培养样品。纵坐标代表不同浮力密度 DNA 中甲烷氧化菌占所有微生物的比例，通过比较 ^{13}C-标记处理和 ^{12}C-对照处理不同浮力密度 DNA 中的甲烷氧化菌相对丰度，结果表明，3 个油藏勘探样品中标记的目标甲烷氧化菌具有明显的差异。

见表 3-4，^{12}C-对照 DNA 样品中，仅有个别重浮力密度 DNA 中甲烷氧化菌百分比略大于 1%，而 ^{13}C-标记样品重浮力密度 DNA 中，甲烷氧化菌的比例都大于 9%，标记油藏样品中甲烷氧化菌得到较好地标记，同时，甲烷氧化菌 ^{13}C-标记程度越高，其指示意义越强。

表 3-4　稳定性同位素 ^{13}C 示踪胜利油田典型油藏近地表勘探样品甲烷氧化菌核酸 DNA 结果

处理	DNA编号	DNA浮力密度	Methylob-acterium	Meth-ylocystis	Methyl-osinus	Meth-ylobacter	Meth-ylocaldum	Meth-ylococcus	Methy-lohalobius	Methyl-omicrobium	Meth-ylosarcina	Meth-ylosoma
油藏-B14-1（标记处理）	8	1.7308	0.00%	0.05%	0.29%	0.00%	0.05%	0.05%	0.00%	0.03%	0.05%	0.03%
	7	1.7342	0.00%	0.43%	11.93%	0.07%	0.27%	0.00%	0.00%	0.33%	0.67%	0.03%
	6	1.7377	0.00%	0.61%	41.77%	0.00%	2.64%	0.00%	0.00%	2.51%	6.36%	0.07%
	5	1.7422	0.00%	0.29%	50.23%	0.06%	1.78%	0.00%	0.00%	1.90%	9.26%	0.00%
油藏-B14-1（对照处理）	7	1.7319	0.00%	0.00%	0.40%	0.00%	0.04%	0.02%	0.04%	0.00%	0.08%	0.00%
	6	1.7354	0.06%	0.00%	1.23%	0.00%	0.03%	0.00%	0.00%	0.00%	0.14%	0.00%
	5	1.7411	0.00%	0.00%	0.06%	0.00%	0.03%	0.00%	0.00%	0.00%	0.03%	0.00%
油藏-B16-2（标记处理）	7	1.7365	0.00%	0.00%	19.16%	0.00%	0.00%	0.00%	0.04%	0.00%	0.00%	0.04%
	6	1.7422	0.00%	0.00%	51.17%	0.48%	0.00%	0.00%	0.00%	0.00%	0.05%	0.00%
	5	1.7434	0.00%	0.00%	56.12%	1.08%	0.00%	0.00%	0.00%	0.20%	0.00%	0.00%
油藏-B16-2（对照处理）	8	1.7308	0.00%	0.00%	0.00%	0.32%	0.02%	0.00%	0.04%	0.00%	0.00%	0.04%
	7	1.7342	0.00%	0.00%	0.00%	0.27%	0.00%	0.07%	0.00%	0.00%	0.00%	0.00%
	6	1.7377	0.04%	0.00%	0.00%	0.57%	0.00%	0.04%	0.00%	0.00%	0.00%	0.00%
	5	1.7388	0.00%	0.00%	0.00%	0.84%	0.03%	0.03%	0.07%	0.00%	0.00%	0.07%
油藏-B18-3（标记处理）	8	1.7308	0.00%	0.00%	0.00%	0.51%	0.00%	0.07%	0.10%	0.00%	0.00%	0.02%
	7	1.7354	0.00%	0.03%	0.00%	9.02%	0.00%	0.06%	0.12%	0.00%	0.00%	0.03%
	6	1.7388	0.00%	0.00%	0.00%	30.43%	0.00%	0.00%	0.00%	0.00%	0.11%	0.00%
	5	1.7422	0.00%	0.00%	0.00%	23.31%	0.00%	0.08%	0.00%	0.00%	0.36%	0.00%
油藏-B18-3（对照处理）	8	1.7308	0.00%	0.00%	0.00%	0.31%	0.00%	0.15%	0.22%	0.00%	0.00%	0.00%
	7	1.7342	0.02%	0.00%	0.00%	0.41%	0.00%	0.14%	0.48%	0.00%	0.00%	0.00%
	6	1.7388	0.00%	0.00%	0.00%	1.64%	0.00%	0.17%	0.10%	0.00%	0.00%	0.00%

百分比越高，指示意义越强

对于 B14 油藏样品，Ⅱ型甲烷氧化菌标记程度最高，约为 50%，与图 3-48和表 3-3 的结果一致。甲烷氧化菌 *pmoA* 功能基因文库的结果一致（OTU-8-（9）：50%A）；甲烷氧化菌标记程度依次为：甲基弯菌属（*Methylosinus*）＞甲基八叠球菌属（*Methylosarcina*）＞甲基暖菌属（*Methylocaldum*）＞甲基微菌属（*Methylomicrobium*）；对于 B16 油藏勘探样品，Ⅰ型甲烷氧化菌标记程度最高，

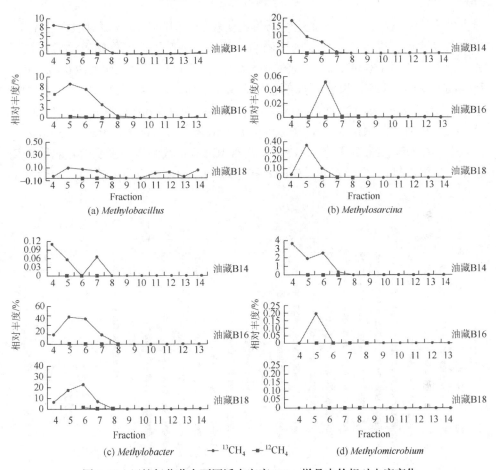

(a) *Methylobacillus*　　　　　　(b) *Methylosarcina*

(c) *Methylobacter*　→ $^{13}CH_4$　→ $^{12}CH_4$　(d) *Methylomicrobium*

图 3-48　甲烷氧化菌在不同浮力密度 DNA 样品中的相对丰度变化

Methylobacter 的标记程度高达 56%，甲烷氧化菌标记程度依次为：*Methylobacter*＞
Methylocaldum；对于油藏-B18 样品，标记程度最高的甲烷氧化菌为Ⅰ型甲烷氧化
菌——甲基杆菌属（*Methylobacter*），与油藏-B16 样品相同，然而，与其他两个油
藏样品不同的是：油藏-B18 样品中其他甲烷氧化菌的标记程度都很低，不足 1%，
表明该样品中甲烷氧化菌的组成较为单一。

　　根据 454 焦磷酸测序结果，并计算每个样品中甲烷氧化菌占总体微生物的百
分比。甲烷氧化菌占勘探样品微生物群落的比例较低，对于所有的勘探样品，甲
烷氧化菌的比例最高不超过 3‰。这一结果从侧面说明：油气藏资源形成的长期地
质历史过程中，甲烷氧化菌并没有成为微生物群落的优势微生物种群。这一结果
与目前被广泛接受的轻烃微渗漏策略吻合，即油气藏向近地层转运的轻烃浓度极
低，仅在 mg/m^3 浓度级别。因此，由于轻烃浓度极低，很难使甲烷氧化菌快速生
长成为优势种群。

　　尽管甲烷氧化菌占总体微生物群落比例较低，但与非油气藏对照样品相比，油藏和气藏近表层甲烷氧化菌的比例明显较高，表明甲烷氧化菌对油藏和气藏具有指示意义（图 3-49）。高通量测序结果表明：Ⅰ 型甲烷氧化菌（*Methylobacter* 和 *Methylophaga*）可能具有较好的指示意义。例如，3 个对照勘探样品中都无法检测到 *Methylobacter*，然而，3 个油气藏重复中，*Methylobacter* 在两个重复中出现，同时在油井勘探样品中也检测到了 *Methylobacter*。此外，*Methylophaga* 在油藏中的相对丰度最高可达 0.27%，这与 T-RFLP 指纹结果高度吻合，表明在该区域 Ⅰ 型甲烷氧化菌（*Methylobacter* 和 *Methylophaga*）有着非常明显的油气指示意义。

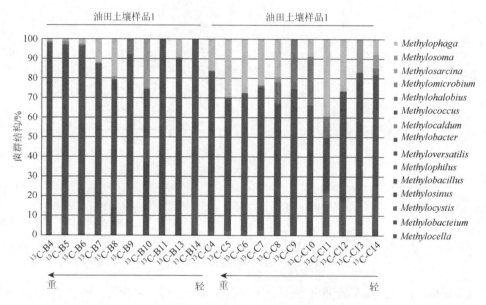

图 3-49　不同浮力密度 DNA 样品的甲烷氧化菌群落结构

3. 甲烷氧化菌定量解析

1）甲烷氧化菌种群数量的垂直分布

　　首先对油田、气田及背景区的 3 个地表钻孔进行考查，了解油气微生物种群数量的垂直分布信息，指导采样。如图 3-50 所示，气指示基因 *pmoA* 的数量均随着采样深度的增加而逐渐减少，30cm 表层土壤中的油气基因甚至比 200cm 深处要高 70 倍，说明溶解氧浓度对于油气微生物的生长繁殖至关重要。该结果与先前的研究非常吻合，在地表土壤、沉积物、垃圾填埋场、海底油气渗漏点等生境中[19, 28-32]，甲烷氧化菌和烃氧化菌均呈现了类似的垂直分布特性。值得注意的是，在 30cm 土壤浅层，地表环境的干扰较大，营养物质易产生波动。高有机质很容易造成局部厌氧或兼性环境，产生后生甲烷气体，影响气指示基因 *pmoA* 的准确性。

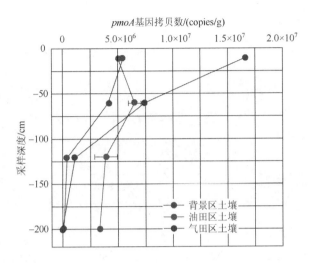

图 3-50　甲烷氧化基因 *pmoA* 的深度变化

2）油气微生物种群数量的水平分布

为评估油气基因是否适合快速诊断和识别油气藏，采集了图 3-38 中一条穿过油气藏剖面的样品，采用定量 PCR 技术对气指示基因 *pmoA* 的基因丰度基于油气藏的生物地理学分布进行了初步研究。如图 3-51 所示，甲烷氧化基因 *pmoA* 在油气田上方显示出明显的高值区，非油气区为明显的低值区。经移动平均化后，对地下油藏和气藏均有较好的指示效果，且边界清晰。传统微生物勘探理论认为甲烷氧化菌仅能指示天然气藏，而从结果可以看出，甲烷氧化基因 *pmoA* 既可以指示气藏，同时可以很好地指示甲烷气含量较高的油藏。

（三）油指示烃氧化菌群落结构特征

1. 烃氧化菌多样性分析

分别在沾化实验区的油田区、气田区和背景区分别建立了 3 个基于 *alkB* 基因的克隆文库。对所挑取的总共 136 个克隆子做的系统发育分析后可以看出，沾化油区的烃氧化菌多样性较高，基本覆盖了已分离的气态烃氧化菌。其中超过一半的克隆属于不动杆菌属（*Acinetobacter*）或海洋石油烃降解细菌的属于 γ-变形菌亚门的柴油食烷菌（*Alcanivorax dieselolei*）和海杆菌（*Marinobacter aquaeolei* VT8）。

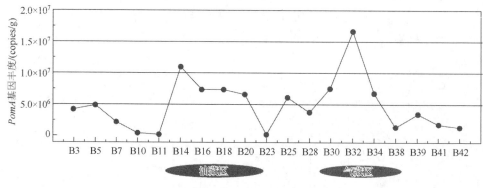

(a) 过油气剖面的*PmoA*定量PCR数据曲线

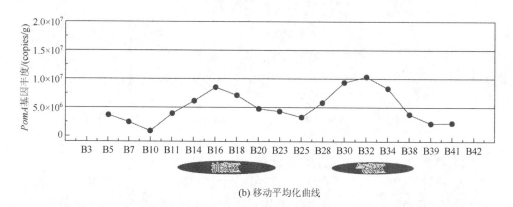

(b) 移动平均化曲线

图 3-51　过油气剖面的 *pmoA* 定量 PCR 数据曲线和移动平均化曲线

有趣的是，只有一小部分克隆属于革兰氏阳性的放线菌，如 *Rhodococcus*、*Mycobacterium* 和 *Nocardia*，而放线菌一般被认为具有气态烃降解能力[33, 34]。除此之外还有大量的未培养微生物，如图 3-52 中的集群 A，这一簇的烃氧化菌与 GenBank 中已知菌的氨基酸序列差异较大。

2. 烃氧化菌群落解析

与克隆文库相对应, T-RFLP 图谱中有 7 个主要片段（33bp、70bp、74bp、120bp、133bp、142bp 和 340bp）。通过虚拟酶切，其中 5 个酶切片段对应单个微生物类群：33bp 的 T-RF 对应咸水球形菌属（*Salinisphaera*）；70bp 的 T-RF 对应深海食烷菌属（*Alcanivorax*）；120bp 的 T-RF 对应未培养的 Actinobacteria；142bp 的 T-RF 和 340bp 的 T-RF 则对应尚未分类的正构烷烃降解菌；74bp 的 T-RF 对应大多是 γ-变形菌亚门中的 *Acinetobacter*，但也包含少量的油气渗漏点未培养物；133bp 的 T-RF 对应革兰氏阳性的 *Rhodococcus* 和 *Mycobacterium*。

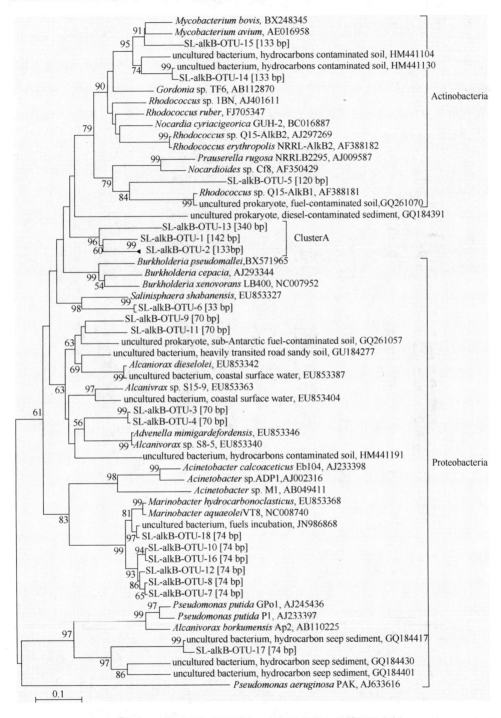

图 3-52　沾化油区烃氧化菌 *alkB* 基因克隆文库系统发育树

1）烃氧化菌群落的垂直分布

与甲烷氧化菌类似，首先在油田、气田及背景区分别部署了 3 个地表钻孔，孔深 2m，采集不同深度的样品，旨在掌握烃氧化菌的垂直分布信息。结果发现，烃氧化菌在 3 类不同来源的土壤中差异较为明显，这种差异并不表现在种质上，而是表现为种群相对丰度的变化。如图 3-53 所示，在背景区内，133bp 代表的 *Rhodococcus* 和 *Mycobacterium* 的相对丰度较高，占到总烃氧化群落的 32%～45%。与之对应，在油气藏上方土壤中，这些革兰氏阳性的放线菌明显减少，其生态位逐渐被革兰氏阴性的 *Alcanivorax* 和 *Acinetobacter* 所占据。油田上方的这种趋势比气田上方更明显。

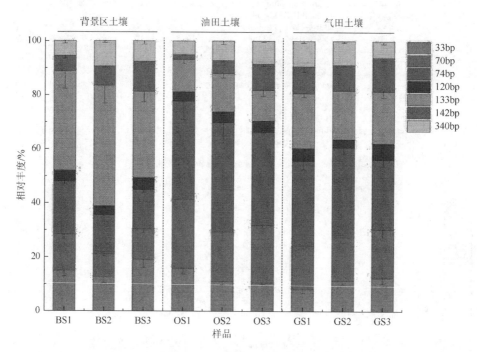

图 3-53　烃氧化菌在不同油气属性区的垂直分布特征

BS 为背景区土壤；OS 为油田土壤；GS 为气田土壤；图为各种群（T-RF）占总烃氧化菌群落的相对丰度

2）烃氧化菌群落的水平分布

多元统计分析的结果进一步显示油气藏上方与背景区样品在烃氧化菌群落呈现出明显的差异，尽管油田和气田暂时无法分开（图 3-54）。133bp 代表的放线菌属的 *Rhodococcus* 和 *Mycobacterium* 在非油气藏样品的方向载荷较大，而革兰氏阴性的 70bp（*Alcanivorax*）、74bp（*Acinetabacter*），则与油气藏样品分布呈正相关关系，是微量持续轻烃长期驯化造成演替的关键类群。

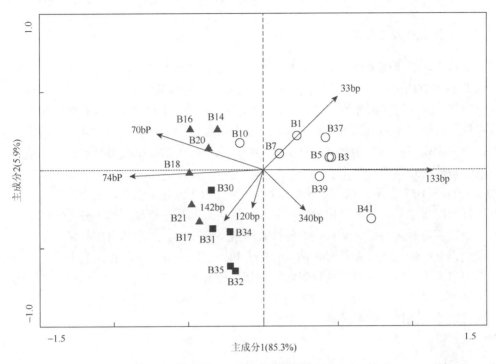

图 3-54　烃氧化菌群落排序图

箭头方向代表物种增加方向，箭头长度代表与排序图轴关系的强弱。其中▲、■、○分别为油田土壤、气田土壤和背景区土壤

　　为何油气藏上方会出现这种革兰氏阳性烃氧化菌向革兰氏阴性烃氧化菌演替的现象呢？如前所述，革兰氏阳性的放线菌类（CNMR 族）一向被人们认为是气态烃或者短链烃的主要降解者[33, 34]。但是，放线菌占优势的情况在其他非烃影响的土壤中也时有出现[35, 36]，原因在于放线菌代谢途径的多样性和复杂性，既可以利用气态烃类，在条件适宜的情况下还能利用其他的有机物[37]。这就是为什么，在背景区的克隆文库中也能检测到大量的放线菌存在（图 3-55）。中链和长链的烃类（C_{13+}）长期被人们认为很难运移至地表，因此被大多数的地表化学勘探所忽略。然而，最近 Gore 公司通过高灵敏度的纳米吸附丝技术成功地在地表检测到了碳数为 2～20 的烷烃的挥发性烃类[38]，表明这些重烃在地质历史尺度也能缓慢运移至地表。有趣的是，革兰氏阴性的 *Alcanivorax* 和 *Acinetobacter* 据报道经常在这些重烃富集生境中被检测到，如海洋烃类渗漏区[39]和重油泄露污染区[40]。从这个角度来说，革兰氏阴性的烃氧化菌的特异性更强，可能是非常好的油气指示微生物。下一步将以 mRNA 为研究对象，通过高通量测序技术解析原位实际具备烃氧化活性微生物的类群分布，验证以上的假设。

3. 烃氧化菌定量解析

与甲烷氧化菌类似，采集了图 3-38 中一条通过油气藏的剖面样品，采用定量 PCR 技术对油指示基因 *alkB* 丰度基于油气藏的生物地理学分布进行了初步研究。但与甲烷氧化菌基因稍有不同的是，油指示基因 *alkB* 绝对丰度的分布比较混乱并不能很好地指示油气藏的位置。因此，推断可能是由于烃氧化菌的兼性造成的，在研究中定量了总细菌数量（16S rRNA），通过两者的比值有效地屏蔽了环境异质性造成的影响。

如图 3-55 所示，油指示基因 *alkB* 在油气田上方显示出明显的高值区，非油气区为明显的低值。但是出乎意料的是，游离烃和顶空轻烃在油气藏上方的土壤中相较于背景区很低甚至有些点位很难测出（表 3-5）。推测这可能就是由于油气藏上方是甲烷氧化菌和烃氧化菌氧化的"热点（hotspot）"，在烃类上浮通量较低的情况下，很容易造成这种现象。相似的效应在海洋油气渗漏点的研究中也有发现[39]。从这一点来看，定量油气基因的丰度与其他油气地球化学指标配合使用将有效地提高勘探的准确性和可信度。

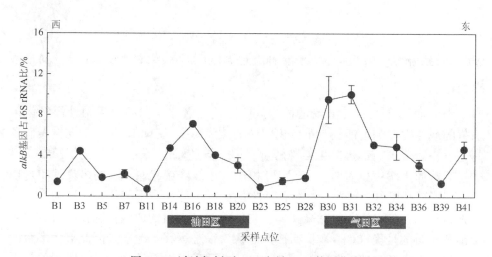

图 3-55　过油气剖面 *alkB* 定量 PCR 数据曲线

表 3-5　实验区样品点土壤性质

样品号	样品类型	含水率/%	pH	电导率/(μS/cm)	顶空气态烃（C₂₊）/(μL/L)	酸解烃（C₂₊）/(μL/L)
B1	背景区	52	8.83	909	0.74	2.48
B3	背景区	59	8.99	1139	0.74	3.79
B5	背景区	57	9.00	672	0.79	2.35

续表

样品号	样品类型	含水率/%	pH	电导率/(μS/cm)	顶空气态烃（C₂₊）/(μL/L)	酸解烃（C₂₊）/(μL/L)
B7	背景区	54	9.07	539	0.73	0.75
B10	背景区	45	8.83	892	0.20	1.40
B14	油田区	60	8.09	644	0.21	1.08
B16	油田区	28	8.69	355	0.22	1.35
B17	油田区	43	8.93	629	0.47	1.09
B18	油田区	56	9.36	554	0.00	1.22
B20	油田区	56	8.58	238	0.00	1.74
B18	油田区	57	8.58	580	0.73	0.89
B30	气田区	57	8.50	530	0.64	1.44
B31	气田区	54	9.09	380	0.38	1.08
B32	气田区	53	8.55	644	0.20	0.85
B34	气田区	53	8.61	923	0.35	1.14
B35	气田区	56	8.38	1128	0.36	0.83
B37	背景区	56	8.19	839	0.77	1.75
B39	背景区	53	8.11	763	0.77	2.40
B41	背景区	52	8.67	861	0.70	1.41

4. 基于 16S rRNA 系列的高通量测序研究

选择典型油藏、气藏和非油气藏对照近地表表层土壤开展新一代高通量测序。从勘探样品中提取到土壤微生物基因组 DNA 后，利用微生物 16S rRNA 基因通用引物，进行 PCR 扩增，将 PCR 扩增子纯化后等摩尔混合，进行 454 焦磷酸测序分析，获得每个样品中整体微生物群落概貌，并计算每个样品中甲烷氧化菌占总体微生物的百分比。

针对 16S rRNA 基因，本书还采用变性梯度凝胶电泳（DGGE）技术对沾化实验区的微生物进行过分析，但并未发现文献报道的油气指示微生物（图 3-56），一方面可能存在未知的油气指示微生物；另一方面可能由于检测的精度不够，造成未能检测出低丰度的油气敏感菌。通常情况下，勘探样品中微生物数量巨大，其中 90% 以上的微生物功能尚不清楚。因此，利用微生物异常推测油气资源有利区块存在较大的应用前景。非常有必要结合地貌类型和油品类型，因地制宜，建立具体勘探区块油气指示微生物种质数据库。

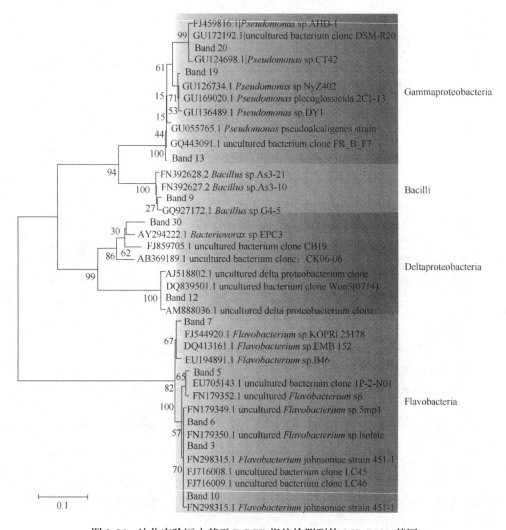

图 3-56　沾化实验区内基于 DGGE 指纹检测到的 16S rRNA 基因

二、典型油气指示微生物数据库构建与分析

　　油气微生物的生长除烃类外还会受到周围环境的影响，如土壤的湿度、pH、盐度、关键离子、营养物质、扰动等。若微生物发育的相对强弱是环境因素所引起，必定会造成油气富集或贫乏的假象。例如，柴达木盆地三湖地区地表沉积物盐碱化严重，导致了大量土壤样品中有渗漏轻烃却不发育甲烷氧化菌，使微生物背景值几乎为零。因此，需针对具体勘探区块实际环境条件，继续开展相关的影响因素研究，以完善微生物油气勘探技术。同时针对具体勘探区块，确定指导油气勘探的微生物种群，及其发育机理和异常模式。

笔者采集了胜利、东北、苏北、江汉、准噶尔、塔里木、鄂尔多斯、四川、河南等不同地理位置的油气田区和背景区的土壤样品，分离了油气指示微生物菌种，利用微生物高通量群落解析技术，深度分析了稳定性同位素标记试验中活性轻烃利用微生物群落结构，比较典型油气区和非油气区的土壤微生物群落结构，从海量的微生物类群中鉴定油气敏感微生物，初步构建典型含油气区块的油气指示微生物菌种数据库。数据库中同时配套对应的指示菌数量范围、地表环境参数（地表温度、样品湿度、岩性、颜色、有机含量、pH 和地表植被等）、最佳采样深度、地质背景条件等关键信息。

（一）油气指示微生物菌种实物数据库的构建

以含气为主的普光气田和以含油为主的春光油田为模型，通过对其中典型油气藏上方土壤进行详细的油气指示微生物的调查，建立可培养的油气指示微生物的异常模式，同时为建立菌种实物数据库奠定基础。找到的特异性较强的油气指示微生物，为将来对其他勘探区块的微生物勘探提供参考。

对普光气田、春光油田典型油气藏上方的土壤样品分别进行甲烷氧化菌和丁烷氧化菌的培养、分离、纯化，然后通过 16S rRNA 测序分析，利用 NCBT-BLAST 将所测得的序列与 GenBank 数据库中已登录的序列进行同源性比较分析，利用生物信息学等方法分析两个勘探区块典型油气藏上方土壤中甲烷氧化菌、丁烷氧化菌的物种丰度和相对组成特征。

1. 甲烷氧化菌和丁烷氧化菌的分离、纯化和鉴定

两类细菌培养基的制备、土壤样品预处理及培养方法详见第二章。用单菌落划线培养法挑出菌板上不同的菌落分别接种于甲烷氧化菌、丁烷氧化菌的固体培养板上继续培养 3 天，为第一次纯化。3 天后长出的菌落再用单菌落划线法同样培养 3 天，为第二次纯化。3 天后长出的菌落再用单菌落划线法培养 3 天，为第三次纯化，然后收取平板中的菌落，进行 DNA 提取，应用 PCR 扩增测序鉴定。筛选出的菌种同时进行革兰氏染色和扫描电镜对形态进行观察（图3-57）。

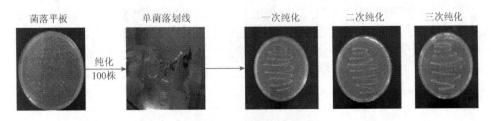

图 3-57　菌种纯化过程图

从普光气田土壤样品在甲烷氧化菌培养条件下生长出的菌落中挑取了135个单克隆进行PCR扩增测序，通过比对，鉴定出25种菌株。在丁烷氧化菌培养条件下生长出的菌落中挑取了118个单克隆进行PCR扩增测序，通过比对，鉴定出20种菌株。以油指示菌为例，从春光油田土壤样品在丁烷氧化菌培养条件下生长出的菌落中挑取了85个单克隆进行PCR扩增测序，鉴定出16种菌株。其中普光气田土壤样品中丁烷氧化菌培养条件下鉴定出的细菌主要为：链霉菌属（*Streptomyces* sp.），*Pseudomonas* sp.，红球菌（*Rhodococcus* sp.），类诺卡氏菌（*Nocardioides* sp.）；春光油田土壤样品中丁烷氧化菌培养条件下鉴定出的细菌主要为：诺卡氏菌（*Nocardia shimofusensis*），*Pseudomonas* sp.，*Streptomyces* sp.（表3-6）。

表3-6 春光油田与普光气田分离筛选的可培养油气敏感性菌株（以丁烷氧化菌为例）

编号	最相关种属名	相似性/%	数量/种	编号	最相关种属名	相似性/%	数量/种
1	*Acinetobacter johnsonii*	97	1	19	*Glycomyces* sp.	98	1
2	*Acinetobacter johnsonii*	92	1	20	*Kitasatospora* sp.	87	1
3	*Acinetobacter* sp.	98	3	21	*Kitasatospora* sp.	98	2
4	*Acinetobacter* sp.	100	1	22	*Lysobacter* sp.	99	1
5	*Acinetobacter* sp.	92	1	23	*Naxibacter indica*	98	1
6	*Acinetobacter* sp.	99	1	24	*Nocardia shimofusensis*	99	4
7	*Arthrobacter sulfureus*	99	1	25	*Nocardia shimofusensis*	98	9
8	*Arthrobacter sulfureus*	96	1	26	*Nocardia shimofusensis*	97	3
9	*Bacillus aryabhattai*	99	1	27	*Nocardioides albus*	99	2
10	*Burkholderiaceas*	99	1	28	*Nocardioides albus*	98	2
11	*Cupriavidus necator*	99	1	29	*Nocardioides albus*	97	1
12	*Cupriavidus necator*	98	1	30	*Nocardioides caeni*	98	1
13	*Cupriavidus* sp.	99	21	31	*Nocardioides* sp.	99	2
14	*Cupriavidus* sp.	98	9	32	*Nocardioides* sp.	98	8
15	*Cupriavidus* sp.	100	1	33	*Nocardioides* sp.	97	1
16	*Dietzia maris*	98	1	34	*Paenibacillus* sp.	90	1
17	*Flavobacterium* sp.	98	1	35	*Promicromonospora* sp.	97	1
18	*Glycomyces algeriensis*	98	1	36	*P. endophytica*	99	1

续表

编号	最相关种属名	相似性/%	数量/种	编号	最相关种属名	相似性/%	数量/种
37	*P. umidemergens*	99	1	59	*Sphingomonas koreensis*	92	2
38	*Pseudomonas nitroreducens*	99	1	60	*Stenotrophmonas* sp.	99	2
39	*Pseudomonas putida*	99	1	61	*Stenotrophmonas* sp.	98	1
40	*Pseudomonas putida*	100	1	62	*Streptomyces flavotricini*	98	1
41	*Pseudomonas resinovorans*	99	1	63	*Streptomyces lateritius*	99	1
42	*Pseudomonas resinovorans*	98	2	64	*Streptomyces nashvillensis*	98	1
43	*Pseudomonas* sp.	100	1	65	*Streptomyces neyagawaensis*	98	1
44	*Pseudomonas* sp.	99	36	66	*Streptomyces* sp.	99	29
45	*Pseudomonas* sp.	98	15	67	*Streptomyces* sp.	98	16
46	*Pseudomonas* sp.	97	1	68	*Streptomyces* sp.	97	1
47	*Pseudomonas* sp.	86	1	69	*Streptomyces* sp.	87	1
48	*Pseudomonas* sp.	97	1	70	*Streptomyces* sp.	99	3
49	*Pseudomonas* sp.	99	1	71	*Bariovorax paradoxus*	96	1
50	*Ralstonia* sp.	98	2	72	*Bariovorax paradoxus*	97	1
51	*Ralstonia* sp.	96	1	73	*Bariovorax paradoxus*	99	1
52	*Rhodococcus erythropolis*	98	6	74	*Variovorax* sp.	99	4
53	*Rhodococcus erythropolis*	87	1	75	*Variovorax* sp.	96	1
54	*Rhodococcus erythropolis*	99	1	76	*Variovorax* sp.	98	1
55	*Rhodococcus* sp.	99	12	77	*Variovorax* sp.	97	1
56	*Rhodococcus* sp.	98	7	78	*Wautersia* sp.	98	4
57	*Rhodococcus* sp.	97	1	79	*Xanthomonas* sp.	98	1
58	*Rhodococcus* sp.	91	1	合计			259

目前已知具有碳数为 2～4 的烃降解能力的革兰氏阳性菌主要集中在棒状杆菌（*Corynebacteria*）、*Nocardia*、*Mycobacterium*、*Rhodococcus* 4 个属，革兰氏阴性菌仅有 *Pseudomonas*。其中，有丁烷降解能力的菌株仅有丁香假单胞菌（*Pseudomonas butanovora*）、分枝杆菌（*Mycobacterium vaccae* JOB5）和诺卡氏菌（*Nocardioides* sp. strain CF8）。丁烷氧化菌的相关研究较少，限制了以丁烷氧化菌作为指示菌进行微生物油气勘探的深入研究。本书以普光气田、春光油田两个典型油气田土壤样品为材料，进行了甲烷氧化菌、丁烷氧化菌的分离鉴定，春光油田和普光气田上方土壤的丁烷氧化菌群落组成均具有一定的特异性并且与一般土壤微生物多样性相比，油田土壤中丁烷氧化菌的多样性明显偏低。虽然鉴定出的细菌属于已知的碳数为 2～4 的短链烃氧化菌种属，但是其具体有没有真正地氧化甲烷、丁烷的能力还需要进一步的理化性质研究来确定。

以上表明，油气田环境土壤中的微生物群落组成与非油气环境存在明显不同，这种特殊生活环境存在大量的未培养微生物，表明春光油田和普光气田环境蕴含了丰富的未知细菌菌种资源。由于陆地油气田样品微生物的研究较少，导致很多高度保守 16S rRNA 不能明确其种属水平上的分类，对其烃氧化功能也知之甚少，因此应进一步改进分离培养手段以获得更多微生物资源，对更多的油气田样品进行细菌群落结构分析，丰富数据资源，以期得到可以指示油气田环境的微生物群落组成特征。

2. 油气指示微生物菌落形态

为了更清楚地研究所鉴定出的菌落形态，对菌落进行了简单的番红染色，发现 *Pseudomonas* sp.、贪铜菌（*Cupriavidus* sp.）、*Rhodococcus* sp.、*Streptomyces* sp.、*Acinetobacter* sp.呈透亮的圆形状态，而鉴定出的 *Nocardioides* sp.中的两株菌则一株为圆形，一株为杆状（图 3-58），用 100 倍油镜放大观察则更为清晰（图 3-59、图 3-60）。

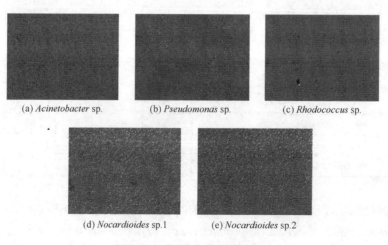

(a) *Acinetobacter* sp.　　(b) *Pseudomonas* sp.　　(c) *Rhodococcus* sp.

(d) *Nocardioides* sp.1　　(e) *Nocardioides* sp.2

图 3-58　普光气田丁烷氧化菌

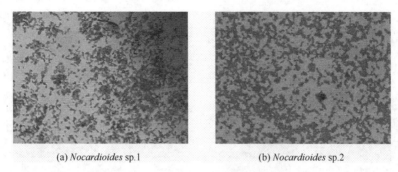

(a) *Nocardioides* sp.1   (b) *Nocardioides* sp.2

图 3-59   100 倍油镜观察菌落结构

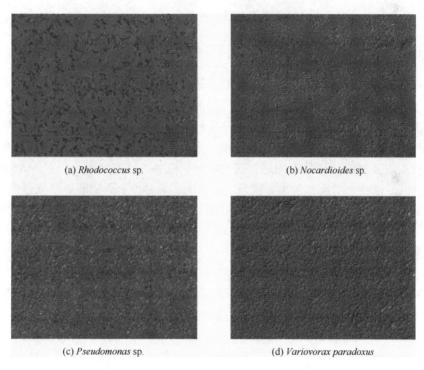

(a) *Rhodococcus* sp.   (b) *Nocardioides* sp.

(c) *Pseudomonas* sp.   (d) *Variovorax paradoxus*

图 3-60   春光油田分离的丁烷氧化菌

革兰氏染色是细菌学中广泛使用的一种鉴别染色法,通过甲基紫初染和碘液媒染后,在细胞壁内形成了不溶于水的甲基紫与碘的复合物。革兰氏染色属复染法,即将标本固定后,先用甲基紫染色,加碘液媒染后用酒精脱色,再用番红复染,染色后除可以看到细菌形态外,还可将细菌分为两大类,即不被酒精脱色而保留紫色者为革兰氏阳性菌(G+),被酒精脱色复染成红色者为革兰氏阴性菌(G–)。革兰氏染色分析发现,鉴定出的菌种几乎全部为革兰氏阳性菌(图 3-61)。

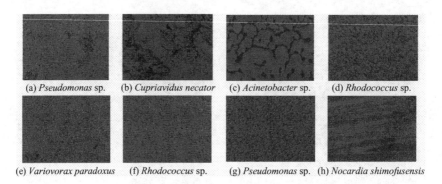

(a) *Pseudomonas* sp.   (b) *Cupriavidus necator*   (c) *Acinetobacter* sp.   (d) *Rhodococcus* sp.

(e) *Variovorax paradoxus*   (f) *Rhodococcus* sp.   (g) *Pseudomonas* sp.   (h) *Nocardia shimofusensis*

图 3-61　普光气田与春光油田分离丁烷氧化菌

图（a）～（d）为普光气田分离的丁烷氧化菌；图（e）～（h）为春光油田分离的丁烷氧化菌

3. 油气指示微生物电镜分析

　　扫描电镜主要是利用二次电子信号成像来观察样品的表面形态，即用极狭窄的电子束去扫描样品，通过电子束与样品的相互作用产生各种效应，其中主要是样品的二次电子发射。二次电子能够产生样品表面放大的形貌像，这个像是在样品被扫描时按时序建立起来的，即用逐点成像的方法获得放大像。因此它的最基本功能是对各种固体样品表面进行高分辨形貌观察。观察对象可以是一个样品的表面，也可以是一个切开的面，或是一个断面。本书为了更清晰地研究普光气田、春光油田两大勘探区鉴定分离出的菌种情况，对分离的菌种进行了电镜分析。普光气田和春光油田都分离出的 *Pseudomonas*（图 3-62）呈杆状或略弯，表面有多糖荚膜或糖萼，专性需氧；菌落形态不一，多数直径为 2～3mm，边缘不齐，扁平湿润。*Nocardioides*（图 3-63）为需氧革兰氏染色阳性杆菌，菌为多形态，有球状、杆状、丝状，在普光气田鉴定出的此菌属为短杆状，表面有纹路。在春光油田中鉴定出 3 株，均为杆状，但也有长杆和短杆之分。*Rhodococcus* 细胞形态复杂，球形细胞可萌芽变成短杆状，形成丝状体或产生大量分枝菌丝，杆状细胞、丝状体和菌丝体的片段形成下一代的球形和短杆状细菌。在春光油田中鉴定出 1 株，为圆球形（图 3-64）。*Streptomyces* 菌落白色粉状，细菌呈细丝状，出芽生殖。

 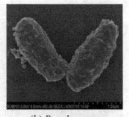

(a) *Pseudomonas* sp.   (b) *Pseudomonas*

低倍电镜照片   高倍电镜照片

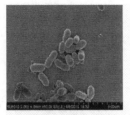 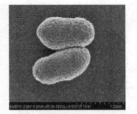

(c) *Nocardioides* sp.
低倍电镜照片

(d) *Nocardioides* sp.
高倍电镜照片

图 3-62　普光气田丁烷氧化菌电镜照片

低倍为 10.0×1000.0；高倍为 50.0×1000.0

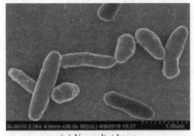 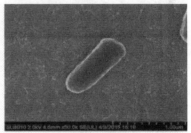

(a) *Nocardioides* sp.
低倍电镜照片

(b) *Nocardioides* sp.
高倍电镜照片

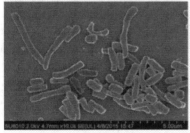 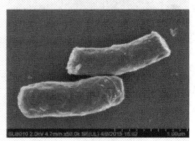

(c) *Nocardia shmofusencis*
低倍电镜照片

(d) *Nocardia shimfusensis*
高倍电镜照片

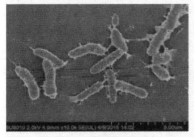 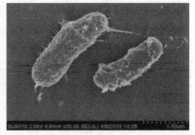

(e) *Nocardioides albus*
低倍电镜照片

(f) *Nocardioides albus*
高倍电镜照片

图 3-63　春光油田丁烷氧化菌电镜照片

低倍为 10.0×1000.0；高倍为 50.0×1000.0

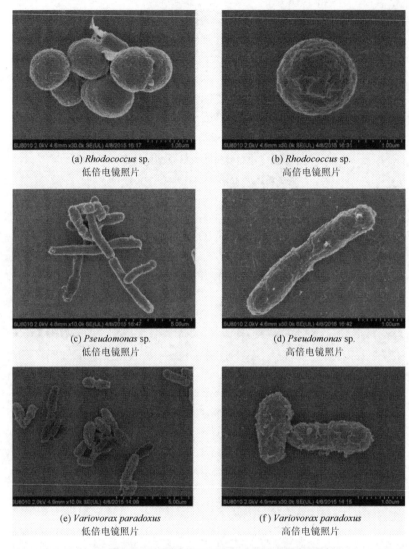

(a) *Rhodococcus* sp.
低倍电镜照片

(b) *Rhodococcus* sp.
高倍电镜照片

(c) *Pseudomonas* sp.
低倍电镜照片

(d) *Pseudomonas* sp.
高倍电镜照片

(e) *Variovorax paradoxus*
低倍电镜照片

(f) *Variovorax paradoxus*
高倍电镜照片

图 3-64　春光油田丁烷氧化菌电镜照片

低倍为 10.0×1000.0；高倍为 50.0×1000.0

（二）油气指示微生物类群分布数据库的构建与分析

1. 微生物类群分布数据库的构建

笔者目前已完成了多个陆上典型油气田的野外调查和取样工作。采集了油田区、油气田区和气田区的样品，利用微生物高通量群落解析技术，深度分析了油气微生物类群分布特征，为区分油田、气田和带气顶油气田奠定了基础；采集了不同地理位置的油气田区的样品，包括华北平原区、东北平原区、西北黄土区和沙漠区、南方地区、滨海和河湖边岸沼泽湿地区，为研究环境条件对油气指示微生物的影响、确定取样深度等奠定了基础；采集了油气田区、干井区和对照区的样品，为建立油气微生物勘探的参考体系提供了条件。数据库中同时配套对应的油气指示微生物的数量范围、地表环境参数（地表温度、样品湿度、岩性、颜色、有机含量、pH 和地表植被）、最佳采样深度、地质背景条件等关键信息。

　　数据库主要包含了三个层次、五个分库和若干逻辑层。五个分库是微生物数量数据库、微生物群落数据库、土壤烃类数据库、环境因子数据库及实物菌种数据库，包含了地形地貌、土壤湿度和氮、磷、钾等具体数据。除此之外，首次在数据库中加入了不同样品的微生物群落结构数据，包含了样品 DNA 信息中的菌种类型及对应的相对丰度信息（图 3-65）。所建数据库已加入到油气化学勘探数据库及解释评价系统（图 3-66）。

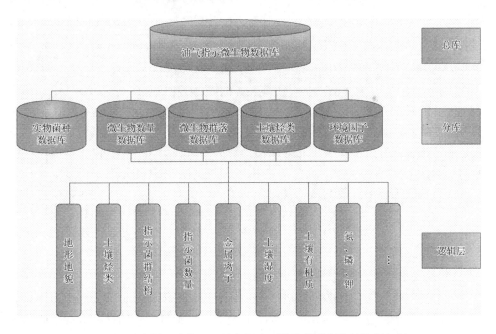

图 3-65　中国石油化工股份有限公司微生物数据库结构框架图

2. 微生物数据库初步分析

1）油气指示微生物的数量分布特征

对各大含油气盆地的典型油气藏上方土壤中的甲烷氧化菌和丁烷氧化菌数量进行了测定，结果显示不同环境中油气指示微生物丰度的差异显著（图 3-67）。与

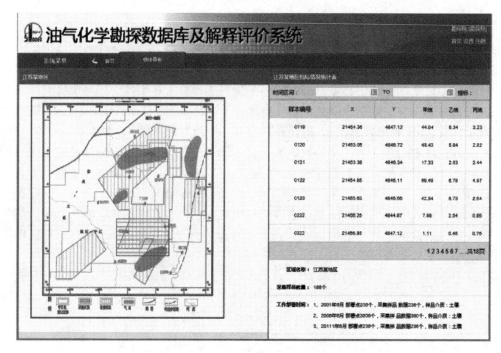

图 3-66　　油气化学勘探数据库及解释评价系统

油气地学化学指标呈现西高东低的规律不同，油气指示微生物丰度与地表环境的关系非常密切。春光油田和玉北井区均为沙漠区或沙漠化区，其微生物值比其他油田普遍低 1～2 个数量级。而江苏、南阳、江汉等区块由于遍布农田等湿度和有机质浓度较高的环境，故其微生物值普遍较高。由此可见，水分和有机质等非烃生态因子在一定程度上也能影响油气指示微生物的生长发育，在实际勘探样品采集时应尽量避免非烃生态因子成为限制性生态因子。如不能避免，应尽量采集同一生境的勘探样品。

　　2）油气指示微生物的群落结构分布特征

　　在对油气指示微生物数据库进行初步分析后，发现每个土壤或沉积物样品的微生物群落均十分复杂（图 3-68）。不同地区、不同油气背景的样品进行横向比较的结果也显示，在门、纲、目、科、属、种各个层级都很难把真正对油气具有指示意义的微生物种属筛选出来。可能的原因为：一是样品中有上千种微生物，而烃氧化菌由于摄取的是微量烃类，所以与土壤中代谢其他有机物的功能菌群相比，其相对丰度很小，很难通过背景区和油气上方样点的比对，将其挖掘出来；二是不同样品取自不同的环境，地貌、有机质含量和湿度等都不尽相同，这就造成总群落十分复杂，很难从中找出烃诱导的微弱差异。多元统计分析结果也表明不同来源的微生物总群落很难区分开油区、气区和背景区（图 3-69）。

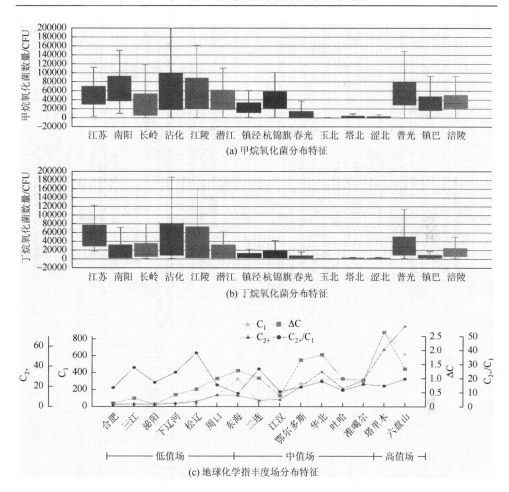

图 3-67　典型油气藏上方土壤中的甲烷氧化菌、丁烷氧化菌及地球化学指丰度场分布特征

　　难以避免的环境异质性和样品内禀微生物多样性，导致很难仅通过高通量测序的结果来判别样品的含油气性。唯一可行的方案只有把真正具有油气指示意义的微生物单独挑选出来，根据特定样品中包含的这些敏感性微生物的种类及其相对丰度，采用数学模型的方法进行综合打分。

　　笔者结合了稳定性同位素探针技术和传统分离筛选方法初步获取了油气指示微生物菌种类型数据库。数据库中除包含已知具有碳数为 2~4 的烃降解能力的 *Corynebacteria*、*Nocardia*、*Mycobacterium*、*Rhodococcus*、*Pseudomonas*，具有甲烷降解能力的 *Methylomonas*、*Methylococcus*、*Methylobacter*、*Methylomicrobium*、*Methylosinus* 和 *Methylocystis*，还新发现 40 种具有油气指示意义的菌株，如 *Pseudonocardia*、红螺菌属（*Rhodospirillum*）、红弧菌属（*Rhodovibrio*）、*Streptomyces*、产黄杆菌属（*Rhodanobacter*）等。

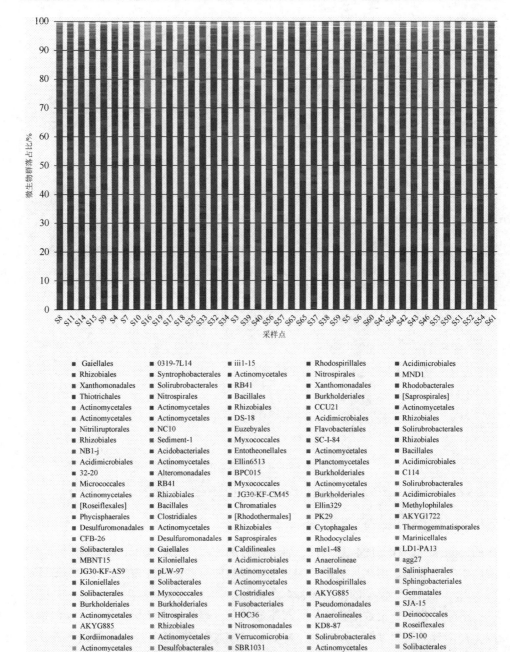

图 3-68　不同油气藏上方微生物群落结构柱状图

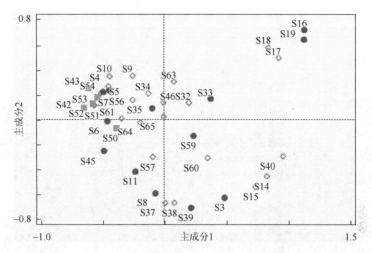

图 3-69　不同油气藏上方微生物群落多元统计分析结果

　　针对数据库中所涉及的油气指示微生物菌种及其相对丰度，采用数学模型的方法对不同样点进行了综合打分，分别计算油气总指数和气指数，对不同地区典型油气藏进行了评价，结果发现识别效果非常明显（图 3-70）。由于该技术已申报国际专利，指示菌种及计算方法本书中省略。背景区上方油气指示微生物菌种多样性很小，相对丰度低，通过数学模型计算其油气指数均小于 10，气指数小于 3。油田上方，如镇泾油田、春光油田、江汉油田和河南油田等的总油气指数均在 18以上，而气指数相对较低。海上样品如涠西区块的油气指数均来源于硫酸盐还原菌，这与之前相关文献的报道十分吻合，表明地表和浅海的油气指示微生物分布有很大差异。气田上方，如普光气田和杭锦旗区块的油气总指数大于 13，气指示大于 6，与同区背景点比较，能够很好地识别。

　　3）油气指示微生物的油气属性评价研究

　　由垂向微渗漏实验模拟证实的"似源组构"论是地球化学勘探资料油气属性评价预测的依据。近地表检测到的微渗漏烃，其组成与深部烃源具有相似性，并可以与油气藏外部背景区的样本相区别。虽然含油气不饱和的水与油气藏地区具同样的垂向微渗漏条件，但两者作为向上微渗漏的初始成分在结构上有很大差异；贫油气的背景区干储层油气组构类型较多，结构松散；工业产层油气组构则较单一，组构相对稳定。因此，组构异常反映的是与地下油气藏有关的烃异常。这一观点已被一些已知油气藏上方的地球化学勘探结果所证实。通过理论和实践对比，分析总结地球化学勘探的含油气属性评价流程如图 3-71所示。

　　传统油气地球化学勘探研究中，油气属性评价参数主要有甲烷稳定 C 同位素值（$\delta^{13}C_1$）、烃类特征比值法、芳烃光谱特征。根据人工模拟实验的研究，前

无油区　润西 镇泾 春光 顺北 塔河 苏北 江汉 玉北 河南 长岭 杭锦旗 普光 涪陵 涩北

菌种（略）

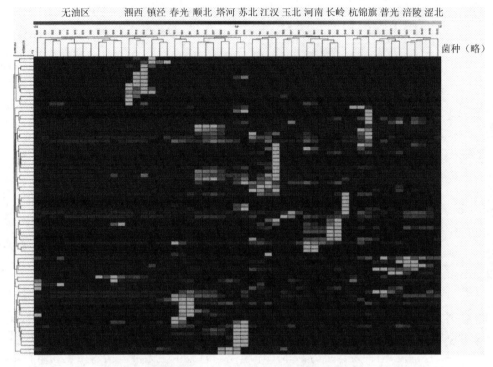

图 3-70　不同来源样品油气指示微生物相对丰度热图分析

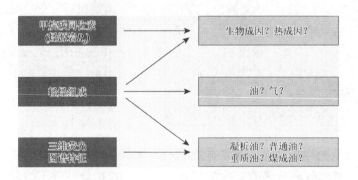

图 3-71　含油气属性评价流程示意图

两者受到微生物降解的影响较大，故本书采用三维荧光光谱特征与微生物菌群特征的油气属性评价效果进行比较。三维荧光光谱由二维曲线、三维特征及指纹特征三部分组成，共同描述样品中芳烃组成、单体化合物及其浓度，该参数信息量大，能获得激发波长和发射波长同时变化的荧光强度信息，比较全面和直观地揭示了样品中芳烃特征。三维荧光的主要参数及其地球化学意义见表 3-7 和图 3-72。

表 3-7　不同性质样品的三维荧光特征参数表

图形类型	油气性质	顶峰位置	走向		陡度(K)	比值(R)	T_1~T_4峰匹配
		E_x/E_m	α_1	α_2			
O	凝析油	226/340	100°~130°	60°~80°	0.65~0.80	>6	T_1、T_3、T_4
B	轻质油	226/340	55°~65°	70°~110°	0.55~0.70	2.5~6.0	T_1、T_2、T_3、T_4
Q	重质油	232/340	45°~60°	—	0.40~0.80	<2.5	T_1、T_2
P	煤	226/340	30°~45°	—	0.67~0.75	2.5~6.0	T_1、T_2、T_3

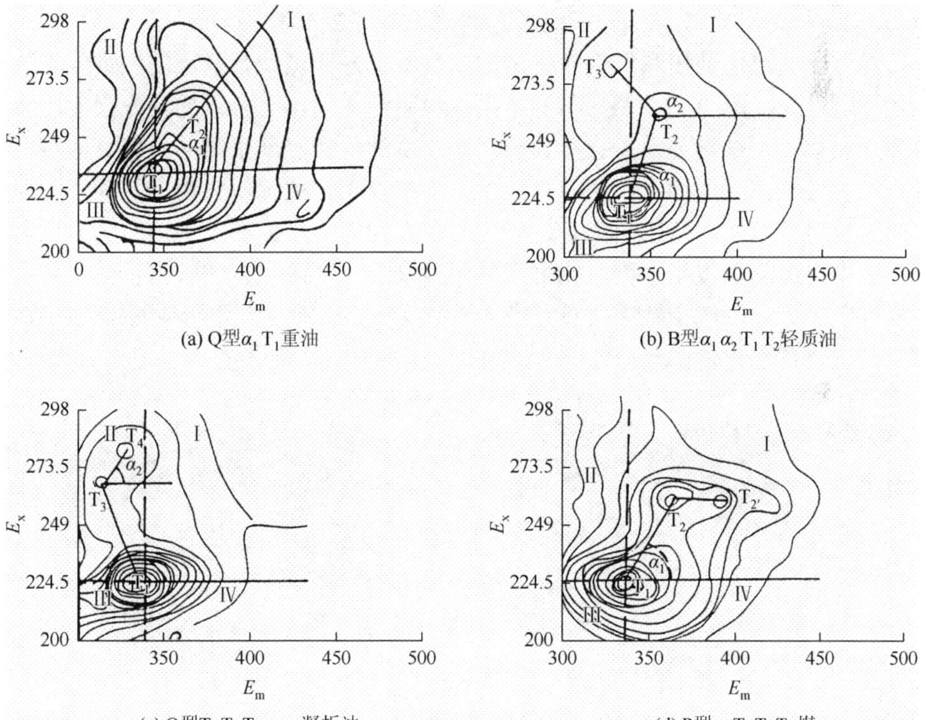

(a) Q型$\alpha_1 T_1$重油　　(b) B型$\alpha_1 \alpha_2 T_1 T_2$轻质油

(c) O型$T_1 T_2 T_3 \alpha_1 \alpha_2$凝析油　　(d) P型$\alpha_1 T_1 T_2 T_{2'}$煤

图 3-72　不同性质样品的三维荧光指纹图形特征

（1）主峰位置。不同类型的原油的最大荧光强度出现在激发波长/发射波长对-E_x228nm/E_m340nm 附近，变动范围小于±5nm。表明不同性质原油（普通原油、重质油、凝析油、天然气）的三维荧光光谱具有相近似的主峰位置，这是共性特征。

（2）峰组合与匹配。原油中芳烃组分极其复杂，不同化合物可在同一波长附近，如单环、双环、三环等均可在 300nm 附近出峰，而同一化合物（尤其是多环）又可在不同波长出现多个谱峰，给荧光光谱定性带来一定难度。因此，在实际工作中，多采用峰组合或匹配的方法，提取荧光光谱的综合信息。

（3）主要比值。K 为主峰陡度，随波长陡增，主峰峰高降低的速率，K 值越小，表示重组分越多，反之，轻组分越多。R 为特征波长强度比，一般多用来表示主峰与次峰的强度比，即 $R=F_1：F_2$。α 为峰的走向，分为 α_1（主峰的走向夹角）和 α_2（次峰的走向夹角），α 值越小，表示重组分越多，反之，轻组分越多。

（4）指纹图形特征。系指由激发波长和发射波长组成的二维空间强度等值线图。根据上述主要比值的差异，可分为 O、B、Q、P 四种类型，是不同性质原油（油田水）的显示。一般当 K、R 及 α 趋向大时为 O 型；一般当 K、R 及 α 趋向小时为 Q 型；一般当 K、R 及 α 介于两者之间时为 B 型或 P 型。

通过比较河南油田和杭锦旗气田的油气藏上方样点和背景点的三维荧光的微生物群落结构（图 3-73、图 3-74），结果显示河南油田上方点的荧光强度比背景点高 5 倍以上，图谱显示是该处为重质油；从油气指示微生物的角度，油藏上方样点的多样性更高，油气指数为背景点的 5 倍以上。杭锦旗气田上方样点的荧光强度无显著性差异，从图谱很难进行油气属性判别，原因在于气田中的芳烃含量相对较少；而从油气指示微生物群落的角度来看，气田上方的气指示微生物群落多样性明显增加，气指数为背景点的 4 倍以上。以上研究，初步显示了通过油气指示微生物群落评价油气属性的可行性。

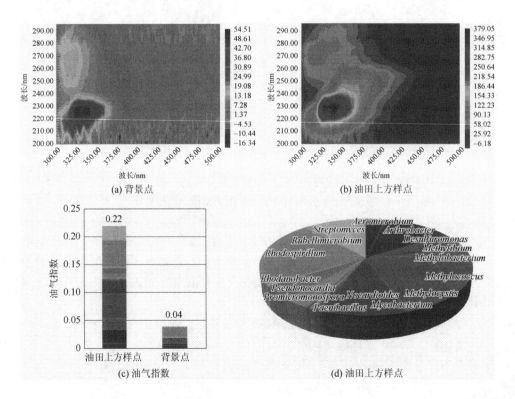

(a) 背景点　　　　　　　　　　(b) 油田上方样点

(c) 油气指数　　　　　　　　　　(d) 油田上方样点

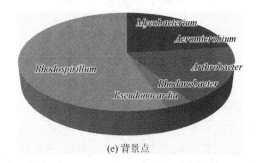

(e) 背景点

图 3-73　河南油田的油田上方样点与背景点的三维荧光指纹与微生物群落结构比较

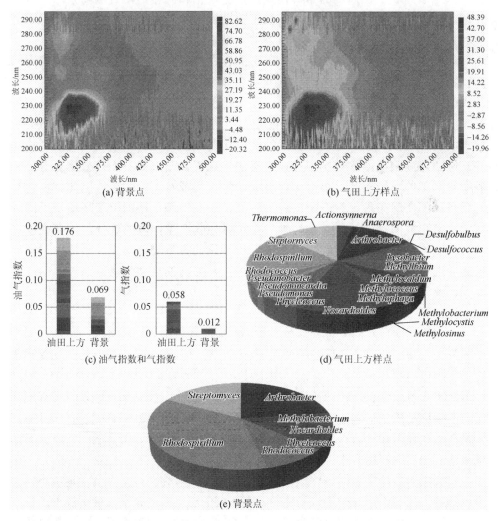

图 3-74　杭锦旗气田的气田上方样点与背景点的三维荧光指纹与微生物群落结构比较

第三节　地表环境与油气指示微生物数量和类群分布相关性

　　地表土壤或沉积物样品中油气指示微生物异常极可能反映了来源正下方深部封存的油藏或气藏的高丰度烃类物质的供给，并且作为微生物利用的底物，强烈改变了其正上方油气指示微生物的群落结构。因此，根据油气指示微生物的变化，特别是以环境中油气指示微生物富集程度为依据来反映轻烃渗漏的强弱，以此来判断下伏油气的富集程度，推测陆相和海相的油气藏前景，并区分烃区前景的级别和无烃区，是油气微生物勘探技术的关键。然而，细菌对不同营养源异常高的适应性及广泛分布是油气微生物勘探技术最大的障碍之一。例如，环境中只要存在痕量的烃类，就可能存在烃氧化菌。在北海及巴伦支海的沉积物样品、北欧的土壤样品、（阿曼）沙漠和盐漠地区的样品、澳大利亚干旱草原的样品及永冻层的土壤样品中，都可检测到该类型微生物。此外，油气指示微生物的生长不仅与轻烃微渗漏的动力学过程相关，也受到周围环境的影响，如土壤的含水率、pH、盐度或其中的金属元素（Cu、K、Fe）、营养物质、扰动等。例如，湖泊或淹水稻田中存在大量的甲烷氧化菌，如不能有效排除非"轻烃微渗漏"的环境干扰，极有可能造成油气富集或贫乏的假象。因此，需针对具体探区的实际条件，综合考虑轻烃种类、不同地貌、不同沉积环境及不同区域油气藏形成的地质过程可能对油气指示微生物产生高度的选择，结合高度灵敏的检测方法，原位分析油气藏形成过程导致的微生物群落变异规律，尽可能排除非油气藏烃类导致的微生物假阳性干扰，提高油气微生物勘探技术的准确度。因此，非常有必要针对具体探区的实际环境条件，开展相关的影响因素研究，以完善微生物油气勘探技术。

　　地球长期的自然演变过程形成了差别巨大的各种地表环境类型，生活在其中的各类微生物也随着地表环境的变化而不断演化，其数量、组成及活性均受到各种环境因子的制约和影响。然而，由于技术发展的滞后，迄今为止，尚未有一种技术能够实现微生物活性的原位观测，油气资源发生、发育和形成过程与环境因子和油气指示微生物之间的关系仍待深入研究。广义的环境因素一般可分为两种：一是自然地理因素，如温度、pH、植被、土壤质地、地形、降水等；二是人类活动因素，如土地利用方式、耕作管理制度等。

　　研究表明多种常见的自然地理因素均会对甲烷氧化菌数量及活性造成不同程度的影响。例如，不同的甲烷氧化菌具有不同的温度耐受范围，最适温度通常在25℃左右，但可在较大的温度范围内保持稳定的活性。温度会影响甲烷氧化的速率，但对其群落结构的影响尚不明确。土壤含水率也会直接影响土壤甲烷氧化菌的数量与活性。甲烷氧化菌对甲烷的氧化存在一个最佳含水率，在 20%～35%，过低的土壤含水率（<5%）及过高的土壤含水率均不利于甲烷氧化菌发挥活性。此外，许多研究发现不同植被类型的土壤甲烷氧化能力不同，如针叶林的甲烷氧化能力常常低于落叶林，这可能是由于针叶树释放的有毒化合物（如单萜类）抑制了甲烷氧化酶活性。

本节通过对不同勘探区块样品的土壤性质及环境性质的梳理，进一步探索地表环境与油气微生物的相关性。

（一）油气微生物勘探中地表环境因子特征

采集的典型油气藏土壤样品及背景区样品来自普光气田（35 个，含礁滩相上方点及背景点）、春光油田（26 个，含稠油区、稀油区及背景点）、玉北油田（4个，含油田上方点及背景点）、江汉盆地（6 个，含油田区、气田区样及对应的背景点）、镇泾油田（3 个）、河南油田（2 个）、鄂尔多斯（3 个）7 个不同地区，共计 79 个。理化指标及所用检测方法概述见表 3-8。

表 3-8　土壤理化指标及检测方法

理化指标	检测方法	备注
含水率	铝盒法	
pH	精密 pH 计	
颗粒组成	激光粒度分析仪	
溶解态氮盐	流动分析仪	
总氮	半微量凯氏法，全自动凯氏定氮仪	
总磷	电感耦合等离子体发射光谱仪	指示自然地理因素的影响
K、Na	电感耦合等离子体发射光谱仪	
Ca、Mg	电感耦合等离子体发射光谱仪	
Fe、Mn、Cu 等其他金属元素	电感耦合等离子体发射光谱仪	
硫酸根	离子色谱仪	
氯离子	离子色谱仪	
六六六（六氯环己烷）	气相色谱仪	有机氯杀虫剂，指示人类活动的影响
滴滴涕（DDT，双对氯苯基三氯乙烷）	气相色谱仪	

1. 土壤含水率、pH 的测定

土壤含水率采用铝盒法测定，表示为水分质量占新鲜土壤质量的百分比。从检测结果来看，79 个原位土壤样品的含水率范围跨度很大，在 0.4%～30%（表 3-9）。在 7 个采样区中含水率最低的为玉北油田的 4 个样品，含水率平均值仅 3.6%。含水率最高的为江汉盆地的样品，达 22.8%。而区域内含水率跨度最大的采样区为春光油田采样区，含水率在 2.0%～20.0%。

表 3-9　所有 7 个采样区的土壤含水率及 pH 的平均值及检测值范围

采样区	样品数量/个	含水率/%	pH
普光气田	35	10.8（6.6～15.2）	6.8（4.8～7.9）
春光油田	26	11.5（2.0～20.0）	8.0（7.6～9.4）
玉北油田	4	3.6（0.4～12）	8.7（8.2～8.9）
江汉盆地	6	22.8（16.8～30.0）	8.2（8.0～8.4）
镇泾油田	3	17.2（16.6～17.8）	8.2（8.1～8.3）
河南油田	2	21.1（20.6～21.6）	7.7（7.5～7.8）
鄂尔多斯	3	7.1（5.0～10.6）	8.9（8.8～9.0）

土壤 pH 的测定直接取 5g 过 2mm 筛的土壤按 1∶2.5 的比例加入去离子水，振荡混匀后，用精密 pH 计测定上清的 pH。7 个采样区所有样品的 pH 在 4.8～9.4，涵盖了酸性、中性及弱碱性土壤。而根据这些样品 pH 的平均值来看，普光气田的样品接近中性，其他区域的样品基本属于弱碱性土壤。

2. 土壤氮盐的测定

土壤氮盐是土壤微生物生长所需的重要营养成分，对土壤油气微生物的生长同样重要，尽管有一些甲烷氧化菌能够固定空气中的氮气来补充所需的氮源，但这种行为仅在土壤氮源极度缺乏的情况下进行。硝态氮及铵态氮的测定针对所有的 79 个样品；总氮的测定由于对样品量要求较大，在完成项目要求的 35 个样品的基础上，对其余采样量较大的样品也进行了测定。7 个采样区中土壤样品中氮源含量见表 3-10。结果表明土壤中三种形态的氮源在不同采样区域及同一采样区域不同样品间的含量均表现出较大的差异范围，特别是硝态氮。其含量最高的区域为玉北油田采样区样品，平均值为 31.96μg/g，最低值出现在鄂尔多斯气田采样区，仅 0.96μg/g。春光油田硝态氮含量的变化范围最大，样品中的最低值及最高值之间相差 1000 倍以上。铵态氮和总氮的含量差异范围小于硝态氮，最低值及最高值的差距在 10 倍左右。

表 3-10　所有 7 个采样区的土壤氮盐的平均值及检测值范围

采样区	样品数量/个	硝态氮/（μg/g）	铵态氮/（μg/g）	总氮/（mg/g）
普光气田	35	5.97（2.56～31.38）	3.87（3.08～5.69）	0.72（0.32～2.60）
春光油田	26	17.55（0.10～146.84）	5.97（2.64～16.30）	0.48（0.26～1.06）
玉北油田	4	31.96（6.20～85.91）	5.48（4.14～7.13）	—
江汉盆地	6	2.28（0.52～4.54）	4.01（2.53～6.32）	0.74（0.47～0.98）
镇泾油田	3	9.67（1.55～17.59）	4.21（2.07～7.02）	0.67（0.62～0.7）
河南油田	2	5.99（3.46～8.51）	5.46（4.40～6.51）	0.47（0.34～0.59）
鄂尔多斯	3	0.96（0.51～1.30）	4.23（3.60～4.92）	0.22（0.17～0.28）

3. 土壤颗粒组成

土壤颗粒组成，即土壤质地，是土壤的一种十分稳定的自然属性，反映了土壤中不同大小直径的矿物颗粒的组合状况，主要决定于成土的母质类型。土壤质地与土壤的通气、营养盐的维持和水分的保持关系密切，因此对土壤微生物生长具有重要的影响。本次检测将土壤的颗粒组成分成 7 级，分别为小于 2μm、2～5μm、5～10μm、10～50μm、50～100μm、100～500μm 及 500～1000μm，并以不同粒径微粒的体积百分比来表示不同微粒的含量（表 3-11）。从区域平均值来看，不同采样区的样品颗粒组成表现出比较大的差异，普光气田、春光油田样品的颗粒主要为小于 2μm 及 10～50μm，而玉北油田样品 50μm 以上的颗粒占 65% 以上，江汉盆地样品类似普光气田和春光油田样品，但 10～50μm 的颗粒要多一些，镇泾油田样品颗粒主要集中在 10～50μm，占 42%。河南油田土壤颗粒基本在 50μm 以下，大于 50μm 的颗粒仅占 4.2%。鄂尔多斯的样品类似玉北油田样品，也以大颗粒为主，甚至 50% 以上都是 100μm 以上颗粒。

表 3-11　所有 7 个采样区的土壤颗粒组成平均值及检测值范围　　　（单位：%）

采样区	普光气田	春光油田	玉北油田	江汉盆地	镇泾油田	河南油田	鄂尔多斯
小于 2μm	22.6（9.8～37.2）	24.5（10.2～51.8）	6.8（4.4～9.6）	20.3（14.7～26.9）	23.1（22.5～23.7）	21.9	9.0（7.5～10.3）
2～5μm	14.9（8.5～24.8）	13.1（4.3～24.4）	3.5（1.6～8.3）	14.9（7.9～19.7）	12.3（10.9～13.4）	19.3（17.5～21.1）	4.0（3.3～4.6）

采样区	普光气田	春光油田	玉北油田	江汉盆地	镇泾油田	河南油田	鄂尔多斯
5～10μm	11.7 (7.5～18.4)	11.4 (3.9～17.6)	4.3 (1.5～11.0)	16.6 (8.2～22.5)	12.0 (10.8～13.4)	18.2 (17.4～19)	2.9 (2.5～3.2)
10～50μm	26.8 (19.7～49.7)	26.8 (10.3～55.6)	19.6 (9.3～38.2)	33.3 (26.3～49.5)	42.4 (41.6～43.5)	36.5 (33.6～39.3)	8.8 (4.5～16.4)
50～100μm	9.8 (2.5～17.1)	14.2 (2.3～30.6)	36.2 (26.6～50.8)	6.3 (1.5～15.8)	9.7 (9～10.8)	4.1 (3.9～4.2)	24.7 (10.5～47.1)
100～500μm	13.9 (0.2～39.1)	9.8 (0.2～33.1)	29.4 (6.3～45.3)	8.5 (0～30.0)	0.5 (0.1～1.0)	0.1 (0～0.2)	50.6 (20.1～71.8)

4. 土壤总磷、硫酸根及氯离子含量的测定

这三种理化因子的浓度最高的采样区均为春光油田采样区，特别是硫酸根及氯离子的含量远高于其他采样区（表3-12）。磷在同一区域不同样品间的变化不算很大，差异范围最大的普光气田最高值也不到最低值的5倍。硫酸根及氯离子在同一区域不同样品间含量的差异要大于磷。例如，普光气田样品间硫酸根的含量差别可达近40倍，氯离子的含量差别在16.7倍左右。

表3-12　部分采样区土壤样品的总磷、硫酸根及氯离子的含量及范围

采样区	样品数量/个	总磷/（μg/g）	硫酸根/（μg/g）	氯离子/（μg/g）
普光气田	35	377.1（161～793）	49.9（12.7～505.0）	29.1（9.1～152.0）
春光油田	8	561.3（353～754）	6425（535～13510）	1617（164～4065）
江汉盆地	6	404（271～605）	54.7（11.4～118.0）	30.2（7.8～51.0）
镇泾油田	3	384（332～418）	136.2（24.7～290.5）	21.6（6.9～32.4）
河南油田	2	126（68～125）	64.1（35.2～93.0）	18.3（17.7～18.9）
鄂尔多斯	3	135（71～235）	134.2（19.6～308.5）	28.9（5.9～52.5）

5. 土壤金属元素含量的测定

本次测定的土壤金属元素有9种，分别为铝（Al）、钙（Ca）、铜（Cu）、铁（Fe）、钾（K）、镁（Mg）、锰（Mn）、钠（Na）、锌（Zn）。其中Al、Fe、K、Ca、Na及Mg这6种金属元素的含量为mg级每克干土，Mn、Zn及Cu的含量则低得多，在μg级每克干土（表3-13～表3-15）。

表 3-13　部分采样区土壤样品的 Al、Fe 及 K 的含量及范围

采样区	样品数量/个	Al/（mg/g）	Fe/（mg/g）	K/（mg/g）
普光气田	35	77.2（55.8~88.1）	36.9（22.4~46.2）	21.3（15.7~26.4）
春光油田	8	66.8（59.9~79.1）	32.7（28.4~40.2）	22.6（20.6~25.0）
江汉盆地	6	77.1（52.0~94.0）	43.6（29.7~53.3）	21.5（15.5~24.9）
镇泾油田	3	66.6（64.3~68.2）	33.5（32.0~34.3）	20.4（20.0~20.8）
河南油田	2	72.5（69~76）	35.7（31.7~39.6）	16.3（15.4~17.2）
鄂尔多斯	3	56.6（54.5~57.9）	19.8（16.5~24.8）	17.7（16.1~18.9）
所有样品	57	73.9（52.0~94.0）	35.9（16.5~53.3）	21.1（15.4~26.4）

表 3-14　部分采样区土壤样品的 Ca、Na 及 Mg 的含量及范围

采样区	样品数量/个	Ca/（mg/g）	Na/（mg/g）	Mg/（mg/g）
普光气田	35	7.7（2.9~15.1）	11.0（5.3~16.7）	10.2（5.9~13.8）
春光油田	8	57.7（35.4~73.4）	16.7（15.0~18.3）	19.8（16.9~21.7）
江汉盆地	6	25.3（16.3~39.2）	9.5（7.3~12.0）	14.6（12.3~16.6）
镇泾油田	3	32.5（23.9~39.6）	13.0（12.4~13.4）	12.2（11.9~12.4）
河南油田	2	12.6（9.0~16.2）	10.0（10.0~10.1）	9.2（7.0~11.4）
鄂尔多斯	3	28.7（18.6~45.2）	18.1（14.1~20.2）	6.9（5.2~9.9）
所有样品	57	19.2（2.9~73.4）	12.1（5.3~20.2）	11.9（5.2~21.7）

表 3-15　部分采样区土壤样品的 Mn、Zn 及 Cu 的含量及范围

采样区	样品数量/个	Mn/（μg/g）	Zn/（μg/g）	Cu/（μg/g）
普光气田	35	677（466~950）	94（62~159）	20（8~29）
春光油田	8	673（612~740）	83（72~99）	24（19~35）
江汉盆地	6	812（584~1021）	102（66~127）	31（16~42）
镇泾油田	3	623（591~642）	72（70~73）	18（16~19）
河南油田	2	596（485~707）	63（58~67）	19（18~20）
鄂尔多斯	3	355（297~410）	35（28~46）	4（2~7）
所有样品	57	668（297~1021）	88（28~159）	21（2~42）

从所有 57 个样品来看,Al 的含量平均值达 73.9mg/g,含量为 52.0～94.0mg/g,最低值出现在江汉盆地油田区上方样,最高值出现在同一区域的气田区上方样。Fe 的含量仅次于 Al,平均值为 35.9mg/g,含量为 16.5～53.3mg/g,最低值出现在鄂尔多斯气田上方样,最高值出现在江汉盆地的气田区背景样。其次为 K 的含量,平均值为 21.1mg/g,含量为 15.4～26.4mg/g,最低值出现在河南油田背景点,最高值出现在普光气田焦滩相上方点。

Ca 含量的平均值为 19.2mg/g,和 K 含量非常接近,但其含量范围在不同样品间变化很大,为 2.9～73.4mg/g,最低值出现在普光气田的 P25-2 样品,为一种紫褐色亚砂土,最高值出现在春光油田稀油区上方点。Na 含量的平均值为 12.1mg/g,含量为 5.3～20.2mg/g,最低值出现在普光气田焦滩相上方点,而该点的钾含量却是最高的;最高值出现在鄂尔多斯气田上方样,有趣的是该点的 Fe 含量是最低的。Mg 含量的平均值为 11.9mg/g,含量为 5.2～21.7mg/g,平均值及分布范围都跟 Na 极其相似,最低值出现在鄂尔多斯气田上方样,而该点的 Na 含量却几乎是最高的;最高值出现在春光油田 beijing-1 采样点。

Mn 的含量比以上大量金属元素的含量约低两个数量级,平均值为 668μg/g,含量为 297～1021μg/g,和 Mg 一样,其最低值出现在鄂尔多斯气田上方样,最高值出现在江汉盆地气田区上方样。Zn 的含量比以上大量金属元素的含量约低 3 个数量级,平均值为 88μg/g,含量为 28～159μg/g,最低值出现在鄂尔多斯气田上方样,最高值出现在普光气田焦滩相上方点。Cu 的含量在 9 种金属元素中最低,平均值仅为 21μg/g,含量为 2～42μg/g,最低值出现在鄂尔多斯气田上方样,最高值出现在江汉盆地气田区背景样。

从不同的采样区来看,金属元素的含量排序又呈现出明显的变化。普光气田的样品与所有样品金属元素含量排序基本一致,但 Ca 含量的平均值仅为 7.7mg/g。而春光油田样品却相反,Ca 含量远高于其他区域的样品,平均值为 57.7mg/g;并且 Mg 的含量也比其他区域样品高,这可能是由于不同区域的土壤样品成土母质的差异。江汉盆地的 Mn、Zn、Cu 的含量平均值都是最高的,并且 Al 和 Fe 的极端最高值也出现在该区域的样品中。镇泾油田金属含量与全部样品的平均值排序基本一致,仅 Ca 含量相对较高。鄂尔多斯样品的 Al、Fe、Mn、Zn、Cu 含量在所有样品中最低,特别是 Mn、Zn、Cu 的含量远低于所有样品的平均值,唯有 Ca、Na 略高于所有样品的平均值。

从同一采样区的不同样品来看,差异也比较明显,这一点在每个采样区每种金属元素含量的变化范围上可以看到。因此,综合以上结果,可以看出本次所分析的土壤样品的金属元素含量无论在区域间还是区域内部都具有较大的差异量,这一特点非常适合多元统计分析该理化指标是否影响了其他指标,如微生物的组成。

6. 土壤六六六及滴滴涕含量的测定

有机氯农药,如六六六和滴滴涕是一类高残留的杀虫剂,在我国已被禁用30余年,但其在土壤中分解缓慢,因此其残留量可在一定程度上反映某个区域的人类农业活动的强度,进而将这类数据和土壤中的微生物的组成进行相关性分析,以间接反映人类活动强度对土壤微生物组成的影响。本次检测六六六的浓度为 4 种同分异构体(α-666、β-666、γ-666、δ-666)的含量之和。滴滴涕(DDT)的浓度为其各同系物含量的总和(p, p′-DDE、p, p′-DDD、o, p′-DDT、p, p′-DDT)。样品均检测到不同水平的两种有机氯农药(表 3-16)。所有采样区的六六六平均浓度为 0.73μg/kg,最低值为 0μg/kg,最高值为 2.052μg/kg,出于普光气田样品。普光气田比 10 年前黄淮海地区农业土壤中的六六六含量(4.01μg/kg)略低。而滴滴涕的含量平均值及变化范围均比六六六要大得多,平均值为9.578μg/kg,但变化范围达到了 0.427~269.03μg/kg,最低值出现在春光油田样品,最高值为普光气田样品,江汉盆地的一个油田区上方样品也达到了84.64μg/kg。因此滴滴涕的高值并不局限于某个区域,在区域间及区域内部都有一定的差异范围。

表 3-16　部分采样区土壤样品的六六六及滴滴涕的浓度及范围

采样区	样品数量/个	六六六/(μg/kg)	滴滴涕/(μg/kg)
普光气田	35	0.723(0.352~2.052)	11.260(0.681~269.03)
春光油田	8	0.648(0~1.456)	4.420(0.427~24.25)
江汉盆地	6	0.925(0.628~1.401)	17.650(1.248~84.64)
镇泾油田	3	0.784(0.719~0.857)	1.401(1.255~1.593)
河南油田	2	0.666(0.599~0.733)	1.450(1.393~1.507)
鄂尔多斯	3	0.629(0.572~0.715)	1.167(0.932~1.32)
所有样品	57	0.730(0~2.052)	9.578(0.427~269.03)

(二)油气微生物与地表环境因子相关性

1. 甲烷氧化菌丰度与地表环境因子相关性分析

甲烷氧化菌丰度数据共 79 个,环境因子中的含水率、硝态氮(含亚硝态氮)、铵态氮、pH 及颗粒组成在所有样本中都检测了,首先分析这两组数据之间的相关性。使用 SPSS 软件进行 Pearson 及 Spearman 两种相关性分析。分析结果见表 3-17，从表中可以看到含水率和甲烷氧化菌丰度没有相关性，硝态氮影响的显著性在 Pearson 及 Spearman 两种方法间不同，但后者的显著性系数已接近 0.05 水平，因此，硝态氮和甲烷氧化菌丰度间可能具有较弱的负相关关系。铵态氮与甲烷氧化菌丰度呈显著负相关关系，两种方法结论一致。pH 的影响结果类似于硝态氮，两种方法结论不完全一致，但根据显著性系数的大小也可以推测 pH 和甲烷氧化菌丰度具有一定的负相关性。不同大小的颗粒对甲烷氧化菌丰度的影响显著不同，相关性最强的为 50～100μm 颗粒，呈显著的负相关关系（$P<0.01$），其次为 2～5μm 颗粒，呈显著的正相关性（$P<0.05$），其他粒径的颗粒含量和甲烷氧化菌的丰度没有相关关系。

表 3-17　含水率、硝态氮、铵态氮、pH 及颗粒组成与甲烷氧化菌丰度的关系

环境因子	Pearson 相关系数	显著性	Spearman 相关系数	显著性
含水率	0.173	0.127	0.127	0.265
硝态氮	**−0.240**	**0.033**[*]	−0.211	0.062
铵态氮	**−0.336**	**0.002**[**]	**−0.388**	**0.000**[**]
pH	−0.221	0.050	**−0.295**	**0.008**[*]
小于 2μm 颗粒	0.069	0.543	0.194	0.086
2～5μm 颗粒	**0.244**	**0.030**[*]	**0.269**	**0.017**[*]
5～10μm 颗粒	0.189	0.095	0.165	0.147
10～50μm 颗粒	0.062	0.585	0.044	0.697
50～100μm 颗粒	**−0.311**	**0.005**[**]	**−0.426**	**0.000**[**]
100～500μm 颗粒	−0.042	0.715	−0.117	0.305
500～1000μm 颗粒	0.042	0.714	0.019	0.868

* 在 0.05 水平（双侧）上显著相关；** 在 0.01 水平（双侧）上显著相关

金属元素等环境因子数据共有 57 组，同样采用 Pearson 及 Spearman 两种方法分析这些环境因子与甲烷氧化菌丰度之间的关系。结果见表 3-18：总氮的影响不能确定，两种方法的分析结果差别较大；P 对甲烷氧化菌丰度无影响；硫酸根和氯离子对甲烷氧化菌丰度呈显著负相关；9 种金属元素大部分的含量与甲烷氧化菌丰度没有直接关系。Ca 和 Zn 根据其中方法的结果显示有相关性，而另一种方法的结果则确定没有相关关系，六六六的情况也一样，所以这几个环境因子对甲烷氧化菌丰度的影响不能确定，需要进一步的研究。

表 3-18　金属元素、总氮等环境因子与甲烷氧化菌丰度的关系

环境因子	Pearson 相关系数	显著性	Spearman 相关系数	显著性
总氮	0.094	0.408	**0.271**	**0.016***
总磷	0.102	0.370	0.113	0.320
硫酸根	**−0.504**	**0.000****	−0.301	**0.023***
氯离子	**−0.464**	**0.000****	−0.364	**0.005****
Al	0.117	0.303	0.161	0.157
Fe	0.153	0.179	0.221	0.050
K	0.073	0.522	0.081	0.477
Ca	**−0.233**	**0.038***	0.010	0.931
Na	−0.077	0.500	−0.093	0.414
Mg	−0.097	0.393	−0.015	0.897
Mn	0.152	0.181	0.140	0.218
Zn	0.186	0.101	**0.245**	**0.030***
Cu	0.094	0.408	0.064	0.577
六六六	**0.338**	**0.010***	0.200	0.137
滴滴涕	0.152	0.258	0.259	0.051

* 在 0.05 水平（双侧）上显著相关；** 在 0.01 水平（双侧）上显著相关

2. 甲烷氧化菌的相对数量与环境因子的相关性分析

根据 16S rRNA 测序结果获得总微生物的组成信息，计算其中甲烷氧化菌的比例作为其在总微生物中的相对含量，可以在一定程度上表示特定环境下甲烷氧化菌在总微生物中的相对优势度。分析方法和第一节相同，分析结果见表 3-19 和表 3-20。含水率、氮盐及 pH 均未表现出与甲烷氧化菌相对数量的相关性，5μm 以下的颗粒和甲烷氧化菌相对数量呈负相关关系，但这种关系是否显著在 Pearson 和 Spearman 两种分析方法间有差异。100μm 以上的颗粒和甲烷氧化菌相对数量呈正相关关系，特别是 500μm 以上的颗粒，两种分析方法结果一致，具有显著性（$P < 0.05$）。总氮和总磷与甲烷氧化菌相对数量呈负相关关系，总磷的影响两种方法的结果均为显著（$P < 0.01$）。硫酸根和氯离子没有显著影响。所有检测的金属离子（除 Na 外）都和甲烷氧化菌相对数量呈负相关，其中 Mg、Mn、Zn 及 Cu 相关性显著。六六六的影响两种分析方法结果不一致，滴滴涕影响不显著。

表 3-19　含水量、硝态氮、铵态氮、pH 及颗粒组成与甲烷氧化菌相对数量的关系

环境因子	Pearson 相关系数	显著性	Spearman 相关系数	显著性
含水量	0.005	0.965	0.134	0.239
硝态氮	−0.137	0.230	−0.173	0.128
铵态氮	0.050	0.661	−0.104	0.364
pH	0.061	0.590	−0.178	0.117
<2μm 颗粒	**−0.328**	**0.003**[**]	−0.201	0.076
2～5μm 颗粒	**−0.237**	**0.035**[*]	−0.074	0.517
5～10μm 颗粒	−0.139	0.222	−0.083	0.468
10～50μm 颗粒	−0.111	0.331	−0.043	0.704
50～100μm 颗粒	0.120	0.294	−0.132	0.246
100～500μm 颗粒	**0.320**	**0.004**[**]	0.108	0.345
500～1000μm 颗粒	**0.258**	**0.022**[*]	**0.224**	**0.048**[*]

* 在 0.05 水平（双侧）上显著相关；** 在 0.01 水平（双侧）上显著相关

表 3-20　金属离子、总氮等环境因子与甲烷氧化菌相对数量的关系

环境因子	Pearson 相关系数	显著性	Spearman 相关系数	显著性
总氮	**−0.282**	**0.034**[*]	−0.245	0.066
总磷	**−0.493**	**0.000**[**]	**−0.585**	**0.000**[**]
硫酸根	−0.199	0.138	0.023	0.864
氯离子	−0.205	0.126	−0.260	0.051
Al	−0.145	0.281	−0.026	0.845
Fe	**−0.306**	**0.021**[*]	−0.216	0.106
K	−0.260	0.051	−0.255	0.056
Ca	−0.072	0.593	−0.115	0.394
Na	0.168	0.213	0.040	0.766
Mg	**−0.313**	**0.018**[*]	**−0.320**	**0.015**[*]
Mn	**−0.383**	**0.003**[**]	**−0.375**	**0.004**[**]
Zn	**−0.484**	**0.000**[**]	**−0.410**	**0.002**[**]
Cu	**−0.352**	**0.007**[**]	**−0.458**	**0.000**[**]
六六六	0.015	0.898	**0.296**	**0.008**[**]
滴滴涕	−0.077	0.498	0.196	0.084

* 在 0.05 水平（双侧）上显著相关；** 在 0.01 水平（双侧）上显著相关

3. 甲烷氧化菌 *pmoA* 功能基因组成与环境因子相关性分析

甲烷氧化菌 *pmoA* 功能基因型为高通量测序获得的所有 42 个基因型，包括一些只能分类到 I 型甲烷氧化菌或 II 型甲烷氧化菌而无法确定下一级分类的 unclassified 基因型。共筛选了 31 个样本的 *pmoA* 功能基因组成数据及 26 个环境因子数据，借助 R 软件平台及多元统计分析方法分析甲烷氧化菌 *pmoA* 功能基因组成与环境因子的相关性，定量解析每一种环境因子的影响程度。

首先对 *pmoA* 功能基因组成数据进行 DCA 分析，以确定用哪种排序方式进行分析。DCA 结果中 Axis lengths 最大值为 3.32，因此用基于线性模型的 CCA（典范对应分析）和基于单峰模型的 RDA（冗余分析）都可以。然后采用蒙特卡罗置换检验分析各个环境因子对群落分布解释的显著性，permu=999 表示置换循环的次数；通过 *p* 值进行检验显著性，检验结果见表 3-21。在 26 个环境因子中，对甲烷氧化菌群落结构分布的解释具有显著性的为含水率（即土壤湿度）、pH、小于 2μm 的土壤颗粒、总氮、Ca 及六六六，无论是否对环境因子进行标准化处理，分析结果都是一致的，仍然是这 6 个环境因子最能解释 *pmoA* 基因的组成变化。这与国际上研究甲烷氧化菌分布的主流观点非常一致。因此选择这 6 个环境因子在 RDA 排序图（图 3-75）中展示，RDA 分析结果表明甲烷氧化菌群落的总变化量为 2713，所选 6 种环境因子的总解释量为 1399，占 51.6%。进一步针对各因子进行偏分析，即固定其他因子，分析单个因子的解释量，那么 6 个因子单独的解释量见表 3-21，其中含水率的解释量最大占 13.07%，说明在本次分析的样品中，原位土壤的含水率对甲烷氧化菌的组成影响最大，其次为 pH 占 4.77%，总氮和小于 2μm 的土壤颗粒解释量都在 2.8% 左右，Ca 和六六六的单独解释量在 1.2% 左右。

表 3-21　环境因子对甲烷氧化菌群落分布解释的显著性

	RDA1	RDA2	R2	*P*	解释量/%
土壤含水率	−0.203	0.979	0.505	**0.001**[**]	**13.07**
硝态氮	0.998	0.058	0.007	0.909	—
铵态氮	0.369	0.930	0.008	0.902	—
pH	0.397	0.918	0.628	**0.001**[**]	4.77
小于 2μm 颗粒	0.965	−0.261	0.311	**0.007**[**]	2.77
2~5μm 颗粒	0.952	−0.307	0.199	0.053	
5~10μm 颗粒	0.486	0.874	0.044	0.516	
10~50μm 颗粒	−0.762	0.648	0.110	0.195	
50~100μm 颗粒	−1.000	−0.005	0.005	0.96	

	RDA1	RDA2	R2	P	解释量/%
100~500μm 颗粒	−0.934	−0.356	0.057	0.461	—
500~1000μm 颗粒	−0.909	−0.417	0.126	0.13	—
总氮	0.967	−0.254	0.368	**0.001****	2.82
总磷	0.998	−0.061	0.113	0.194	—
Al	−0.506	−0.863	0.077	0.295	—
Ca	0.191	0.982	0.475	**0.002****	1.14
Cu	0.041	0.999	0.020	0.741	—
Fe	−0.857	0.516	0.007	0.907	—
K	0.178	−0.984	0.095	0.251	—
Mg	−0.534	0.845	0.176	0.054	—
Mn	0.971	−0.240	0.027	0.655	—
Na	−0.943	0.332	0.064	0.395	—
Zn	0.409	−0.912	0.080	0.311	—
硫酸根	0.644	0.765	0.011	0.846	—
氯离子	0.894	−0.448	0.022	0.781	—
六六六	1.000	0.029	0.245	**0.014***	1.25
滴滴涕	0.228	−0.974	0.009	0.937	—

* 在 0.05 水平上显著相关；** 在 0.01 水平上显著相关

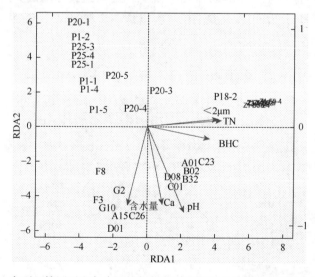

图 3-75　主要环境因子和包含甲烷氧化菌群落的样本分布关系的 RDA 排序图

（三）油气微生物勘探采集方案优化

1. 重要环境因子评估

相较于自然地理因素，人类利用土地进行农牧业生产对土壤微生物的影响更加巨大。这些活动主要包括土壤翻耕及各种肥料和农药的施用。土壤翻耕会迅速破坏长期自然历史条件下形成的土壤分层结构，剧烈改变土壤微生物包括甲烷氧化菌的生存环境，进而影响甲烷氧化菌的数量和活性。已有的大量研究表明，旱地好氧土壤在自然状态下大气甲烷氧化能力最强，当受到人类活动干扰后，其大气甲烷氧化能力显著降低甚至完全消失。虽然农场或牧场通过自然或生态恢复并排除人类活动干扰后，大气甲烷氧化能力又会恢复，但这一过程往往耗时至少数十年。而大量施用化肥特别是氮肥，会大大刺激土壤中氮循环的相关微生物的大量生长，并长期维持一个较高的数量水平。而已有证据表明氨氧化细菌的大量存在会抑制甲烷氧化菌发挥活性。这是由于铵态氮在分子结构上和甲烷非常相似，也可以和甲烷单加氧酶结合，对甲烷氧化有竞争性抑制作用，在低浓度甲烷环境里这种抑制效应会更加显著。

因此，地表环境中油气指示微生物的类群与数量，不仅与油气藏形成的地质历史过程紧密相关，也可能受到自然环境与人为活动的影响。例如，淹水可能导致甲烷氧化菌的增加，短链烃氧化菌的快速繁殖；而氮肥施用则在一定程度可能抑制甲烷氧化菌的生长。通过建立地表环境参数与油气微生物的关系，有可能更加准确地反映短链烃氧化菌的油气指示意义，更好地排除非油气因素干扰，更准确地服务于油气微生物勘探。

通过对各勘探区块共计 3655 个物理样点，29240 个检测指标进行研究统计后，以各勘探区块的 pH 与含水率这两大重要环境影响因素为例，表明各区块样品具有典型的地域特征。

如图 3-76 所示，各勘探区块 pH 为 6.5～9.5。如图 3-77 所示，微生物异常分部上弱酸地区相比碱性地区异常要显著。土壤样品含水率大于 20% 的油气微生物值较低含水率地区要高，含水率较低地区异常阈值也较低（图 3-78、图 3-79）。因此对于不同采样区块的采集与预处理方式需要因地制宜，不同的区块异常阈值的范围也同样有差异。

2. 采样密度影响分析

传统的统计学方法在描述土壤变异时假定采样区的土壤特性变化是随机的，而地统计学研究表明土壤特性的变化并非完全随机，在空间上具有关联性，

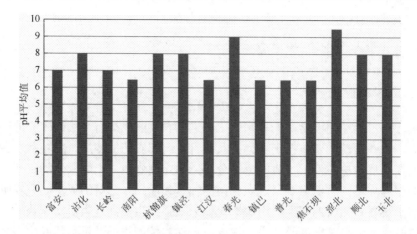

图 3-76 各勘探区块样品 pH 平均值

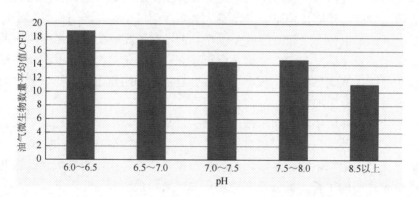

图 3-77 不同 pH 范围内油气微生物数量平均值

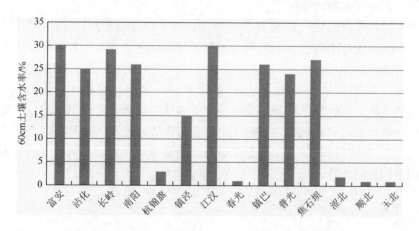

图 3-78 各勘探区块样品 60cm 土壤含水率平均值

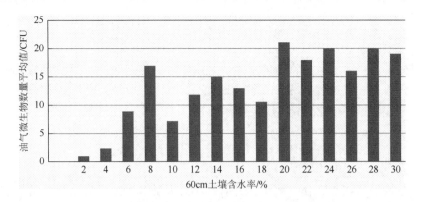

图 3-79　不同土壤含水率范围内油气微生物数量平均值

因此利用传统方法来制定采样模式并不是最优的，因为它未考虑土壤特性的空间相关性和采样的空间位置，只能概括土壤特性变化的全貌而不能反映局部的变化特征。而局部的变化特征，对于油气地球化学勘探至关重要。地统计学的插值权重和预测方差依赖于待估样点与邻近实测样点的空间构型关系及变异函数。如果知道了变异函数，就可以确定克里格预测误差，因此在进行采样前，可以设计采样模式来满足一定的精度要求。变异系数可以用来优化采样的间距并预测区域化均值和局部值，进而用于克里格制图中，对克里格插值法或其他任何插值方法，相邻采样点的距离应小于其空间相关性的变程（与油气藏大小相关）。如果采样点的间距大于变程，那么克里格插值法只是返回了邻域内这些样点观测值的平均值。

在网格取样方法的基础上，采用地统计方法，可揭示土壤特性的空间变异规律。地统计学提供了一个描述区域化变量空间连续性的方法。许多田间的变异性明显符合区域变量理论参数，现在已经证明这种区域化变量理论是研究土壤特性空间变异，以及绘制土壤特性空间变异图的有效方法。地统计学方法通过系统的格网采样，将格网间距作为变异函数的滞后距离来计算相对的半方差值，并将其用于随后的每个单元面积上的最小克里格方差的计算中来设计采样模式。对于任一固定的采样尺寸和样区，该方法发挥了土壤特性的空间优势，减少了对"信息"的重复，提高了采样的精度，节省了采样的成本。研究发现，系统的格网采样，其精度的增加依赖于块金方差和空间相关结构方差的比值。如果发生纯块金效应，也就是说土壤特性不存在空间相关性，系统化的格网采样与随机采样相比其精度基本不会增加，但如果存在空间相关性，那么精度的增加会很大。许多学者已成功应用地统计理论和方法研究土壤特性的空间变异和空间相关性，并在土壤制图中进行土壤特征值的局部估计和设计采样方案。

采用对数正态克里格法对沾化实验区块中气田的采样密度进行探索。算法和公式推导如下。

首先，假定油气微生物值的平均值是未知的。假定 $Z(x)$ 是满足假设的一个随机过程，该随机过程有 n 个观测值 $z(x_i)$，$i=1, 2, \cdots, n$。要预测未采样点 x_0 处的值，则线性预测值 $Z^*(x)$ 可以表示为

$$Z^*(x_0) = \sum_{i=1}^{n} \lambda_i Z(x_i) \tag{3-4}$$

克里格插值法是在使预测无偏并有最小方差的基础上去确定最优的权重值。它在满足以下两个条件下，实现线性无偏最优估计。

无偏性条件和最优条件：

$$E[Z^*(x_0) - Z(x_0)] = 0 \tag{3-5}$$

$$\text{var}[Z^*(x_0) - Z(x_0)] = \min \tag{3-6}$$

利用式（3-4）取代式（3-5）的左边部分，则有

$$E[Z^*(x_0) - Z(x_0)]E\left[\sum_{i=1}^{n} \lambda_i Z(x_i) - Z(x_0)\right] = \sum_{i=1}^{n} \lambda_i E[Z(x_i)] - E[Z(x_0)] \tag{3-7}$$

根据假设 $E[Z(x_i)] = E[Z(x_0)] = m$ 以及式（3-7）的推导，可以进一步表示为

$$\sum_{i=1}^{n} \lambda_i E[Z(x_i)] - E(Zx_0) = \sum_{i=1}^{n} \lambda_i m - m = m\sum_{i=1}^{n} \lambda_i - 1 = 0 \tag{3-8}$$

很显然，要使式（3-8）成立，必须满足如下条件：

$$\sum_{i=1}^{n} \lambda_i = 1 \tag{3-9}$$

在假设条件下，式（3-6）左边的式子可表示为

$$\text{var}[Z^*(x_0) - Z(x_0)] = E\{[Z^*(x_0) - Z(x_0)]^2\}$$
$$= 2\sum_{i=1}^{n} \lambda_i \gamma(x_i, x_0) - \sum_{i=1}^{n}\sum_{j=1}^{n} \lambda_i \lambda_j \gamma(x_i, x_j) \tag{3-10}$$

式中：$\gamma(x_i, x_j)$ 是数据点 x_i 和 x_j 之间的半方差值；$\gamma(x_i, x_0)$ 是数据点 x_i 和预测点 x_0 之间的半方差值。任何克里格预测都有一个预测方差的问题，这里用 $\sigma^2(x_0)$ 来表示。要根据权重和等于 1 这一条件找到使预测方差最小的权重，这可以通过拉格朗日乘数 φ 来帮助实现。

定义一个辅助函数 $f(x_i,\varphi)$，它的数学表达式为

$$f(x_i,\varphi) = \text{var}[Z^*(x_0) - Z(x_0)] - 2\varphi\left(\sum_{i=1}^{n}\lambda_i - 1\right) \qquad (3\text{-}11)$$

分别对辅助函数的权重 λ_i 和拉格朗日乘数 φ 求一阶导数使其等于 0，则对任意 i=1, 2, ···, n 有

$$\frac{\partial f(\lambda_i,\varphi)}{\partial \lambda_i} = 0$$
$$\frac{\partial f(\lambda_i,\varphi)}{\partial \varphi} = 0 \qquad (3\text{-}12)$$

则普通克里格的预测方程组为

$$\sum_{i=1}^{n}\lambda_i\gamma(x_i,x_j) + \varphi(x_0) = \gamma(x_j,x_0)$$
$$\sum_{i=1}^{n}\lambda_i = 1 \qquad (3\text{-}13)$$

这是一个 n+1 阶线性方程组，通过该公式可以得到 λ_i，将其代入克里格预测公式，可以得到预测方差：

$$\sigma^2(x_0) = \sum_{i=1}^{n}\lambda_i\gamma(x_i,x_0) + \varphi \qquad (3\text{-}14)$$

如果预测点恰好是其中的一个实测点 x_j，则当 $\lambda(x_j)=1$ 时且其他所有的权重等于 0 时 $\sigma^2(x_0)$ 最小。事实上将权重代入式（3-11）时 $\sigma^2(x_0)=0$，预测值 $z(x_0)$ 就是实测值 $z(x_j)$。因此点状克里格是精确的插值方法。

克里格公式可以用矩阵的形式来表示，对点状克里格预测，有

$$A \cdot \begin{bmatrix} \lambda \\ \varphi \end{bmatrix} = B \qquad (3\text{-}15)$$

这里：

$$A = \begin{bmatrix} \gamma(x_1,x_1) & \gamma(x_1,x_2) & \cdots & \gamma(x_1,x_n) & 1 \\ \gamma(x_2,x_1) & \gamma(x_2,x_2) & \cdots & \gamma(x_2,x_n) & 1 \\ \vdots & \vdots & & \vdots & \vdots \\ \gamma(x_n,x_1) & \gamma(x_n,x_2) & \cdots & \gamma(x_n,x_n) & 1 \\ 1 & 1 & \cdots & 1 & 0 \end{bmatrix}$$

$$B = \begin{bmatrix} \gamma(x_1, x_0) \\ \gamma(x_2, x_0) \\ \vdots \\ \gamma(x_n, x_0) \\ 1 \end{bmatrix} \cdot \begin{bmatrix} \lambda \\ \varphi \end{bmatrix} = \begin{bmatrix} \lambda_1 \\ \lambda_2 \\ \vdots \\ \lambda_n \\ \varphi \end{bmatrix} \qquad (3\text{-}16)$$

矩阵 A 中的 $\gamma(x_1, x_1)$，…，$\gamma(x_n, x_n)$ 是实测点之间的半方差值，矩阵 B 中的 $\gamma(x_1, x_0)$，…，$\gamma(x_n, x_0)$ 为实测点 x_i 和内插点 x_0 之间的半方差值，φ 是拉格朗日乘数。矩阵 A 是可逆的，因此有

$$\begin{bmatrix} \lambda \\ \varphi \end{bmatrix} = A^{-1} \cdot B \qquad (3\text{-}17)$$

这时克里格预测方差为

$$\sigma^2(x_0) B^{\mathrm{T}} \begin{bmatrix} \lambda \\ \varphi \end{bmatrix} \qquad (3\text{-}18)$$

最后，将数据油气微生物值 $z(x_1)$，$z(x_2)$，…，转为对应的自然对数形式即 $y(x_1)$，$y(x_2)$，…，称是来自二阶平稳性的随机变量 $Y(x) = \ln Z(x)$ 的一个样本。计算 $Y(x)$ 的变异函数，然后用转换后的数据通过普通克里格法或简单克里格法来预测目标点或块段的 Y 值。预测值也是对数的形式。

传统的油气地球化学勘探根据不同的勘探任务，可以设置合理的样点采集密度。由于微生物勘探至今仍无标准，不同采样密度对油气识别的影响未见报道。因此，本书选择在气田上方设置不同的采样密度，分别为 250m×250m、500m×500m 和 1000m×1000m，如图 3-80 所示。

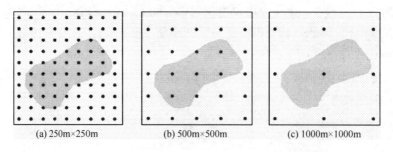

(a) 250m×250m　　　　(b) 500m×500m　　　　(c) 1000m×1000m

图 3-80　实验区气田上方不同采样密度的实验示意图

采用地统计软件 GS+9.0，得到了不同采样密度下的半变异函数曲线及其对应的插值预测图对各个采样密度进行变异函数结构，分析发现，3 种采样密度的半方差值利用指数模型拟合的效果最好。250m×250m、500m×500m 采样密度下的变程也就是自相关距离相差不大（500m 左右），而 1000m×1000m 采样密度的半

变异函数未能拟合成曲线，这主要是因为气田范围较小，东西相距仅 2000m，气田上方仅有一个采样点。块金系数和基台值的比值表示空间相关性程度，如果比值小于 25%，说明变量具有强烈的空间相关性；在 25%~75%，变量具有中等程度的空间自相关；比值大于 75% 时，变量空间相关性很弱；如果比值接近 1，则变量在整个尺度上具有恒定的变异。因此 250m×250m、500m×500m 采样密度下微生物分布是强烈相关的，而 1000m×1000m 采样密度下不存在任何的相关性。决定系数反映了所选模型对半方差值的拟合程度，250m×250m 采样密度的决定系数为 0.7，拟合的结果较好，而 500m×500m 采样密度的决定系数则只有 0.1，表明拟合的结果较差。对插值预测图上可以看出，250m×250m 采样密度下，能够很好地指示气藏的位置和范围，表明在气藏范围内微生物值有非常好的空间连续性。而 500m×500m 在气藏上方也有明显的高值区，但指示效果明显变差。1000m×1000m 的采样密度，对于这种面积范围的气田而言基本没有效果，与随机采样没有区别。因此，本书中最小边界距离为 0.75km 的油气藏，采样密度需最好小于 250m，不能大于 500m。因此，在进行详查或精查时，应保证最小油藏边界方向每千米范围内应部署不少于 4 条微生物测线。

参 考 文 献

[1] BOSSIO D A, SCOW K M, GUNAPALA N, et al. Determinants of soil microbial communities: effects of agricultural management, season and soil type on phospholipid fatty acid profiles[J]. Microbial ecology, 1998, 36 (1): 1-12.

[2] SHRESTHA M. Dynamics of methane oxidation and composition of methanotrophic community in planted rice microcosms[D]. Marburg: Philipps University of Marburg, 2008.

[3] SCHUBOTZ F, LIPP J S, ELVERT M, et al. Stable carbon isotopic compositions of intact polar lipids reveal complex carbon flow patterns among hydrocarbon degrading microbial communities at the Chapopote asphalt volcano[J]. Geochimica et cosmochimica acta, 2011, 75 (16): 4399-4415.

[4] SCHUBOTZ F, LIPP J S, ELVERT M, et al. Petroleum degradation and associated microbial signatures at the Chapopote asphalt volcano, Southern Gulf of Mexico[J]. Geochimica et cosmochimica acta, 2011, 75 (16): 4377-4398.

[5] 刘波, 胡桂萍, 郑雪芳, 等. 利用磷脂脂肪酸（PLFAs）生物标记法分析水稻根际土壤微生物多样性[J]. 中国水稻科学, 2010, 24 (3): 278-288.

[6] KINNAMAN F S, VALENTINE D L, TYLER S C. Carbon and hydrogen isotope fractionation associated with the aerobic microbial oxidation of methane, ethane, propane and butane[J]. Geochimica et cosmochimica acta, 2007, 71 (2): 271-283.

[7] ZHANG C L, HUANG Z, CANTU J, et al. Lipid biomarkers and carbon isotope signatures of a microbial (beggiatoa) mat associated with gas hydrates in the gulf of mexico[J]. Applied and environmental microbiology, 2005, 71 (4): 2106-2112.

[8] CHEN Y, DUMONT M G, MCNAMARA N P, et al. Diversity of the active methanotrophic community in acidic peatlands as assessed by mRNA and SIP-PLFA analyses[J]. Environmental microbiology, 2008, 10 (2): 446-459.

[9]　ANDREWS J H，HARRIS R F. R-selection and K-selection and microbial ecology[M]. Advances in microbial ecology，1986，9：99-147.

[10]　KRAUSE S，LÜKE C，FRENZEL P. Succession of methanotrophs in oxygen-methane counter-gradients of flooded rice paddies[J]. The ISME journal，2010，4（12）：1603-1607.

[11]　STRIEGL R G，MCCONNAUGHEY T A，THORSTENSON D C，et al. Consumption of atmospheric methane by desert soils[J]. Nature，1992，357（6374）：145-147.

[12]　VALENTINE D L. Emerging topics in marine methane biogeochemistry[J]. Annual review of marine science，2011，3：147-171.

[13]　BOECKX P，CLEEMPUT O V. Methane oxidation in a neutral landfill cover soil：influence of moisture content，temperature，and nitrogen-turnover[J]. Journal of environmental quality，1996，25（1）：178-183.

[14]　BOWDEN R D，NEWKIRK K M，RUKKO G M. Carbon dioxide and methane fluxes by a forest soil under laboratory-controlled moisture and temperature conditions[J]. Soil biology and biochemistry，1998，30（12）：1591-1597.

[15]　HANSON R S，HANSON T E. Methanotrophic bacteria[J]. Microbiological reviews，1996，60（2）：439-471.

[16]　HUNGER S，SCHMIDT O，HILGARTH M，et al. Competing formate and carbon dioxide-utilizing prokaryotes in an anoxic methane-emitting fen soil[J]. Applied and environmental microbiology，2011，77（11）：3773-3785.

[17]　ZHANG F，SHE Y，ZHENG Y，et al. Molecular biologic techniques applied to the microbial prospecting of oil and gas in the Ban 876 gas and oil field in China[J]. Applied microbiology and biotechnology，2010，86（4）：1183-1194.

[18]　DEUTZMANN J S，WORNER S，SCHINK B. Activity and diversity of methanotrophic bacteria at methane seeps in eastern lake constance sediments[J]. Applied and environmental microbiology，2011（8），77：2573-2581.

[19]　KALLISTOVA A Y，KEVBRINA M V，NEKRASOVA V K，et al. Enumeration of methanotrophic bacteria in the cover soil of an aged municipal landfill[J]. Microbial ecology，2007，54（4）：637-645.

[20]　KOLB S. The quest for atmospheric methane oxidizers in forest soils[J]. Environmental microbiology reports，2009，1（5）：336-346.

[21]　DUNFIELD P F，LIESACK W，HENCKEL T，et al. High-affinity methane oxidation by a soil enrichment culture containing a type Ⅱ methanotroph[J]. Applied and environmental microbiology，1999，65（3）：1009-1014.

[22]　JENSEN S，HOLMES A J，OLSEN R A，et al. Detection of methane oxidizing bacteria in forest soil by monooxygenase PCR amplification[J]. Microbial ecology，2000，39（4）：282-289.

[23]　TER BRAAK C J F，ŠMILAUER P. CANOCO 4.5 reference manual and Cano Draw for Windows user's guide：software for canonical community ordination[M]. Ithaca：Ithaca Ny Usa Www，2002.

[24]　WENDLANDT K D，STOTTMEISTER U，HELM J，et al. The potential of methane-oxidizing bacteria for applications in environmental biotechnology[J]. Engineering in life sciences，2010，10（2）：87-102.

[25]　WARD N，LARSEN Ø，SAKWA J，et al. Genomic insights into methanotrophy：the complete genome sequence of *Methylococcus capsulatus*（bath）[J]. Plos biology，2004，2（10）：e303.

[26]　韩平，郑立，崔志松，等. 胜利油田滩涂区石油降解菌的筛选，鉴定及其多样性分析[J]. 应用生态学报，2009，20（5）：1202-1208.

[27]　满鹏，齐鸿雁，呼庆，等. 利用 PCR-DGGE 分析未开发油气田地表微生物群落结构[J]. 环境科学，2012，33（1）：305-313.

[28]　HAN B，CHEN Y，ABELL G，et al. Diversity and activity of methanotrophs in alkaline soil from a Chinese coal mine[J]. FEMS microbiology ecology，2009，70（2）：40-51.

[29]　KOLB S，KNIEF C，STUBNER S，et al. Quantitative detection of methanotrophs in soil by novel *pmoA* targeted real-time PCR assays[J]. Applied and environmental microbiology，2003，69（5）：2423-2429.

[30]　REDMOND M C，VALENTINE D L，SESSIONS A L. Identification of novel methane-，ethane-，and propane-oxidizing bacteria at marine hydrocarbon seeps by stable isotope probing[J]. Applied and environmental microbiology，2010，76（19）：6412-6422.

[31]　ROSLEV P，LVERSEN N. HENRIKSEN K. Oxidation and assimilation of atmospheric methane by soil methane oxidizers[J]. Applied and environmental microbiology，1997，63（3）：874-880.

[32]　孔淑琼，黄晓武，李斌. 天然气库土壤中细菌及甲烷氧化菌的数量分布特性研究[J]. 长江大学学报，2009，6（3）：56-59.

[33]　PÉREZ-DE-MORA A，ENGEL M，SCHLOTER M. Abundance and diversity of n-alkane-degrading bacteria in a forest soil co-contaminated with hydrocarbons and metals: a molecular study on *alkB* homologous genes[J]. Microbial ecology，2011，62（4）：959-972.

[34]　SHENNAN J L. Utilisation of C_2-C_4 gaseous hydrocarbons and isoprene by microorganisms[J]. Journal of chemical technology & biotechnology，2006，81（3）：237-256.

[35]　LUZ A P，PELLIZARI V H，WHYTE L G，et al. A survey of indigenous microbial hydrocarbon degradation genes in soils from Antarctica and Brazil[J]. Canadian journal of microbiology，2004，50（5）：323-333.

[36]　MARGESIN R，LABBE D，SCHINNER F，et al. Characterization of hydrocarbon-degrading microbial populations in contaminated and pristine alpine soils[J]. Applied and environmental microbiology，2003，69（5）：3085-3092.

[37]　ROJO F. Degradation of alkanes by bacteria[J]. Environmental microbiology，2009，11（10）：2477-2490.

[38]　ANDERSON H S. Amplified geochemical imaging: an enhanced view to optimize outcomes[J]. First break，2006，24：77-81.

[39]　WASMUND K，BURNS K A，KURTBÖKE D I，et al. Novel alkane hydroxylase gene（*alkB*）diversity in sediments associated with hydrocarbon seeps in the timor sea，australia[J]. Applied and environmental microbiology，2009，75（23）：7391-7398.

[40]　KAPLAN C W，KITTS C L. Bacterial succession in a petroleum land treatment unit[J]. Applied and environmental microbiology，2004，70（3）：1777-1786.

第四章　油气微生物勘探技术初步应用

随着我国油气勘探工作的不断深入，勘探程度的逐年提高，油气勘探难度也越来越大，待探明油气资源的地质条件趋于复杂，地表环境更加恶劣。随着勘探领域的不断扩展，深层、深水和高寒地区，地质条件复杂的山前构造带等正逐渐成为油气勘探的重要领域[1]。但这些区域的地表条件恶劣、地质条件复杂、勘探作业难度大、风险大、成本高，制约了这些领域的油气重大发现。此外，非构造油气藏居多，常规勘探难度增大，勘探成本增高[2, 3]。

微生物勘探技术受环境因素影响较小，并不受其他环境因素（土壤类型、丛林、沙漠、草地、冻土和农作区等）的显著影响，可预测非常规油气藏和深部油气藏，确定地质构造的含油级别和油气分布，指明油气藏位置，因此有着巨大的市场前景[4-13]。此外，该技术仅需数克样品，且测试时间短，采样方便，能耗小，因此可把污染程度降低到最小，符合未来石油工业科学发展的需求。该技术在我国多个含油气区块已得到充分的应用，并显示其有效性较好[14-47]。

近几年，笔者在江苏、渤海湾、松辽、江汉、塔里木、准噶尔、四川和鄂尔多斯等多个含油气盆地持续开展了大量的应用研究工作。本章将通过列举微生物勘探技术在我国几个典型油气田的效果，展示该技术在矿权选择、钻前优选、圈闭评价、含油气范围圈定等领域的应用潜力。

第一节　典型气田微生物异常特征与应用

一、普光气田

（一）地质特征

普光气田位于四川盆地东北部宣汉-达县地区黄金口构造双石庙-普光构造带，是我国目前在海相沉积组合中发现的规模最大、丰度最高、储层埋藏最深、储层性质最好、优质储层厚度最大、硫化氢含量最高、天然气最干的特大型整装海相碳酸盐岩气田[48-55]。气藏北邻铁山坡气田，东南与渡口河、罗家寨等气田相邻，区内具有巨厚的烃源岩、良好的区域盖层和多套储集层，资源量巨大，资源丰度高。气藏圈闭面积为 45.6km²，主要含气层段为下三叠统飞仙关组及上二叠统长兴组，均为白云岩储层。

普光构造主要存在两类储层，即陆相的砂岩储层和海相的储层。下面分别从储层岩石类型、储集空间类型、物性特征、孔隙结构及储层类型等方面加以论述。

陆相储层主要为须家河组，砂岩是主要的储集岩，泥质岩类的裂缝为主要的储层空间，录井显示该储层地层压力高异常，P4 井钻至该层时曾发生高达十多米的井喷，喷出物主要为泥浆和天然气。

须家河组储层砂岩基质的孔隙度和渗透率都非常低，地层普遍遭受了强烈的压实作用，几乎看不到孔隙的发育，微小的晶间孔隙是这类储层的主要储集空间。经 P2 井和 P4 井取心段（须家河组显示最好的层段）镜下薄片观察发现，裂缝较发育，类型也较多，既有缝合线，又有各种成因的构造裂缝和构造-溶蚀缝，有一定程度的充填，充填物主要为石英晶体和沥青，这一点证明了古油藏的存在。录井岩屑中发现较多的石英自形晶，说明裂缝发育，裂缝是最主要的储集空间，录井油气显示强烈，含气性能较好，该层为裂缝性气层。

海相储层主要分布于飞仙关组，储集岩类型主要为残余砂屑白云岩和粉细晶白云岩，其压实程度较陆相须家河组储层低。储层发育程度除与白云化作用程度有关外，还与早期大气淡水溶蚀作用和后期的各种有利的成岩作用密切相关。根据岩心薄片、铸体薄片及扫描电镜等分析研究，储集空间主要为粒间溶孔和溶洞，约占总孔隙的 90%，是飞仙关组储层的主要储集空间；其次有晶间孔、粒间孔、粒内溶孔、晶间溶孔、遮蔽孔、鲕模孔等，约占总孔隙的 10%。

海相飞仙关组储层孔隙度变化主要受岩性影响，储层中孔隙度较高的岩类主要为溶孔细粉晶残余砂屑白云岩。其孔隙度分布范围较广（0～10%），是海相飞仙关组优质储层发育的最主要岩石类型。储层的孔隙度与渗透率之间呈较明显的指数相关关系，溶蚀作用形成的孔洞对储层物性的改善起了很大的作用。

构造褶皱作用产生的断裂和裂缝，不仅为成岩晚期的溶蚀作用提供了条件、影响了储层的孔隙演化，而且还改善了储层的储渗能力。尤其是燕山期—喜马拉雅期形成的构造张开缝，能进一步改善低孔储层的连通性和渗透性，是形成优质储层的重要条件。以石膏滑脱带为界的二元构造结构决定了储层的分带和各自迥异的特征。

普光构造储层主要为陆相须家河组的致密砂岩和海相飞仙关组残余鲕粒白云岩和残余砂屑白云岩，这些充分说明了沉积相和岩性对储层发育的控制作用。但是，这些只是普光气藏存在的一个基本条件，构造演化对储层空间配置起了决定性控制作用，气藏分布于普光鼻状构造及其以东地区，构造高部位的东岳寨构造无气藏存在，说明这是一岩性-构造复合圈闭气藏。

普光气田成藏条件。油气藏的形成和分布是烃源岩、储集层、盖层、圈闭、运移和保存等多种地质因素的结果。可概括为"生、储、盖、圈、运、保"六个字。但一个盆地形成丰富的油气资源仅具备上述条件是不够的，它们的优劣、各条件的相互匹配关系对油气藏的形成和富集起重要的控制作用。将其概括为四个基本条件，即充足的油气来源、有利的生储盖组合配置关系、有效的圈闭和良好的保存条件。

充足的油气来源。普光气田气源有来自古油藏原油的二次裂解，以及下志留统、二叠系源岩干酪根的热裂解。从烃源岩的分布和有机质丰度上分析，普光地区飞仙关组、长兴组沥青的主力烃源岩应是上二叠统龙潭组。因上三叠统为陆相沉积，与沥青的成因不符；而中-下三叠统、上二叠统长兴组和下二叠统灰岩，虽具有一定的生烃能力，但与龙潭组相比其源层不发育，有机质丰度较低，不可能作为这些沥青的主力烃源层。龙潭组烃源层厚度大，有机质丰度高（比其他层位烃源岩高几个数量级），生烃量相当可观。至于研究区内志留系，目前相关的资料较少，其生烃能力尚无法定论，且现有样品的地球化学参数与沥青有一定差别，难以将之作为其主要烃源层。

有利的生储盖组合配置关系。普光气田储集层主要发育于下三叠统飞仙关组三段及上二叠统长兴组上部。长兴组储集层发育于长兴组上部，厚 90m，主要岩性为灰色泥-微晶白云岩夹泥晶灰岩、白云质灰岩。自 5281.6m 以上的长兴组白云岩具有良好的储集性能。P2 井长兴组上部在正常压力情况下，具良好产能的储集层仅为泥-微晶白云岩。飞仙关组储集层发育于飞仙关组的飞一段—飞三段，主要为溶孔较发育的溶孔白云岩、砂屑白云岩、鲕粒白云岩、含砾屑鲕粒白云岩及糖粒状白云岩，鲕粒白云岩多残余鲕粒结构；其有效储层厚 400～500m；孔隙度为 0.94%～25.22%，平均为 8.11%，主要分布于 6%～12%；渗透率最小值为 $0.0112 \times 10^{-3} \mu m^2$，最大值可达 $3354.70 \times 10^{-3} \mu m^2$，以大于 $1.0 \times 10^{-3} \mu m^2$ 为主，属层状孔隙溶孔型储层。普光长兴组—飞仙关组气藏的盖层，主要为该区下三叠统嘉陵江组二段、四段及其上的中三叠统雷口坡组二段膏盐层。这些膏岩层发育段厚度分布相对稳定，具有厚度大、层位稳定、连续性好等特点。多套烃源岩供烃、优质烃源岩强注、多层系储层发育及巨厚盖层组成非常有利的生储盖组合（表 4-1）。

表 4-1 普光气田生储盖层特征简表

地层			厚度/m	主要岩性	生储盖关系
统	组（段）				
下三叠统	飞仙关组	四段	56～88	硬石膏、泥岩、石灰岩、白云岩	盖层
		三段—一段	400～520	鲕粒白云岩、残余鲕粒白云岩、糖粒状残余鲕粒白云岩、含砂屑泥晶白云岩	储层

续表

地层		厚度/m	主要岩性	生储盖关系
统	组（段）			
上二叠统	长兴组	92～240	结晶白云岩、生物碎屑白云岩、砂屑白白云岩、砾屑白云岩、海绵礁白云岩	储层
	龙潭组	200～210	石灰岩、页岩	
	茅口组	181～210	生物灰岩、泥质灰岩	
下二叠统	栖霞组	100～130	灰岩、生物灰岩	烃源岩
	梁山组	5.5～7.5	黑色页岩加砂岩	
中-下志留统		1000～1200	粉砂质泥岩，泥岩，黑色、深灰色页岩	

　　有效的圈闭。长兴组生物礁气藏是典型的岩性圈闭气藏。自生物礁复合体被封闭、埋藏后，便形成了早期圈闭，圈闭形成时间早，且离气源近，更有利于捕获油气。飞仙关组鲕滩孔隙性储层为岩性-构造复合圈闭类型的气藏，具有较大的厚度，横向分布相对稳定，较大连片面积。

　　良好的保存条件。普光构造有两套重要的区域盖层：①发育于上三叠统须家河组及其以上的陆相碎屑岩类，以泥质岩为主所构成的盖层。它们一方面是本区陆相碎屑岩储盖组合的直接盖层，另一方面也是本区海相碳酸盐岩储盖组合的间接盖层。②以中三叠统雷口坡组及其以下嘉陵江组和飞仙关组顶部飞四段的潟湖相、潮坪相发育的膏盐岩类盖层。膏盐岩因其岩性致密、可塑性强，对油气具有极强的封盖能力。普光构造下三叠统嘉陵江组二段、四段，中三叠统雷口坡组雷二段膏盐岩十分发育。从现有钻井资料分析，这些膏盐发育段厚度分布相对稳定，具有厚度大、层位稳定、连续性好等特点，构成本区重要的区域盖层。

　　成藏模式。通过烃源岩热演化史、流体包裹体和储层沥青等资料对普光气藏油气成藏期次进行分析，结合普光构造演化，可以将普光气藏成藏过程归纳为三个阶段：印支期—燕山早期古原生岩性油藏阶段；燕山中期岩性-构造复合圈闭古气藏阶段；燕山晚期—喜马拉雅期气藏调整改造定型阶段。如图 4-1 所示。

　　印支期—燕山早期，在位于开江古隆起的西北翼斜坡背景下，普光构造东南部有一低幅度的古隆起，此时长兴组—飞仙关组鲕滩储集空间已经形成，志留系烃源岩有机质已经成熟生油，古隆起构造有利于油气的运移聚集。原油主要沿孔隙介质、地层界面、不整合面运移进入鲕滩储集，普光古原生岩性油藏形成。

　　晚侏罗世，上二叠统烃源岩演化达到成熟阶段开始生气，此时原生油藏埋深达到6300m左右，地温达到150℃，其中的原油热稳定性破坏，开始裂解成湿气。此时，普光地区形成背斜构造的雏形，聚集原油裂解生成的天然气形成岩性-构造复合圈闭古气藏。

晚白垩世以后，来自喜马拉雅山的造山活动使普光岩性-构造复合圈闭最终定型。此时古气藏中天然气开始调整就位，部分烃源岩已达过成熟阶段，随着断层的沟通同时向圈闭中聚集混合。天然气主要沿该期断裂、不整合面、孔隙介质和地层界面等多途径运移至定型的普光构造中；同时受北西向的逆冲断层的影响，普光构造发生调整改造，但整体封闭环境未被破坏，局部发生调整改造，并最终定位。

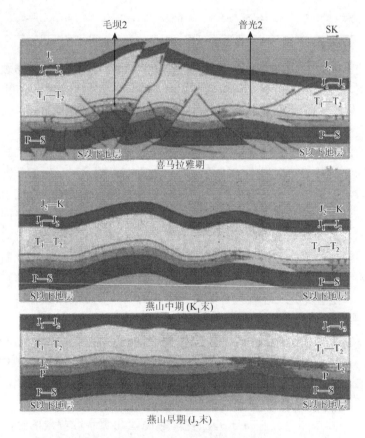

图 4-1　普光气藏成藏模式示意图

普光气田天然气特征。普光气田飞仙关组、长兴组天然气为高含硫化氢的干气田，其化学成分表现出古油藏原油裂解气的特点；普光气田的烃类气以甲烷为主，干燥系数基本上都在0.99以上，富含非烃气体（二氧化碳和硫化氢平均含量分别达 5.32%和 11.95%）；普光气田天然气甲烷 C 同位素较重，在 −29‰～−34‰（表征其高热演化性质），乙烷 $\delta^{13}C$ 主要在−28‰～−33‰（表征其属油型气）。

四川盆地川东北宣汉-达县地区飞仙关组和长兴组气藏天然气中烃类气体占 83%左右，其中以甲烷为主，相对含量均高于 99.5%；C_{2+}重烃很少，多数低于 1%，相应的干燥系数基本上都在 0.99 以上，高者近于 1.0，表征高热演化程度，在类型上属干气。这些天然气化学成分组成的一个特点是非烃气体含量高，其中主要是二氧化碳和硫化氢，两者的平均含量分别达 5.32%和 11.95%。天然气中氮气的平均含量为 2.74%。由于非烃气体丰富，因而天然气的相对密度较高，其平均值达 0.7229kg/m³。

普光构造带天然气中烃类气体占 80%上下，且富含二氧化碳和硫化氢；硫化氢含量为 6.89%～16.89%，平均为 12.63%；二氧化碳含量主要集中在 7.89%～15.45%，平均为 8.71%；氮气含量为 0.3%～3.21%，平均为 2.04%。C、S 同位素等地质和地球化学证据证实，飞仙关组和长兴组硫化氢属 TSR（热化学硫酸盐还原反应），为高含硫、中含二氧化碳过成熟干气天然气藏，区域上形成高含硫化氢天然气分布区。

天然气同位素组成特征。达县地区天然气属于干气，使 C_{2+}以上烃类的 C 同位素测定很困难，一般只能测定甲烷和乙烷的 C 同位素，有的只能测定甲烷。普光气藏天然气样品的同位素组成中，甲烷的 C 同位素 $\delta^{13}C_1$ 分布较为集中，主要在−27.0‰～−33.7‰，总体平均值为−30.9‰，甲烷的 C 同位素较重，说明气源岩的成熟度很高，反映高演化过成熟天然气特征。乙烷的 C 同位素值（$\delta^{13}C_2$）分布在−25.2‰～−29.1‰，总体平均值为−27.0‰。

普光气田天然气中二氧化碳的 C 同位素较重，其 $\delta^{13}C$ 为−7.4‰～−1.1‰，普光气田的二氧化碳均为无机成因。据有关热模拟研究表明，二氧化碳的 C 同位素与热演化程度有关，随成熟度的增加其逐渐变重，天然气中二氧化碳的 C 同位素较重可能是成熟度高所致，与它们的甲烷 C 同位素较重相吻合。戴金星等认为四川盆地绝大部分二氧化碳都为有机成因。二氧化碳既为无机成因，结合该气藏硫化氢含量那么高，该区二氧化碳和硫化氢含量高很可能是热化学硫酸盐还原作用形成的。

（二）微生物异常分布研究

为研究普光气田油气微生物分布特征，在毛坝场构造、大湾构造和普光构造之上，穿过 M1 井和 P2 井部署一条微生物地球化学剖面（图 4-2），剖面长度约 21km，采样间距为 0.5～1km。样品采集遵循以下原则：①环境条件，根据山区环境，采集具有土壤沉积的样品，避免风化石块或者地表污染区域；②取样深度，山区土壤沉积层较薄，采集深度为 30～50cm；③取样方式，使用铁锹去除地表腐殖质沉积层，采集 100g 样品装入无菌采样袋，并编号；④样品采集完成后放入 4℃ 冷藏箱保存。

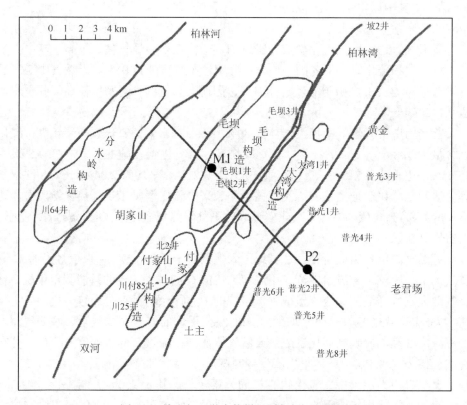

图 4-2　普光气田微生物样品采集剖面部署图

普光气田甲烷氧化菌和丁烷氧化菌的 MV 统计结果显示，甲烷氧化菌 MV 呈现偏峰带拖尾型，丁烷氧化菌 MV 呈孤岛型分布，这两种形态的出现均符合微生物异常在单个剖面上的分布（图 4-3）。

在数据统计的基础上，剖面上的 MV 分为三个等级，＞100 为高值异常区，50～100 为异常区，＜50 为背景区。统计结果显示，普光气田甲烷氧化菌异常值＞100 的样品占总样品数的 17.02%，异常区的样品数占总样品数的 25.53%，背景区的样品数占总样品数的 57.45%；丁烷氧化菌异常值＞100 的样品占总样品数的 6.38%，异常区的样品数占总样品数的 25.53%，背景区的样品数占样品总数的 68.09%。从统计结果可以看出，甲烷氧化菌比丁烷氧化菌在本区块较发育。

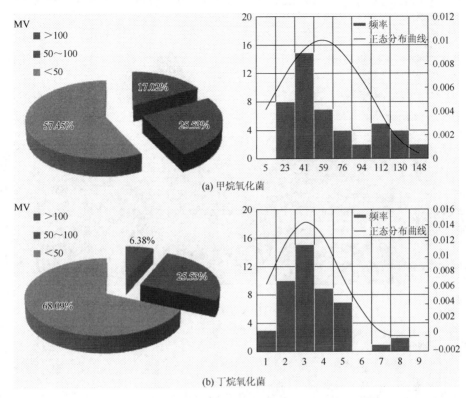

(a) 甲烷氧化菌

(b) 丁烷氧化菌

图 4-3　普光气田油气微生物数量分布图

　　甲烷氧化菌和丁烷氧化菌分别有指示气、指示油的特征。普光气田过 M1 井、P2 井剖面上甲烷氧化菌和丁烷氧化菌的分布情况具有一定的相似性，在 M1 井、P2 井所在的气区上方都有异常出现，与背景区能够明显分开（图 4-4、图 4-5）。丁烷氧化菌在 M1 井上方丰度较高，而在 P2 井上方丰度较低，不能有效地指示气藏的存在；甲烷氧化菌在气区上方分布更明显，呈顶端异常，这表明甲烷氧化菌对气田的分布具有良好的指示作用。

　　喜马拉雅期的造山运动使普光气田的岩性-构造复合圈闭最终定型，其两套区域盖层：须家河组及以上的泥岩和雷口坡组及其以下嘉陵江组和飞仙关组顶部飞四段膏盐岩盖层对本区块的气藏具有很好的封盖作用。微生物异常的分布与断层的分布并没有相对应的关系，这是因为油气在喜马拉雅运动后期，随着断裂活动的减弱，以及逸散的油气分异、氧化作用而形成沥青塞重新封闭，下倾方向未逸出的油气得到保存，形成沥青型封闭性油气藏。因此本区块断层并不是烃类微渗漏的优势通道，而是对气藏起到了良好的遮挡作用。由此可见，气藏中的轻烃组分在气藏压力和浮力条件下做垂直扩散运移，地表微生物异常呈现出顶端异常模式。

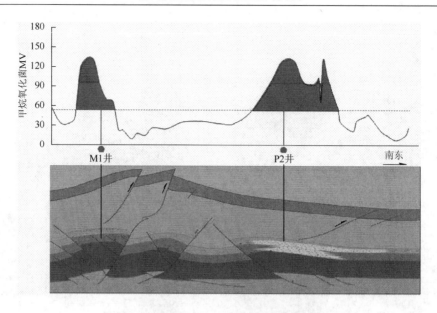

图 4-4　普光气田甲烷氧化菌异常分布图

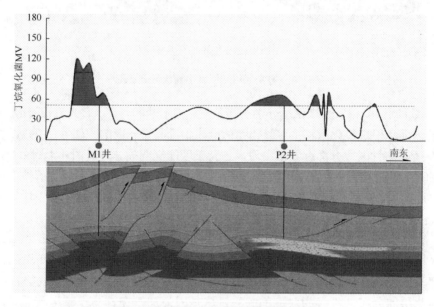

图 4-5　普光气田丁烷氧化菌异常分布图

　　深部油气藏中烃类组分的现代补偿性活跃微渗漏至地表，引起地表土壤的烃类（游离态或吸附态）或次生物的浓度变化，可被地球化学勘探方法中相对应的酸解烃、热释烃、顶空轻烃、蚀变碳酸盐等指标测到，这些地球化学指标的优点是能够指示地下油气藏形成的有利部位（图 4-6）。

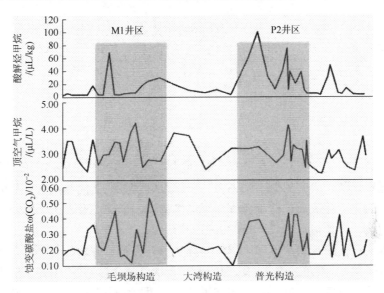

图 4-6　普光气田地球化学指标异常分布图

　　酸解烃是通过减压、加热和化学处理（加酸）等手段将赋存在土壤碳酸盐矿物晶格及其胶结物中分离出的烃类，通过地表烃类的异常分布及形态特征能够预测地下油气藏的存在。

　　顶空轻烃（又称顶空气）是指赋存于地表土壤颗粒孔隙当中及弱吸附于土壤颗粒表面的烃类物质，是油气地球化学勘探的重要指标之一，其浓度异常可反映活跃的油气信息。在井的地球化学勘探中，该方法可用来直接监测和评价油气层。

　　土壤蚀变碳酸盐（ΔC）法的主要原理是：油气藏中低分子量烃类气体，通过扩散、渗逸、水动力方式向地表运移，被氧化成二氧化碳。与其他烃类组分比较，二氧化碳易溶于地下水、岩石水和土壤水，它与土壤水及其他盐类作用转换成碳酸盐。这种后生碳酸盐呈胶结物形式存在于土壤中的硅铝酸盐裂隙或晶格间，它稳定而不易被淋滤。它与土壤中原有碳酸盐的分解温度不同，主要在 500~600℃分解，测定这一特定温度区间释放出的二氧化碳量，即可圈定油气地球化学异常。

　　从普光气田剖面上土壤样品的酸解烃、顶空轻烃和蚀变碳酸盐 3 个常规地球化学指标来看（图 4-6），在穿过 M1 井和 P2 井的联井剖面上方，酸解烃甲烷和蚀变碳酸盐浓度变化趋势基本一致，在 M1 井和 P2 井上方具有烃浓度异常值，在大湾构造上方呈现低值，这与甲烷氧化菌在剖面上的异常特征相同；而顶空甲烷在剖面上的分布比较紊乱，不能有效的指示气藏的分布。

　　普光区块的地貌环境以山地为主，地表土壤沉积物主要为腐殖质和岩石风化产物，而且易受到雨水冲刷和搬运，顶空轻烃这种半游离半吸附状态的烃类不适合作为山区油气勘探的地球化学指标；而酸解烃赋存在土壤碳酸盐矿物晶格和胶结物中，保存状态很稳定；蚀变碳酸盐保存于硅铝酸盐裂隙和晶格中，不易分解和淋滤，是稳定的化石类指标；从检测结果来看，酸解烃和蚀变碳酸盐能够有效的指示气藏的保存位置，因此，这两种地球化学指标是山区地貌环境下的有利指标。

（三）油气属性判别

　　甲烷氧化菌是一类具有高度专一的利用 C_1 化合物的细菌群体，是为识别石油与天然气聚集体而研究的第一类细菌，甲烷氧化菌对地下油气藏特别是天然气藏具有很好的指示性；而在地表微渗漏轻烃气体中，丁烷主要来源于油藏，因此丁烷氧化菌被认为是指示油藏分布的微生物指标。

　　油气藏属性的判别从地球化学角度有多种方法，如烃类流体判别法（气油比、密度、分子量）、三元组成判别法（油、气、水百分含量）、相图识别法等。从油气微生物勘探角度，根据大量实验结果对比，甲烷氧化菌和丁烷氧化菌数量的比值也可作为指示地下油气藏属性的有效指标。

　　以胜利油田陈家庄区块油藏和普光气藏为对象，对甲烷氧化菌（MOB）和丁烷氧化菌（BOB）MV 的比值进行比较（图 4-7），可以看出气藏和油藏对应的 MOB/BOB 的投影位置虽然有重叠区域，但能够明显区分开。普光气藏上方土壤样本有 80% 的 MOB/BOB 大于 1，个别 MOB/BOB 值小于 1，可能是气藏中存在 C_{2+} 以上的轻烃；胜利油田和春光区块油藏上方土壤样本大多数的 MOB/BOB 小于 1，个别比值大于 1，可能是油藏中有伴生气存在的缘故。因此，初步界定，在微生物异常区，土壤样本中 80% 以上 MOB/BOB 小于 1 时，判定为油藏；土壤样本 80% 以上 MOB/BOB 大于 1 时，判定为气藏。需要注意的是，根据甲烷氧化菌和丁烷氧化菌比值判定油气属性时，首先要选定油气微生物的异常区，其次要有一定的土样样本量，样本量在 50 个以上较为合适。

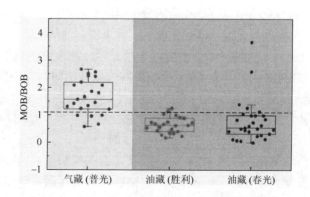

图 4-7　普光、胜利、春光油气藏属性判别

（四）油气微生物勘查综合认识

（1）油气微生物勘探技术在普光地区应用表明，在气田上方地表土壤中，甲烷氧化菌和丁烷氧化菌都展现出异常高值的特征，特别是甲烷氧化菌异常对天然气藏中的轻烃微渗漏具有很好的响应，能指示下伏气藏的"生命体征"，甲烷氧化菌在普光气田是有利的微生物指标。

（2）地球化学指标酸解烃和蚀变碳酸盐的异常分布和甲烷氧化菌异常的分布特征相似，都是揭示气藏微渗漏作用下引起的地表微生物地球化学过程，由于地质和地表条件及烃类微渗漏的复杂性，多方法、多指标应结合应用。

（3）半游离半吸附态的地球化学指标在普光地区特殊的地貌和地表环境下应用较差，而半化石-化石类指标酸解烃和蚀变碳酸盐的异常分布能够较好地指示气藏的分布，两种地球化学指标是山区地貌环境下地球化学勘探的有利指标。

（4）在油气微生物异常区，基于一定土壤样本量的基础上，根据甲烷氧化菌（气指示微生物）和丁烷氧化菌（油指示微生物）的比值可判定下伏油气藏的属性，80%以上 MOB/BOB 大于 1 时判定为气藏，80% 以上 MOB/BOB 小于 1 时判定为油藏。

二、涩北气田

（一）地质概况

柴达木盆地第四系生物气分布在盆地中东部的台吉乃尔湖、达布逊湖、霍布逊湖俗称三湖地区的湖相沉积中，勘探面积近 56300km^2，第四系厚度一般为 300～3500m，第四系厚度大于 2000m 的面积为 25000km^2。柴达木盆地三湖拗陷生物气勘探始于地面构造调查，后依据地震异常勘探潜伏构造，先后发现并提交了 7 个构造气田的天然气地质储量，20 世纪 90 年代后按照相同勘探思路，钻探了所有可能的含气圈闭，几乎全部落空。但三湖拗陷第三次油气资源评价显示仍有近 4/5 的资源未被发现。中国陆上剩余油气资源主要分布在中低丰度的岩性、地层油气藏领域，且全世界重要的生物气藏区都发现了大量的岩性气藏，但三湖拗陷的岩性气藏勘探一直未能取得突破。直到 2008 年，台南 9 井、台南 10 井、涩 34 井获工业气流且均证实为岩性气藏，显示了三湖拗陷岩性气藏勘探的良好前景[56-61]。

三湖地区具有以下地质特点：①地势平坦，以盐碱地和戈壁平滩为主，河流发育，大小盐湖星罗棋布，不少湖泊已经干枯，留下了含盐黏土沉积，有些已成为无表面湖水的"干盐滩"，如大浪滩、一里坪、查尔汗等。②地层平缓，地层褶皱十分微弱，地层倾角一般在 2°～3°。③同沉积低幅度构造，第四系自上而下构造幅度在 50～100m，且构造保存完整，如台南气田构造是同沉积潜伏背斜，涩北1 号和涩北 2 号气田构造是同沉积地面背斜。④气藏埋藏深度浅、累计厚度大，气藏埋深最浅几十米，最深 2000m 以上。累计厚度台南为 96m，涩北 1 号为 76.4m，涩北 2 号为 70.9m。⑤地层压实作用小、孔隙度大，无论是砂岩还是泥质粉砂岩，都具有 25%～41%的孔隙度。

早-中更新世，随着青藏高原的崛起和冰川（盆地南缘昆仑山和北缘祁连山均有第四纪冰川遗迹）的出现，三湖地区古气候开始变得干旱寒冷，不仅沉积水体温度较低，而且随着时代的变新，盐度越来越高，水生生物含量降低，旱生、盐生生物含量增高。长期的低气温和水体的高盐度不仅有效保存了原始有机质中的营养成分，而且推迟了生物产气的高峰。只有当地层埋藏到产甲烷菌活动最适宜的温度时，原始有机质才被加速分解，形成大量的生物气甲烷。因此，这种特殊的生态环境，一方面使有机物种类变得单调，另一方面也使沉积水体和地表浅层的原始有机物降解速率极其缓慢，避免了其在沉积浅埋阶段的消耗，为产甲烷菌所利用的底物提供了重要的质量保证。该区特有的气候条件和沉积环境是良好生物气源层形成的重要控制因素。

三湖地区第四系砂质岩累计厚度占地层厚度的 16%～28%，主要为席状砂和规模不大的坝状砂，局部区域或层段还可以见到细砂和鲕粒白云岩储集层。其中席状砂碎屑岩具有分布稳定、单层厚度薄（多在 1～3m）、层数多（在主要气田区，仅更新统就超过 120 层）、累计厚度大（达 200～300m）、纵向均质性差、横向分异性小等特点，具有良好的储集条件，成为三湖地区主要储集体。三湖地区第四系砂岩、泥岩渗透率差异巨大。泥质岩渗透率一般小于 $3 \times 10^{-3} \mu m^2$，砂质岩多在 $10 \times 10^{-3} \mu m^2$ 以上，即使在相邻层段，砂质岩比泥质岩渗透率也能高出两个数量级。正是由于渗透率的这种差异，使砂岩和粉砂岩成了良好的储层，而泥岩和泥质岩成了主要的盖层。

在第四系沉积的同时，作为第四系沉积中心的三湖地区出现了低幅度的同沉积背斜构造（倾角一般小于 2°，闭合度小于 100m），这种构造均具有由浅至深地层倾角及闭合度增大、闭合面积减小、沉积地层顶薄翼厚的特点，为沉积埋藏过程中不断形成的生物气提供充裕的赋存空间。由于挤压应力场的持续作用，同沉积背斜构造幅度逐渐加大，在早更新世末期，多数同沉积背斜均已形成低缓、面积较大的圈闭规模，而此时的主力产气层段埋藏深度一般不超过 1000m，相应地层温度在 20～50℃，正处于良好生化产气阶段，小幅度同沉积背斜圈闭的发育，为第四系沉积埋藏过程中所形成的生物气提供了有利的聚集场所。

岩性气藏勘探历来就是难点,加之三湖拗陷地层平缓、胶结疏松、砂泥薄互层、探井分布不均、二维地震分辨率低等因素限制了利用地震资料识别岩性圈闭群及沉积亚相的精细研究,因而迫切需要能有效识别岩性气藏且适用于三湖拗陷的勘探技术。油气微生物勘探技术避开圈闭识别的难题,直接寻找富集于圈闭内的烃类流体,且在隐蔽油气藏勘探方面具有一定的优势。

(二)微生物地球化学异常分布

穿过台南气田、涩北 1 号气田、涩北 2 号气田上方部署 1 条东西向的微生物地球化学剖面 *AA'*,剖面总长约 70km。穿过 10 余口井(台南 3 井、台南 5 井、台南 9 井、台东 2 井、涩 34 井、涩北 1 井、涩 21 井、涩中 2 井、涩深 6 井等),其中涩中 2 井、涩北 1 井及台南 3 井为气显示井,涩 34 井、台东 2 井、台南 9 井为工业气流井(图 4-8)。

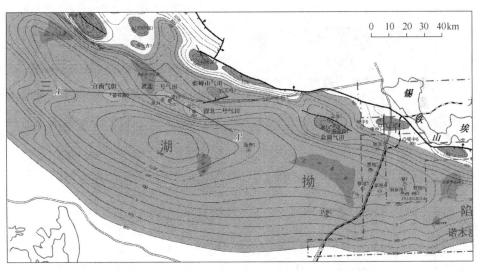

图 4-8 柴达木盆地涩北气田微生物地球化学剖面部署示意图

台南—台东地区地层含气性自西向东有逐渐变差的趋势,即台南气田含气丰度最好,其次是台南 9 井、台南 10 井,最差的是台东 2 井和台东 1 井,这点从试气层位含气特征、试气产量上都有反映。

在微生物显示上,甲烷氧化菌异常和土壤轻烃甲烷含量异常分布吻合度较高,在台南气田、涩北 1 号气田和涩北 2 号气田上方形成了高值异常区,呈顶端异常模式 [图 4-9(a)]。台东 2 井和台东 1 井测井解释和试气结果显示基本为产水井,地层含气性最差,其微生物值也只呈现背景值特征。台南气田西侧,即台南气田气藏边界向西 2km 范围内的微生物值仍然浓度高，且异常高值连续分布，预示气田西侧扩边前景良好，同时也与三湖拗陷环构造气藏周围发育岩性气藏的认识相吻合。

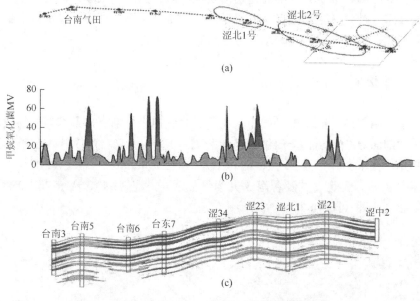

图4-9   三湖拗陷地区涩北油气微生物地球化学异常分布

三、雅克拉气田

（一）工区地质概况

　　雅克拉油气藏位于雅克拉断凸中段南翼、轮台断裂上盘。以 T_5^0 面为界，雅克拉构造发育了上、下两套完全不同的圈闭类型：上套圈闭是中新生界中的背斜构造，三叠系、侏罗系、下白垩统均存在背斜构造，但圈闭面积和闭合幅度自上而下逐渐变小；下套圈闭是由上震旦统、寒武系和下奥陶统等多套地层构成的背斜潜山，上三叠统不整合于下石炭统—上震旦统等不同层位之上，自西向东地层由新到老分布，形成由多个裂缝-孔隙型或裂缝-孔洞型储层组成的断块潜山型圈闭[62]。

　　本区寒武系—奥陶系碳酸盐岩遭受了加里东中晚期、海西早期、海西晚期和燕山期多期隆升剥蚀过程，岩溶背景广泛。雅克拉-沙西凸起带在中生代早期是库车拗陷与台盆的分割脊，下白垩统—侏罗系向隆起超覆，具备地层-岩性圈闭发育背景。喜马拉雅晚期是隆起区断裂改造的主要时期，基底断裂发生走滑扭动，沿断裂带形成了一系列与断层相关的背斜、断背斜、断块、断层-岩性圈闭。

　　雅克拉凝析气田的天然气为典型的油型气。原油及族组分 C 同位素和生物标志物特征表明，雅克拉原油为典型的海相成因，与塔河原油具有相似的母质来源，但雅克拉凝析气田的油气同源、同阶，为一次充注的产物，这与塔河油田存在较大差异。

结合油气产出情况和区域演化分析，雅克拉凝析气藏是由南部台盆区海相烃源岩于喜马拉雅期形成的油气，沿断裂、不整合面等输导网络，在潜山残丘和中新生界背斜圈闭中聚集成藏的。

（二）油气微生物分布情况

穿过 SC2 井部署 1 条南北向微生物地球化学剖面（图 4-10）。从雅克拉油气藏上的常规地球化学指标特征上看，主要指标酸解烃重烃、热释烃重烃和荧光 360 等的高值异常出现在油气藏的边缘地带和断裂的上方，形成了油气藏上方相对较低而其边缘较高的环状异常特征。雅克拉凝析油气田的油气分布与甲烷氧化菌异常分布吻合度较高，在油气藏上方显示出顶端异常的特征（图 4-11）。

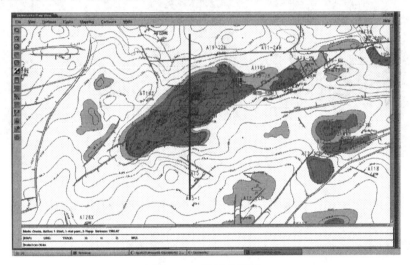

图 4-10　采样部署图

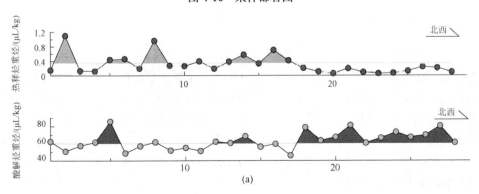

(a)

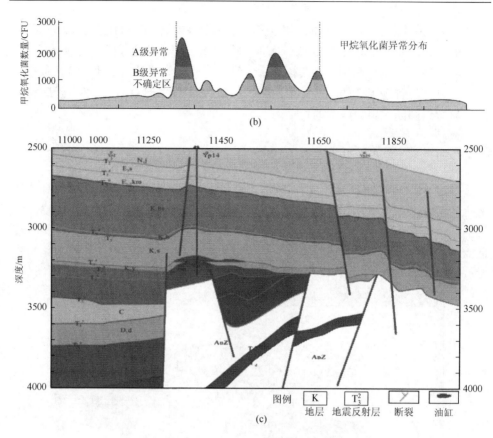

图 4-11　雅克拉油气藏微生物地球化学异常剖面图

第二节　典型油田微生物异常特征与应用

一、长岭地区

（一）区域地质概况

　　松辽盆地长岭凹陷位于松辽盆地中央拗陷带南部，是在古生界变质基底上发育的断、拗叠置的晚中生代盆地。东岭构造呈一向西—西南倾没的大型鼻状构造。紧邻长岭牧场深凹南部、查干花次凹生烃中心，是油气运聚的主要指向区，具有多源供烃的优越条件。1998 年发现 SN101 井在营城组获工业气流，2005 年提交探明天然气 50.13 亿 m³；随后发现 SN185—SN188—SN189 井区的营城组、登楼库组油藏；2010 年，东岭东断块双 101 井区，双 101 井、102 井、103 井火石岭组碎屑岩测试均获工业油流[63-65]。

长岭凹陷晚侏罗世火石岭组为火山沉积建造，早期为火山岩、火山碎屑岩，中晚期为湖沼相沉积。早白垩世沙河子组、营城组水体逐渐变深，沉积环境由湖沼—滨浅湖—半深湖—深湖依次过渡。在沉降较深的盆地中心为深湖相泥岩沉积。在靠近盆地边缘同生断层一侧，以滑塌、水下扇、冲积扇短距离运移沉积为主。登楼库组沉积时湖盆逐渐萎缩，由半深湖—浅湖相向泛滥平原相转化。沙河子组、营城组为断陷期源岩的主要发育时期。目前，先后完钻的 Chs1 井、Ys1 井和 Ys2 井等，均在营城组火山岩中获得高产工业气流，显示了该区良好的油气勘探前景。但研究区深大断裂发育，火山岩分布范围广，天然气成分复杂，发育多套烃源层[60-71]。

1. 构造特征

东岭构造圈闭为一向长岭凹陷倾没的大型鼻状构造，被三条内部同向正断层分割为四块，已发现的油气位于东部的三个断块里。T_3 以下圈闭幅度明显，达到 300m，闭合面积达 10km^2。东岭构造下倾方向与地层上倾尖灭呈反向配置，在构造圈闭背景下与岩相、岩性圈闭复合，多形成岩性-构造圈闭。从圈闭形成时期与烃源岩生烃期的匹配关系来看，东岭构造原形出现较早，构造形成时期与排烃期匹配较好（图 4-12）。

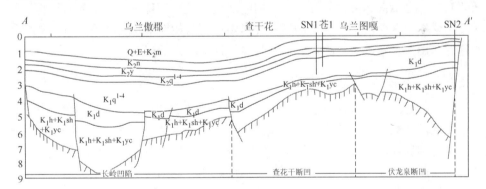

图 4-12　东岭地区盆地结构剖面图

东岭地区 1999 年完成 172km^2 三维地震勘探，覆盖全区，三维地震解释网距为 150m×150m。根据地震数据的频谱分析提取子波，子波主频为 30Hz，相位为零相位（对称子波），选取 SN101 井和 SN108 井制作合成地震记录。层位标定结果营城组顶部、火石岭组顶部地质对比层位和地震层位吻合。构造圈闭落实可靠。

北东走向西倾的 F1 断层将东岭构造分割成东西两部，SN101 井区和 SN108 井区位于东岭构造西部的两个断块中，营城组顶面至火石岭组顶面（$T_4 — T_4^2$）构造形态：SN101 井区为北东走向，西倾的四周边界均为断层的断块；SN108 井区为北东走向，西倾的东、西是以断层为边界的断块。构造要素见表 4-2。

表 4-2　东岭油气田西部区块圈闭构造要素表

圈闭名称	层位	圈闭类型	高点埋深/m	闭合线/m	闭合高度/m	闭合面积/km²	地层倾角/(°)	构造走向
SN101 井区	T_4	断块	−1775	−2100	325	3.83	7~9	北东
SN108 井区	T_4	断块	−1875	−2275	400	9.56	5~9	北东
SN101 井区	T_4^2	断块	−2100	−2325	225	3.93	5~9	北东
SN108 井区	T_4^2	断块	−2300	−2500	200	4.43	7~11	北东

　　SN101 井区、SN108 井区内断层以北东走向西倾正断层为主，北东走向东倾正断层次之。北东走向西倾的 F1 正断层断开全部断陷地层（从登楼库组断至基底），贯穿整个东岭构造，习惯上以该断层为界把东岭构造划分为东、西两部分。

　　东岭构造发育在基底古斜坡背景上，是受登楼库组末期、嫩江末期构造运动叠加改造定型的大型断鼻状构造，受一系列近南北向正断层切割分块，由西向东形成阶梯状断块，长岭凹陷期地层（火石岭组、沙河子组、营城组与登楼库组）也自西向东逐层超覆尖灭，鼻状构造下倾与断陷期地层上倾尖灭呈反向配置，可形成良好的构造地层圈闭。油气来自东岭构造以西的长岭凹陷深凹区，在向西运移过程中，渗透性砂层和不整合面是横向运移的主要通道和聚集场所，北东向和南北向断层是纵向运移的主要通道，同时断层在油气运移过程中又起着遮挡层的作用，这取决于断层两盘相对的岩性。当断层两盘相对的均为渗透层时，断层起着通道作用；当断层两盘相对的一方为非渗透层时，断层就起着遮挡作用。

　　2. 油气藏特征

　　由于盆地经历了多期构造运动，因此存在多期成藏组合。登楼库组末期是断陷层原生油气藏的重要形成时期，嫩江末期、明水末期构造运动对断陷层原生油气造成一定破坏，是浅层拗陷层次生油气藏的重要形成时期。其中，断陷层原生油气藏（后遭嫩江末期、明水末期构造运动破坏）以侧向运移为主，油气来源于其西侧的长岭断陷的主体生烃区——长岭深凹，而拗陷层次生油气藏则以垂向运移为主，油气来源于断陷层原生油气藏。因此，东岭构造具有多期成藏、多套成藏组合的特点（图 4-13）。

　　长岭断陷深层具有丰富的天然气资源，深层天然气地质资源量为 $1.14×10^{12}$~$1.71×10^{12} \mathrm{m}^3$，中值为 $1.42×10^{12} \mathrm{m}^3$。烃类气和二氧化碳具有分区分布的特点，其中断陷西部为二氧化碳富集区，断陷中部为二氧化碳和烃类气混合气区，断陷东部主要为烃类气富集区，局部为二氧化碳富集区。烃类气的分布主要受烃源岩分布的控制，含量高的二氧化碳的分布主要受火山岩和基底大断裂的控制。

　　目前，先后完钻的 Chs1 井、Ys1 井和 Ys2 井等，均在营城组火山岩中获得高产工业气流，显示了该区良好的油气勘探前景。但研究区深大断裂发育，火山岩分布范围广，天然气成分复杂，发育多套烃源层。

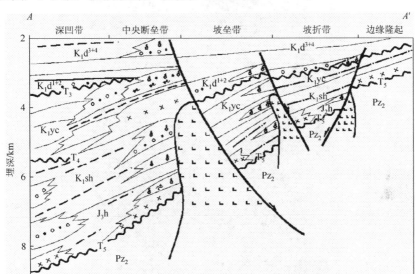

图 4-13 松辽盆地长岭断陷结构及其成藏特征剖面图

长岭断陷深层不同构造或同一构造不同层位天然气组成差别十分明显。腰英台—达尔罕—双坨子构造带天然气中烃类气体以甲烷为主，干燥系数大，非烃气体主要为二氧化碳和氮气，含量变化大。西部老英台低凸起、苏公坨断阶内侧营城组天然气以二氧化碳为主，含少量氮气，烃类气体含量较低，显示该地区天然气成分复杂。

3. 盖层特征

区域性盖层为泉头组泥岩，由此发育多套生储盖组合，配置比较有利。通过对长岭油气田的石油地质条件分析，认为东岭构造油气藏盖层及上覆地层存在烃类垂向微渗漏优势通道，包括微裂缝、裂缝、断层等，是研究烃类微渗漏在近地表微生物效应的理想靶区。

（二）油气微生物异常特征

1. 勘查部署

图 4-14 为长岭凹陷区微生物、地球化学勘探工作实际样品采集点位图，在长岭油气田上方部署了东西向地球化学勘探剖面 A—A1，目的是通过已知区拟合，检验地球化学指标效果，提取油气异常模式；另一条剖面 B—B1，北段与 2011 年提取的地球化学异常段重合，南段穿越新安镇次凹及待评地质目标体。

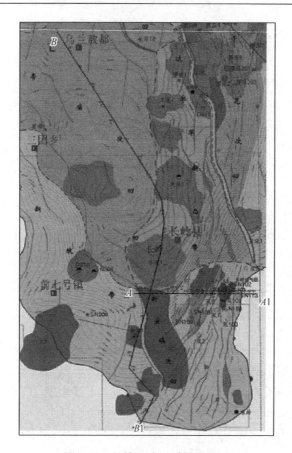

图 4-14　长岭凹陷区采样点位图

2. 微生物地球化学异常特征

1）干扰因素分析

对微生物产生干扰的地表条件进行试验研究，表 4-3 为相隔 50m，相邻玉米地和草甸区三角样点的微生物检测值对比表，从三点平均值看，没有显著的差异，说明玉米地和草甸区这两种植被对微生物的影响不大。简化了不同地貌单元的分析。

表 4-3　相邻植被单元检测对比

地貌单元	样号	甲烷氧化菌	均值	丁烷氧化菌	均值
玉米地	S1	0.108		0.019	
	S2	0.148	0.14	0.015	0.017
	S3	0.167		0.016	

续表

地貌单元	样号	甲烷氧化菌	均值	丁烷氧化菌	均值
草甸区	S4	0.131	0.149	0.017	0.018
	S5	0.128		0.013	
	S6	0.188		0.024	

注：以光密度表示，无单位

2）地表微生物及地球化学异常显示

（1）微生物指标

图 4-15 为 *A—A*1 剖面培养法检测的微生物光学检测值分布曲线，其中油气田范围及断层均为地震 T_4^0 反射层（下同）。在东岭油气田上方，甲烷氧化菌的数量明显高于其他区域，表现为典型的顶端异常。距端点位置 5km、7km、10km 的微生物高值，与下复断裂体系有极好的对应关系。

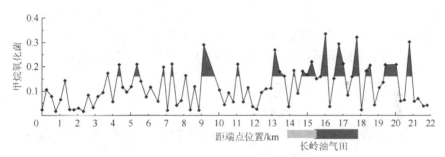

图 4-15　*A—A*1 剖面微生物光学检测值分布曲线

以光密度表示，无单位

（2）游离烃

图 4-16 是长岭油气田上方测量的近地表游离烃甲烷指标剖面图（*A—A*1 剖面），油气地球化学勘探多年的研究认为，游离烃甲烷易受近地表因素干扰，而碳数为 2～5 的重烃在地表很难生成，主要反映微渗漏烃类的信息。从本次测量的长岭油气田地表土壤游离烃异常剖面分析发现游离烃甲烷与重烃相关性较好，变化趋势近于一致，说明来源一致，均可以反映长岭油气田在地表的微渗漏显示，因此主要选用游离烃甲烷指标作为游离烃判定指标。

游离烃甲烷在 *A—A*1 剖面的异常特征：在长岭油气田上方有十分明显的异常响应，为顶部晕；背景区呈现明显低值，异常范围比油气田范围略大，可能与泥岩盖层中的裂缝发育带有关。从长岭油气田构造地震地质解释剖面图上看，油气来自东岭构造以西的长岭凹陷深凹区，在向西运移过程中，渗透性砂层和不整合面是横向运移的主要通道和聚集场所，此区域的烃类渗漏比较强烈，同时也说明此处的断裂并不是完全封闭，烃类可能以断层为微渗漏通道，再垂向渗漏到地表，出现了高强度异常。另外，A—A1 剖面沿近油气田走向，在油气田上方及边界均有高强度异常。

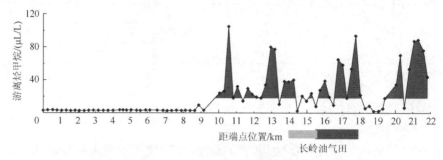

图 4-16　A—A1 剖面游离烃甲烷异常分布特征

（3）顶空气

图 4-17 是长岭油气田上方顶空气甲烷指标剖面图。顶空气指标主要反映的是土壤空隙中弱吸附态轻烃类信息，从本次测量的长岭油气田地表土壤游离烃异常剖面分析发现顶空气甲烷与重烃相关性较好，变化趋势近于一致，均可以反映长岭油气田在地表的微渗漏显示，因此主要选用顶空气甲烷指标作为判定指标。

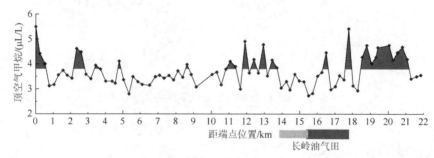

图 4-17　A—A1 剖面顶空气甲烷异常分布特征

顶空气甲烷在 A—A1 剖面的异常特征：顶空气甲烷指标在长岭油气田上方有明显高值异常显示，类似于游离烃指标，为顶部晕。在西部背景区边界有零星异常，可能与盖层中的裂缝发育带有关。总体来看异常的形态显示了与断层较好的相关性。

（4）热释烃

通过热释烃法获得相应的地表地球化学异常，与其他方法异常组合可验证地下油气富集有利部位[72, 73]。从本次测量的长岭油气田地表土壤热释烃异常剖面分析发现热释烃甲烷与重烃相关性较好，变化趋势近于一致，均可以反映长岭油气田在地表的微渗漏显示，因此主要选用热释烃甲烷指标作为判定指标。

热释烃甲烷在 A—A1 剖面的异常特征（图 4-18）：热释烃甲烷指标在长岭油气田上方有明显高值异常显示带，类似于游离烃和顶空气指标，为顶部晕。异常范围与游离烃和顶空气类似，大于油田边界，在西部背景区有零星波峰状孤立异常，可能为部分边界效应，总体来看异常的形态显示了与断层较好的相关性，同样可能与盖层中的裂缝发育带有关。

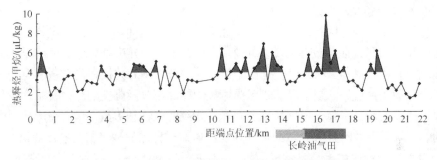

图 4-18　A—A1 剖面热释烃甲烷异常分布特征

（5）荧光光谱

图 4-19 为 A—A1 剖面荧光光谱分布曲线，光谱 320nm 异常分布于长岭油气

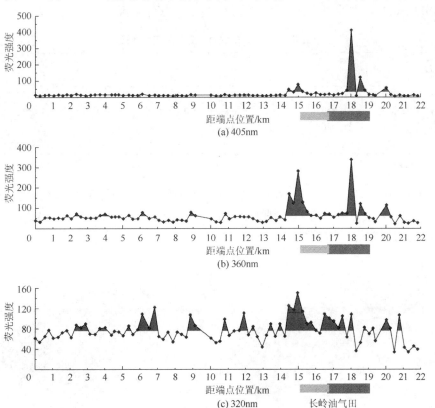

图 4-19　A—A1 剖面荧光光谱强度分布曲线

田上方，360nm、405nm 在长岭油气田上方均有异常分布，在距端点位置 6～7km 处光谱 320nm 也有一较高的异常段，反映出荧光光谱与油气田有一定的关联，可以作为指示油气的相关指标。

（6）三维荧光油气属性判别

背景样本与油气区样本、不同源（如重质油、轻质油、凝析油、煤等）样本间三维荧光图谱和特征参数有显著差异[74,75]。依据这些差异可以对近地表地球化学异常油气属性进行判识。三维荧光光谱是以激发波长、发射波长和荧光强度为坐标的三维空间图谱，它是以强度等值线图描述被测样品组分及强度的一门技术，能全面地表征样品的荧光信息。根据三维荧光光谱指纹图的特征参数、指纹图形状、指纹走向、主峰陡度及特殊波长对的荧光强度比值，对样品的油气属性进行判识。

为了进一步探讨综合异常成因特征，对 *B—B*1 剖面 B28 点和 B69 点进行了三维荧光分析，由表 4-4 可见，该区上方三维荧光有两种属性的特征图谱，一种是 O 型，显示的是较轻组分，均见 T_1、T_3 峰，无 T_2 峰，*R* 为 7.02，*K* 为 0.81，为凝析油—轻质油的特征；另一种是 B 型，均有 T_1、T_2、T_3 峰，*R* 为 2.93～4.02，*K* 为 0.71～0.76，主要表现为轻质—重质油特征，整体上偏重。

表 4-4　不同样本三维荧光特征参数表

图形形状	油气性质	顶峰位置 E_x/E_m	走向 $\alpha_1/(°)$	走向 $\alpha_2/(°)$	*K*	*R*	T_1～T_4 峰匹配
O	凝析油	226/340	100～130	60～80	0.65～0.80	>6	T_1、T_3、T_4
B	轻质油	226/340	55～65	70～110	0.55～0.70	2.5～6.0	T_1、T_2、T_3、T_4
Q	重质油	232/340	45～60	—	0.4～0.80	<2.5	T_1、T_2
P	煤	226/340	30～45	—	0.67～0.75	2.5～6.0	T_1、T_2、T_3

K 为陡度；*R* 为比值

图 4-20 为油田和气田上方异常区的三维特征光谱，对比可以看出，两者具有明显的分布特征。A67 反映的油属性光谱在长波段具有明显的峰值，A53 反映的气属性光谱在长波段非常平坦。

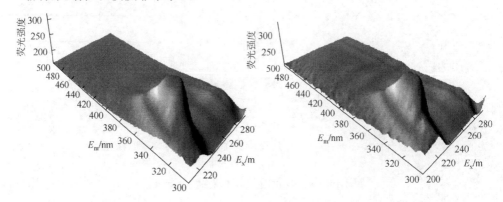

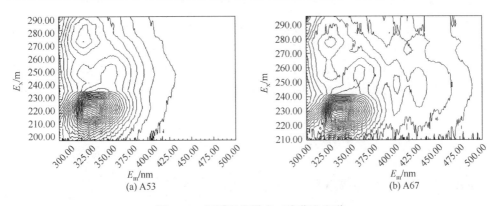

图 4-20　剖面异常样点三维荧光光谱

3）油气田上方微生物与游离态烃和热释烃关系讨论

通过长岭油气田上方近地表游离态烃（游离烃、顶空气）、热释烃和微生物测量发现，微生物指标可与地球化学指标形成有效的判定组合。烃类微渗漏的微生物近地表显示有可能受季节影响。甲烷氧化菌指标在油气区上方的异常显示与传统地球化学指标表现一致，在背景区似乎显示出反消长关系，可能原因为背景区轻烃含量低，大部分被微生物降解。

长岭油气田上方顶空气、游离烃则与微生物异常具有相似性，为顶端分布；从 A—A1 剖面整个构造上方来看，微生物、游离烃、顶空气、热释烃甲烷均为顶端异常显示；长岭油气田上方微生物异常与油气田分布具有较好的对应关系，表明微生物指标对下伏油气藏有较好的指示作用，但在非油气田上方，也出现了零星的微生物异常，前面对比可知，可能与下伏的断裂体系有关。油气田上方的微生物异常与游离烃、顶空气、热释烃异常区域高度重合，而非油气田上方的微生物异常无游离烃异常，与热释烃、顶空气异常也不匹配。可以看出，微生物指标主要与地球化学指示活动态类的指标具有相关关系，可以很好地表征当前的油气运移状态。

4）长岭油气田烃类微渗漏的微生物地球化学模型

深部油气中烃类组分的现代补偿性活跃微渗漏至地表，引起地表土壤介质中的烃类浓度变化，可被地球化学勘探中的游离烃、顶空气技术探测到；引起的微生物变化可被微生物油气勘探技术探测到[76-78]。为了研究已知油气藏的地球化学、生物地球化学异常的模式及共生关系和油气信息检测技术的应用效果，通过长岭油气田上方微生物和烃类异常分布研究，同时结合长岭油气田气藏构造剖面，初步建立烃类垂向微渗漏的地球化学模型。

甲烷氧化菌、游离烃、荧光光谱、热释烃具有顶端（或斑状）异常特征，顶空气指标具有环状异常特征，三维荧光光谱可以较好地判识油气属性。烃类以断层、泥岩盖层的裂缝发育带、地层中的微裂缝系统为优势运移通道垂向微渗漏至地表形成顶端异常模式，较好地反映了烃类自西向东从泥岩地层中的裂缝发育带向地表的微渗漏，断层封闭能力由西向东变弱，且油气田上方地层中存在优势运移通道。上方近地表的烃类浓度特征则有明显的顶端异常显示，较好地反映了烃类沿断层及其东部泥岩地层中的裂缝发育带向地表的微渗漏。

（三）综合勘探效果分析与靶区预测

1. 微生物及烃类异常特征

*B—B*1 剖面南段穿越新安镇次凹及待评地质目标体，根据已知区异常模式对目标地质体进行评价。图 4-21 为 *B—B*1 剖面微生物、烃类异常分布曲线和各个指标的分布特征。甲烷氧化菌高值分布区有 4 块，一块为距端点 12～30km，对应区域为长岭牧场次凹，也是 2011 年地球化学勘探剖面异常区域（图 4-22）；一块为距端点 45～49km，对应区域为东深 1 井所处构造位置；一块为距端点 63km 处相邻的 3 个点；以及端点处的异常小块。

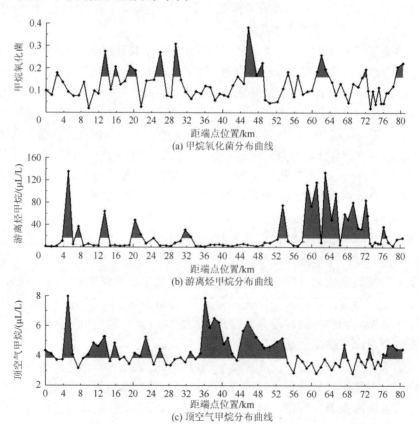

(a) 甲烷氧化菌分布曲线

(b) 游离烃甲烷分布曲线

(c) 顶空气甲烷分布曲线

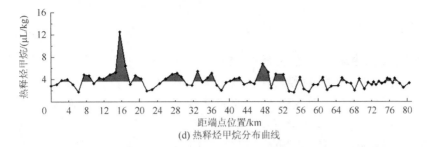

(d) 热释烃甲烷分布曲线

图 4-21　*B—B*1 剖面微生物、烃类检测分布曲线

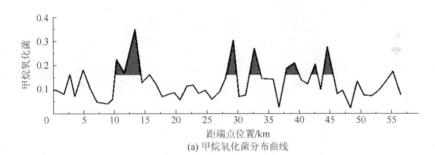

(a) 甲烷氧化菌分布曲线

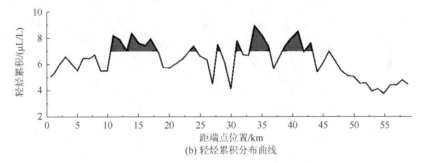

(b) 轻烃累积分布曲线

图 4-22　微生物异常与地球化学异常对比剖面

　　游离烃甲烷异常主要分为两个区段，一段为距端点 4~30km，与甲烷氧化菌异常区有较好的对应关系，另一段为距端点 50~74km（新深 1 井），此段上方有零星的甲烷氧化菌异常。

　　顶空气甲烷在距端点 4~40km 有一环斑状异常区，比对应区域的甲烷氧化菌、游离烃异常区要宽。另一段异常分布在距端点 44~54km，对应有甲烷氧化菌异常。另一异常分布在 72~79km 处的斑块异常，与甲烷氧化菌在此处的弱异常对应。在新深 1 井上方无顶空气异常。

　　热释烃甲烷异常可以分为两个部分，一部分是分布在距端点 4~40km，与顶空气、游离烃、微生物异常区吻合。另一部分是分布在距端点 46~53km，与此区域顶空气、甲烷氧化菌异常相配合。同样，在新深 1 井上方无热释烃异常。

2. 荧光光谱特征

荧光光谱指标在距端点 32km、75～79km 处显示出明显异常（图 4-23），与已知区对比可知，此两处所对应的异常区可解释为油气有利区。图 4-24 为两个荧光光谱高值区检测的三维荧光光谱，b69 表现出典型的气特征（A53），而 b28 与油田上方（A67）光谱特征较为相似。说明 b69 所指示的附近区域有气藏可循，而 b28 所对应的微生物、地球化学综合异常区可能含油。

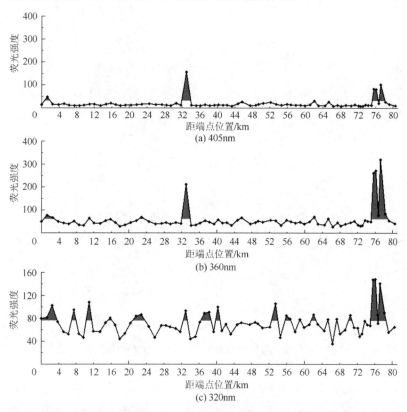

图 4-23　长岭 $B—B1$ 剖面荧光指标异常分布图

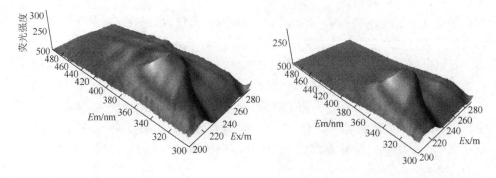

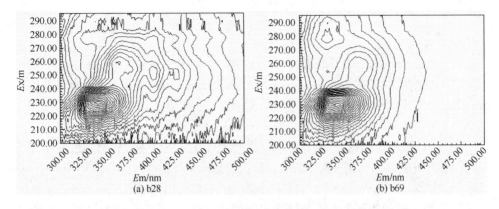

图 4-24 长岭 B—B1 剖面异常样点三维荧光光谱

3. 有利区预测

结合已知区模型，对 B—B1 剖面的微生物地球化学异常分析。

（1）B—B1 剖面距端点 12～32km，有微生物、地球化学各指标组成的综合异常区。工区北部，通过黑帝庙次凹和乾安次凹共实施了 14 口探井，钻探了各种圈闭类型，均没有获得烃类工业气流。由于火山屏蔽作用，黑帝庙次凹、乾安次凹构造的凹隆格局、地层层序轮廓不清，有效生烃灶区难以确定，严重地制约了其勘探成功率。结合现在钻井显示情况，营城组没有气显示，但构造已在泉头组—登楼库组等发现气显示，虽未形成工业气井，但微生物和地球化学指标均有异常显示，2011 年勘探也显示出极好的烃类异常，三维荧光光谱显示具有明显的油气特征，值得重视。

（2）B—B1 剖面距端点 45～50km，有微生物、顶空气、热释烃块状异常，缺少游离烃、荧光光谱异常。

（3）B—B1 剖面距端点 52～75km，为游离烃的顶端异常区，有零星微生物异常，缺少其他地球化学异常配合。结合已钻新深 1 井为干井的情况，可说明保存条件不好。

（4）B—B1 剖面距端点 69～78km，为本次地球化学勘探工作需要判识的地质目标区，分布有零星的甲烷氧化菌高值、顶空气异常、无游离烃和热释烃异常，考虑到剖面检测的局限性（所穿越的区域正好是局部低值区），不能对此下否定的结论。值得注意的是，此段上方显示出荧光高强度异常及热释烃湿度异常。从已知气田上方显示的规律看，预示着此区域附近有气藏的可能性，值得围绕地质目标体进行更深入的勘探研究，建议扩大范围开展地球化学勘探详查或精查工作，落实目标体的含油气程度和含油气属性，为钻井井位提供参考资料。

因此，对比已知油气田异常特征，有理由认为，黑帝庙次凹和 B—B1 剖面南端为此次勘探的有利靶区。

4. 综合评价

（1）已知油气田上方具有较好的微生物、地球化学异常。

（2）活跃的烃类指标异常分布与下伏气藏上方的优势运移通道具有良好的响应关系，表明烃类沿优势运移通道的气相渗透可能是地表地球化学异常的主要成因机理和上置地球化学异常形态及模式的主要控制因素。

（3）从试验结果来看，地球化学、生物地球化学方法手段检测出的异常结果是可以相互补充、相辅相成的。方法指标的检测结果与其油气指示意义有区别，因而它们的异常特征也有差别，但它们组成的共生异常可以指示地下油气藏的存在。

（4）由于地质和地表条件及烃类渗漏的复杂性，任何一种油气地球化学勘探的方法都有它的局限性。这也是在实际勘探过程中选用多种方法，而且"活跃"指标和"化石"指标兼顾的原因。

黑帝庙次凹可能具有很好的油气前景，建议下一步在此处开展微生物、地球化学综合勘探，500m×500m 网格采样（详查），部署面积为 1000km^2。B—B1 剖面南端的地质目标体有微生物、部分地球化学异常，以及典型气特征的三维荧光光谱，可以作为进一步勘探工作的有利区。

二、胜利油田陈家庄区块

（一）石油地质特征

1. 研究区位置

济阳拗陷沾化凹陷南部的陈家庄凸起西段北坡、邵家洼陷西南部的陈 22 块（属于陈家庄油田）作为研究烃类垂向微渗漏引起的近地表微生物异常的宏观试验场所（图 4-25）。

2. 构造特征

1）陈家庄凸起构造特征和主要断裂

陈家庄凸起是济阳拗陷的一个次级正向构造单元，呈东西走向，横亘于济阳拗陷中部。凸起北邻沾化凹陷，南以陈南断层与东营凹陷相连；北部缓坡带东接垦东-青坨子凸起，西临流钟洼陷（图 4-26）。陈家庄凸起南陡北缓，主体古近系基底长期受风化剥蚀及构造运动的改造，呈现沟梁相间的侵蚀古地貌特征。燕山期发育的北西向罗西断层肢解了陈家庄凸起，在陈家庄凸起中部形成一北北西向的断沟。断沟中沉积了古近系，凸起带顶部则由馆陶组、明化镇组形成了一个大

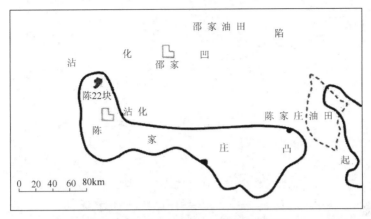

图 4-25　陈家庄油田陈 22 块地理位置图

型超覆、披覆构造。陈家庄地区构造上南北具有不对称性，整体上具有南断北超、南高北低的特点。该地区最显著的构造特点是发育有两个坡折，即由侵蚀作用所形成的古地貌坡折，以及由同生断层活动所形成的构造坡折，相应地划分为三个构造单元（图 4-27）。

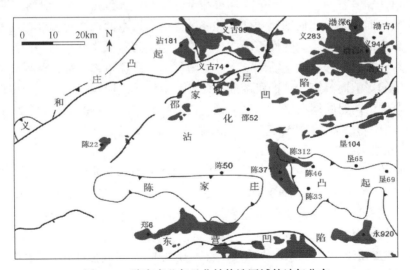

图 4-26　陈家庄凸起及北坡构造区域的油气分布

　　凸起带是指馆陶组与古近系直接接触的部分。由于遭受到长期的风化剥蚀，发育有众多的残丘山和古地貌沟谷，形成了沟梁相间的古地貌特征。
　　斜坡带是指凸起与洼陷之间地势较为平坦的部分，与凸起之间形成因侵蚀而成的地貌坡折。斜坡带整体构造幅度低缓，发育有数条近南北向的古地貌沟谷，向北倾没于洼陷部位。

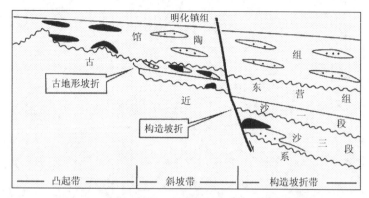

图 4-27　陈家庄地区发育的构造坡折及成藏模式图

　　构造坡折带位于斜坡与洼陷之间的转折部位，由于同沉积断层在古近系持续活动，沿着斜坡边缘发育有较大规模的构造坡折。

　　与陈家庄凸起北部油气运聚有密切关系是邵家洼陷区断层系统，包括控制洼陷边界的基底断层和在洼陷发育过程中产生的内部断层。从中生代开始，该洼陷区在郯庐断裂带右旋剪切和南北向伸展的共同作用下发生裂陷，因此其断层活动具有多期性和多方向性，断层的平面展布十分复杂，大致可以分为近东西向、北东向、北西向和近南北向四组。邵家洼陷区内所有近东西向断层及北西向断层和部分北东向盖层小断层为张性正断层，且绝大部分为盆倾张性正断层；洼陷区中部的北东向断层为张扭性正断层，剖面上表现为东南盘下降，受东营期郯庐断裂右旋走滑的影响而具有一定的走滑性。此外，虎滩低凸起东部沉积盖层中近东西向和北东向的两组断层在平面上呈帚状构造体系分布，中央断隆带（邵 24 井—邵 29 井区）因火成岩侵入沙河街组而形成在平面上呈 8 字形的封闭式断层。

　　2）陈家庄油田陈 22 块构造特征

　　从东营组油层顶面构造图上看，陈 22 块整体上为一北西向继承性发育的背斜构造背景，东营组油层从四面超覆于陈 22 块低凸起之上，基岩高点埋深为 1180m。地层产状受基岩古地形控制向四周倾斜，东北部稍平缓，地层倾角为 0.5°左右；其他方向倾角变大，地层倾角为 3°左右。其北部被断层（陈 22-1 北断层）切割，为该块主控断层，走向北东向，北倾，断距为 200m，凸起上的一组基岩断层控制着东营组油层的超覆边界。

　　3. 地层划分与分层特征

　　本区自下而上发育地层为中生界，古近系沙河街组、东营组，新近系馆陶组、明化镇组及第四系平原组（表 4-5），局部低部位发育沙一段地层。中生界—上古生界地层被剥蚀殆尽，下古生界地层仅在周边低部位略有残存，构造高部位出露地层为古近系、新近系及第四系地层。

表 4-5 陈家庄油气田地层简表

层位				层位代号	厚度/m	岩性岩相简述
系	统	组	段			
第四系	—	平原组	—	Qp	400	泥岩
古近系	渐新统	沙河街组	沙一段	E_3s^1	8	砾岩、白云岩
		东营组	东三段	E_3d^3	80	含砾砂岩、粉细砂岩
新近系	中新统	馆陶组	—	N_1g	500	粉砂岩、细砂岩
	上新统	明化镇组	—	N_2m	400	砂岩、泥岩
侏罗系	—	—	—	J	30	砾岩

根据该区地震特征及实钻井情况，东营组由四周向构造高部位超覆，围绕凸起呈环带状分布，为滨浅湖相滩坝沉积的砂岩相带，顶部遭受剥蚀保存不全。区域地层对比认为，陈 22 块东营组仅发育东三段，为一套暗紫色泥岩与浅灰绿色含砾砂岩、细砂岩互层的砂泥岩地层。该套地层可分为上下两段，上部为一套稳定泥岩，夹薄层粉细砂岩；下部为粗碎屑的含砾砂岩、粉细砂岩夹薄层泥岩，纵向上可分为三个较为明显的正旋回，单砂层厚度为 1.5～8.0m，单井累计厚度为 3～20m，是东营组的主力含油层段。

4. 油藏特征

1）成藏机理

陈家庄油田陈 22 块的油气来源四扣洼陷沙三段烃源岩，部分来自于沙四段烃源岩，处于高部位的陈家庄凸起是四扣洼陷油气运移和聚集的重要地区。从洼陷排出的油气，通过沾化凹陷发育的盆倾断层，在纵向上把不同部位的储集层和不整合面贯穿起来，构成通畅的立体网络系统，为形成各种类型的油气藏提供了有利条件。馆陶组和东三段上部发育的厚层泥岩是良好的区域性盖层，东三段下部内部的薄层泥岩作为局部盖层，可以对油气进行有效封盖，在东三段下部形成多套储盖组合。根据钻井、测井、试油资料分析，陈家庄凸起东营组各类隐蔽油藏的形成、分布主要受古地貌、地层超覆边界与岩性因素控制。

东三段泥岩隔层发育，具备良好的储盖条件，顶部有 8～20m 的稳定泥岩分布，区域盖层可靠。北部北东向邵家断层和虎 4 断层是油源断层，四扣洼陷（包括邵家洼陷）生成的油气沿断层及基岩不整合面向陈家庄凸起西段运移，在陈 22 块东营组超覆带高部位富集，形成地层超覆油藏（图 4-28），总体呈半环型分布。

分析陈 22 井、陈 221 井和陈 220 井的录井、测井及试油资料发现，东营组地层超覆油藏具有两个特征：①油气富集于东三段底部三砂组，单套油砂体厚度一般小于 4.5m，油气显示层段累积厚度不足 15m；②小层之间互不连通，具有不同的油水系统，构造高部位含油性较好（图 4-29）。

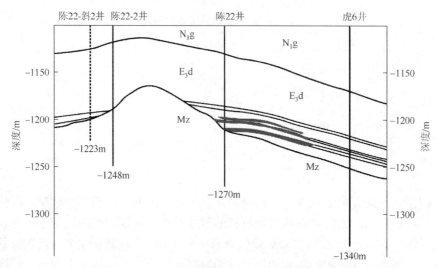

图 4-28　陈 22 井-斜 2 井-虎 6 井油藏剖面图

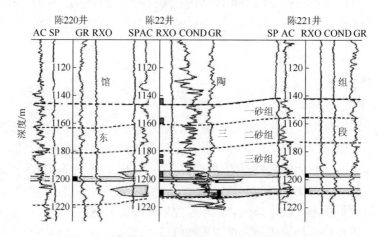

图 4-29　陈家庄凸起西段陈 22 块东营组油藏剖面

2）地质储量

陈 22 块产层为东三段，2007 年底重新落实计算地质储量结果，有效厚度平均值为 3.6m，含油面积为 2.49km²，复算地质储量为 95.06×104t。

3）油藏压力与温度

根据陈 22 井试油资料，陈 22 井东营组原始地层压力为 11.69MPa，油层中深为 1206.35m，压力系数为 0.97，属正常压力系统；油层温度为 66℃，测算地温梯度为 4.3℃/100m，属于高温异常。

4）流体性质

根据该区试油资料分析，地面原油密度为 0.9768～0.9976g/cm³，黏度（50℃）

为 1891～5546mPa·s，凝固点为-3～-6℃，含硫量为 1.91%～2.55%。根据地层水性分析资料，地层水总矿化度为 8691～10119mg/L，氯离子为 5062～5977mg/L，水型为 $CaCl_2$ 型。

5）油藏产能情况

陈 22 块 6 口井试油（陈 22 井、陈 220 井、陈 221 井、陈 224 井、陈 225 井、陈 226 井），4 口井是获日产为 1.77～8.32t 的工业油流。试采 4 口井达到工业油流，初期日产油为 3.7～13.0t；2006 年底，只有陈 22 井、陈 221 井、陈 225 井生产，陈 22 井日产油 5.7t，含水为 61.0%；陈 221 井日产油为 3.5t，含水为 72.4%；陈 225 井日产油为 4.9t，含水为 42.4%；平均单井日产油为 4.7t。目前工区内只有陈 22-3 井生产，日产油为 0.5t，含水为 90%以上。另外，油藏东部的邵 2 井试气获日产约 28000m³（关井未采）。

（二）微生物勘查选区依据

根据应用研究的需要，选择了济阳拗陷沾化凹陷陈家庄凸起北坡的陈 22 区块为本次应用研究的实验区。第一，地质研究表明，陈家庄地区油气运移始于东营组沉积之后，大量运移发生在明化镇组沉积时期及第四纪，是其主要成藏期，具有晚期成藏特点，且埋藏较浅（陈 22 块油藏埋深在 1200m 左右），易于烃类的微渗漏，对于噬烃微生物异常信息的提取相当有利；另外油藏开采的动态变化，可以验证地表微生物异常对地下油气微渗漏强度变化的敏感性。第二，该区地质、地球物理资料相当丰富，2009 年曾开展过微生物勘探技术的剖面试验研究，取得了明显的效果，具有一定的工作基础。第三，该区主要为旱田作物，主要有玉米、棉花和枣林，干扰相对较小，便于研究过程中对不同时期进行样品采集。第四，该区具有较为独立的油田和气田，烃类微渗漏组分有一定差异（一般认为油田微渗漏以甲烷和重烃为主，气田微渗漏以甲烷为主），便于微生物勘探技术对不同油气属性的微生物特征进行提取和对比。因此，该区是开展微生物油气勘探技术应用研究的理想场所。

（三）微生物地球化学检测方法及指标优选

图 4-30 是微生物油气勘探技术应用研究选择的沾化凹陷陈 22 块范围。为了精细解剖微生物异常与地下油气藏分布的响应关系，以 500m×500m 网度采集样点 399 个；并选择了一条过陈 6 井、陈 22 井、陈 221 井、虎 4 井、虎 2 井的联井剖面，来研究微生物异常与油藏地质剖面特征的对应关系。总计采集样点 456 个。样品种类有微生物土样（487 个）、地球化学土壤样品（487 个）、顶空气样品（487 个）、环境参数土壤样品。微生物分析项目包括：分子生物学的甲烷单加氧酶基因

（*pmoA*）、烷烃水解酶基因（*alkB*），培养法的甲烷氧化菌、烃氧化菌、丁烷氧化菌。地球化学分析项目包括：游离烃、顶空气、热释烃、酸解烃等。

为了尽可能全面提取微生物、地球化学指标中包含的油气信息，并最大限度地避免信息的重复，必须优选微生物、地球化学指标进行信息提取。同时从油气藏烃类微渗漏形成的生物地球化学场、地球化学场、地球物理场理论模型上看，现今油气藏补偿性微渗漏所导致的地表微生物异常与活跃态烃类（游离烃）的关系相对密切，而与化石类指标（酸解烃、蚀变碳酸盐）等无关。因此，通过对陈家庄凸起陈22 块研究区所有样点检测的各项指标相关与聚类分析后，消除冗余指标，选取不同类别有代表性的指标：甲烷单加氧酶基因（*pmoA*）、烷烃水解酶基因（*alkB*）、丁烷氧化菌、游离烃甲烷（YC_1）及重烃（YC_2^+）、热释烃甲烷（RC_1）及重烃（RC_2^+）。下面将结合地质特征，研究这些优选指标在已知油田区的地表异常响应。

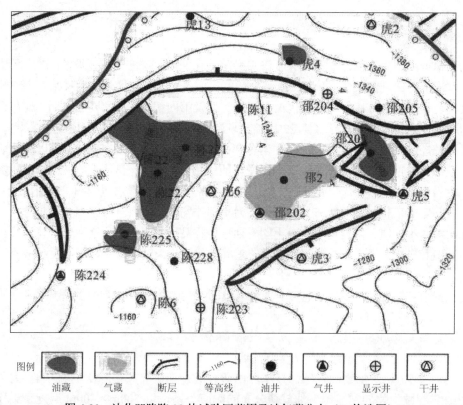

图 4-30　沾化凹陷陈 22 块试验区范围及油气藏分布（T_1 构造图）

表 4-6 为微生物、地球化学主要指标的统计特征值。微生物（培养法检测值）及地球化学指标的空间分布变化较缓，指标的变异系数基本小于 0.6。说明这些指标反映的微生物、地球化学场是一个均匀变化场。甲烷氧化菌与烃氧化菌从表 4-6

所示的统计特征中可以看出，变异系数分别是 6.23 和 2.35，说明油气微生物值所反映的微生物场是一个非均匀场，有利于提取油气异常信息。从微生物异常值的分布频率上看，陈 22 区块微生物异常值的频率分布呈双峰右偏斜状（图 4-31），是含油气区块所特有的微生物值频率分布图。异常下限采用稳健统计法确定。

表 4-6　微生物、地球化学指标统计特征值

指标	甲烷氧化菌	烃氧化菌	热释烃甲烷	f320nm	游离烃甲烷
最小值	2.45×10^3	3.06×10^4	0.98	14.72	2.58
最大值	2.34×10^8	5.74×10^8	24.60	88.57	76.48
均值	2.42×10^6	2.15×10^7	3.89	69.53	13.14
标准差	1.53×10^7	5.05×10^7	2.26	9.54	6.95
变异系数	6.32	2.35	0.58	0.14	0.53
异常下限	2.0×10^6	3.0×10^7	4.7	75	18

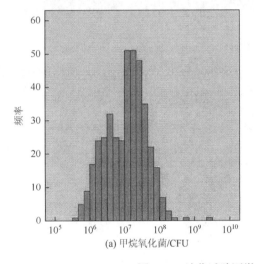
(a) 甲烷氧化菌/CFU

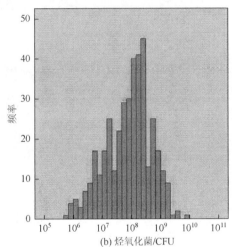
(b) 烃氧化菌/CFU

图 4-31　沾化试验区微生物数量分布直方图

（四）联井剖面地表微生物及地球化学异常特征

1. 陈 22 块烃类微渗漏地表微生物异常响应

1）剖面 pmoA 和 alkB 异常分析

pmoA、*alkB* 分别是指示降解微渗漏甲烷、烷烃的微生物基因拷贝数。图 4-32 是联井油藏地质剖面的地表 *pmoA*、*alkB* 分布特征图。可以看出，*pmoA*、*alkB* 在剖面上整体特征较为类似，说明油藏烃类微渗漏甲烷及烷烃组分都是客观存在的。地表 *pmoA*、*alkB* 异常高值位置与下伏油藏分布（陈 22 井、陈 221 井和虎 4 井等油井）有

较好对应关系，呈顶端异常，在剖面上形成双驼峰特征，与背景区明显区分开来，说明这两个指标对于油气微渗漏的指示是有效的。值得注意的是，在陈 221 井与虎 4 井间 *pmoA*、*alkB* 则呈低值（存在 3、4 个点的低值），可能说明油藏主控断层——陈 22-1 北断层侧向上具有很好的封堵性，对陈 221 井油藏烃类垂向微渗漏具有遮挡作用，而纵向上则是烃类微渗漏的优势通道。陈 22-1 油藏上方的地表微生物异常是烃类沿地层中广泛发育的垂向微裂隙系统，以及断层微渗漏共同作用的结果。

　　2）剖面丁烷氧化菌异常分析

　　培养法的丁烷氧化菌指标虽然在样品处理和分析方法上与分子生物学基因拷贝数属于两个不同系列，但是所获得的微生物异常同样指示了下伏油藏的分布，并与分子生物学基因拷贝数 *pmoA*、*alkB* 异常特征具有一定程度的相似性。图 4-33 是陈 22 块油藏地质-地表微生物丁烷氧化菌异常模型。丁烷氧化菌高值异常点与陈 22 井、陈 221 井、和虎 4 井等油井有很好的对应关系，在剖面上形成双驼峰特征。与 *pmoA*、*alkB* 在剖面上的分布特征相类似，在陈 221 井与虎 4 井之间同样存在

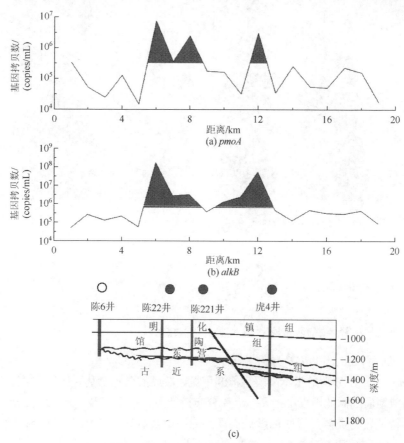

图 4-32　陈 22 块油藏地质-地表微生物 *pmoA*、*alkB* 异常模型

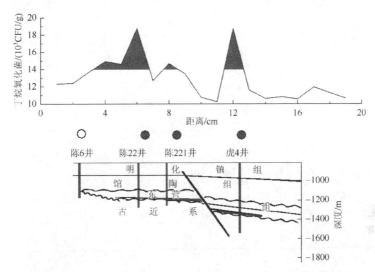

图 4-33　陈 22 块油藏地质-地表微生物丁烷氧化菌异常模型

低值区，也说明了陈 22-1 北断层对陈 221 井油藏烃类垂向微渗漏的遮挡作用。

2. 陈 22 块烃类微渗漏地表地球化学异常响应

1）剖面游离烃异常分析

深部油气藏中烃类组分的现代补偿性活跃微渗漏至地表，引起地表土壤中的烃类浓度变化，可被地球化学勘探方法中的游离烃探测到，这些活动态地球化学指标的优点是能够指示现今油气藏是否仍在发生微渗漏。

在联井剖面的上方，游离烃甲烷与重烃浓度变化趋势基本一致（图 4-34）。虎 4 井油藏北缘、陈 22 井油藏上方具有游离烃浓度异常高值，而陈 221 井油藏正上方则未见异常显示，与微生物在剖面上的异常特征有一定程度不同，初步推测，可能噬烃微生物菌落发育的地方，大大消耗了地表活动态烃类，因而地表该部位相应呈现低浓度的游离烃特征。尽管如此，游离烃异常在剖面上仍近似呈双驼峰。

2）剖面热释烃异常分析

根据热释烃的特点，将热释烃称为亚稳定指标，主要是基于以下原因：对于热释烃赋存状态，一般认为是吸附于硅酸盐矿物层间或格架中的烃气，吸附牢固，较稳定[57]。而通过近年的中国石油化工集团公司科技开发项目（"烃类垂向微渗漏实验模拟及应用基础研究"，2005～2008 年）的模拟实验发现，介质中的热释烃受短期气体运移叠加的影响，说明该指标又具有活跃指标的属性。图 4-35 是陈 22 块油藏地质-地表热释烃异常模型，在剖面上，热释烃呈双驼峰异常，分别对应下伏虎 4 井油藏、陈 221 井油藏，双驼峰之间的低值带，可能也揭示了陈 22-1 北断层对陈 221 井油藏烃类垂向微渗漏的遮挡作用。

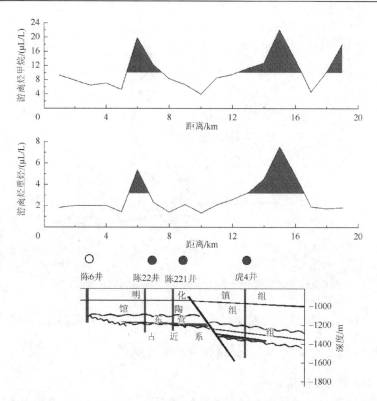

图 4-34　陈 22 块油藏地质-游离烃异常模型

　　上述的地表微生物、地球化学剖面测量从一维空间序列分析角度对油藏烃类微渗漏进行了初步分析，可以总结为以下几点。

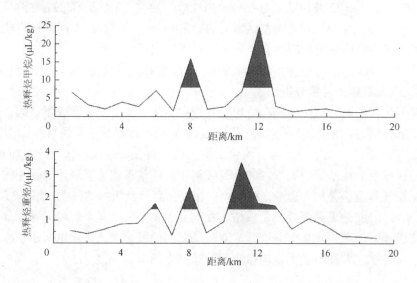

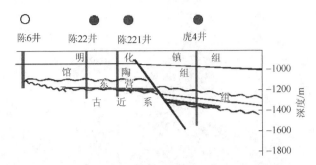

图 4-35　陈 22 块油藏地质-地表热释烃异常模型

（1）微生物指标、地球化学指标较好地响应了下伏油藏的分布位置，从不同侧面指示烃类微渗漏，不同的指标代表的地球化学意义不同，但它们又具有内在的成因联系。

（2）地层中存在的纵向微裂隙系统及断层是烃类微渗漏的优势通道，下伏油气藏分布和优势通道共同控制了微生物、活动态烃类在地表的富集位置。

（3）尽管剖面测量揭示了油藏上方微生物、地球化学指标的部分特征，但是仅从一维角度不能全面反映油藏的地表微生物场、地球化学场与地质特征的关系，高精度的微生物、地球化学测量对于勘探目标的选择至关重要。

（五）陈 22 块油气田微生物精查异常及其地质意义

为了验证所建立的微生物油气勘探技术对油气田的响应，对陈 22 块油气田进行微生物、地球化学精查，精查面积覆盖陈 22 块油田区、气田区、背景区，进行二维空间结构分析，解剖地表微生物异常、地球化学异常与油气藏的响应关系。

1）*pmoA* 异常特征分析

图 4-36 是陈 22 块油气田上方微生物勘探技术 *pmoA* 精查结果。从整体上看，*pmoA* 值在油气区上方呈现高异常富集区，而远离油气区的背景区只有零星异常或无明显异常。整个 *pmoA* 值异常富集区又可细分为北西、南东两个较大异常带，覆盖到陈 22 块油藏和邵 202 块气藏。北西异常带呈不连续的两个块体覆盖了陈 22 油藏北部（陈 221 井以北）及陈 22 井区。据胜利油田资料，该区东营组成藏受岩性和构造双重控制，油藏类型为受地层超覆控制的岩性-构造复合油藏，储层为滨浅湖滩坝相砂岩，小层之间互不连通，具有不同的油水系统。目前该油藏仅陈 22-3 井以北的油井仍在开采，陈 22 井及其以南的油井因产量过低（含水率达到 95%以上），已经关井停采。由于开采，油区南部的储层渗漏源丰度降低、烃类微渗漏的动力减弱，因此陈 22 井以南的含油区地表无明显的微生物 *pmoA* 异常。而陈 22 油藏北部由于下伏仍存在较高丰度的渗漏源，烃类微渗漏动力也相对较强，因此具有明显的微生物 *pmoA* 值异常。

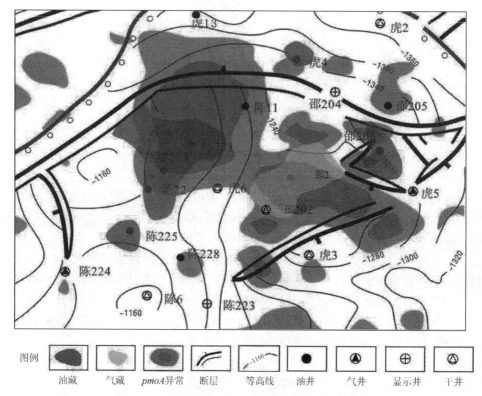

图例 油藏 气藏 *pmoA*异常 断层 等高线 油井 气井 显示井 干井

图4-36 研究区微生物 *pmoA* 值异常及油气分布图

据胜利油田最新资料，陈 22 块 2007 年在该块完钻新井 4 口（陈 22-8 井、陈 22-斜 8 井、陈 22-3 井及陈 22-6 井），根据试采情况及电测解释综合分析，陈 22-3 井钻遇油层 1m 每层，陈 22-斜 8 井钻遇油水同层，陈 22-6 井干层，陈 22-8 井落空，根据岩性油藏含油边界外推一个井距的原则，结合新钻井资料及构造趋势重新落实含油面积、计算 E_3d^3 有效厚度［图4-37（b）］。可以看到，砂体有效厚度主要集中在陈 22 井以北，陈 22 井以南所钻的 22-6 井、陈 22-8 井为干井，以前所钻的陈 225 井虽然砂体有一定厚度（薄于陈 22 井以北），但已经关井停产。由此可见，在陈 22 块油区，微生物 *pmoA* 值异常分布与下伏砂体厚度、产出情况取得了较好的吻合。

南东异常带的主体以一个较大的块状异常覆盖了邵 202 井气藏，其北部的邵 202 井油藏仅在西部边缘出现两个小异常块，而邵 202 井目前也因产量过低，已经关井停产。由此可见，微生物勘探技术 *pmoA* 值对下伏油气藏"生命体征"具有很灵敏的指示作用。

值得注意的是，研究区内几乎所有的干井或显示井，如虎 2 井、邵 204 井、虎 6 井、虎 5 井、虎 3 井、陈 224 井、陈 6 井、陈 223 井上方均不存在 *pmoA* 值异常；几乎所有的油气井，如虎 4 井、邵 203 井、陈 221 井、陈 22 井、邵 202 井上方或近于

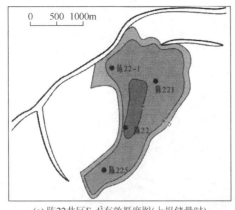
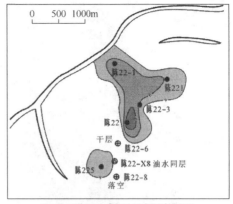

(a) 陈22井区E₃d³有效厚度图(上报储量时)　　　　(b) 陈22井区E₃d³有效厚度图(核减后)

图 4-37　陈 22 井区 E_3d^3 上报储量时和最新核减后的有效厚度图

上方均存在 *pmoA* 值异常。说明微生物检测结果对无工业油气藏区具有相当好的否定作用，在井位部署上，微生物勘探技术提供的异常将具有重要的参考价值。

　　2）*alkB* 异常特征分析

　　图 4-38 是陈 22 块油气田上方微生物勘探技术 *alkB* 精查结果。由于该指标是反映烷烃系列的降解基因酶，与 *pmoA* 具有较好的相关性（相关系数达到 0.4，在置信度 99%上显著相关），因此，*alkB* 异常值在研究区整体分布特征较为类似，在油气区上方呈现高异常富集区。整个 *alkB* 值异常富集区同样又可分为北西、南东两个较大异常带覆盖到陈 22 块油藏和邵 202 块气藏，不同之处在于南东异常带较大的块状异常呈北东-南西走向覆盖邵 202 井气藏，而 *pmoA* 值南东异常带较大的块状异常呈北西-南东走向覆盖邵 202 井气藏，体现了烃类组分微渗漏的差异性，以及不同微生物指标（*alkB* 值和 *pmoA* 值）对气藏指示具有差异性。与 *pmoA* 值异常分布相似的是，研究区内绝大多数干井或显示井上方均不存在 *alkB* 值异常，绝大多数油气井上方均存在 *alkB* 值异常。

　　3）丁烷氧化菌异常特征分析

　　图 4-39 是陈 22 块油气田上方微生物勘探技术培养法丁烷氧化菌勘查结果。虽然该方法与前述所采用的分子生物学基因拷贝数属于两个不同系列，但是所获得的微生物异常与分子生物学基因拷贝数 *alkB* 异常特征具有一定程度的相似性。除了在研究区西北角出现的异常外（原因有待进一步研究），其余的丁烷氧化菌异常分布也呈现北西、南东两个异常带分别覆盖到陈 22 块油藏北半部分、邵 202 气藏南半部分。邵 203 井油藏西半部分也出现丁烷氧化菌异常。与上述的两个分子生物学基因拷贝数的两个指标在研究分布特征相同的是，几乎所有的干井、显示井上方均不存在丁烷氧化菌异常，绝大多数油气井上方具有丁烷氧化菌异常，微生物油气勘探技术先验对钻井结果预测作用（否定和肯定）获得了很高的成功率。

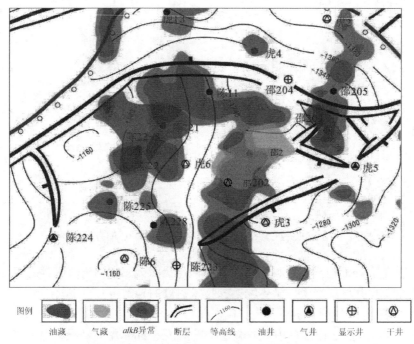

图 4-38　研究区微生物 *alkB* 值异常及油气分布图

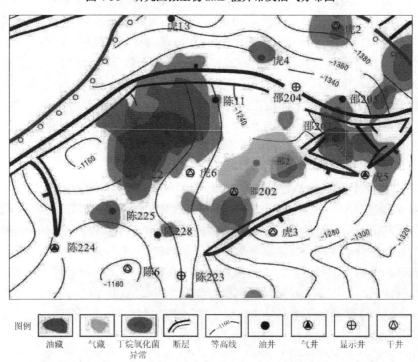

图 4-39　研究区丁烷氧化菌异常及油气分布图

4）烃氧化菌异常特征分析

图 4-40 是陈 22 块油气田上方微生物勘探技术培养法烃氧化菌勘查结果。异常的主体位置与丁烷氧化菌分布相似，不同的是气区上方的烃氧化菌异常与气区范围极为一致，油区上方的异常较弱，强异常集中于油区的东北部，与丁烷氧化菌相同。在工区西北不有一异常块体。同样的是，所有的干井、显示井上方均不存在烃氧化菌异常。

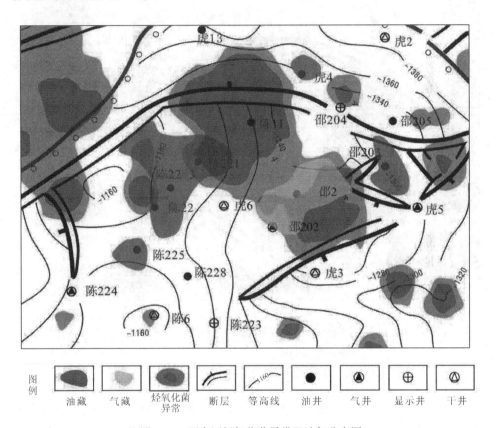

图 4-40　研究区烃氧化菌异常及油气分布图

5）地球化学指标异常特征分析

图 4-41 是用常规迭代切尾法提取的研究区游离烃甲烷异常图。可以看到游离烃浓度异常分布与油气区上方外，东北角和西南角也分布有块状异常。工区东北角游离烃块状异常的成因有两种可能，一种可能是东部临近生油洼陷，洼陷中活跃烃源岩生成的烃类沿不整合面、断层、输导层向西部的陈 22 井东营组超覆带高部位运移，可能部分烃类沿垂向立体断层、裂隙网络系统渗漏到地表形成大片异常；另一种可能是工区东部的地势处于低洼，地表水网较为发育，有成片芦苇、

枣林等植物分布，生物成因烃容易对游离烃形成干扰，形成假异常。无论是烃源岩生烃垂向渗漏形成的异常还是生物成因烃产生的异常，对真正油气区的微渗漏异常信息提取都会造成很大干扰。这种情况下，仅凭浓度异常难以反映地下油气藏微渗漏信息。这就需要通过对游离烃的组构分析来抑制假异常。

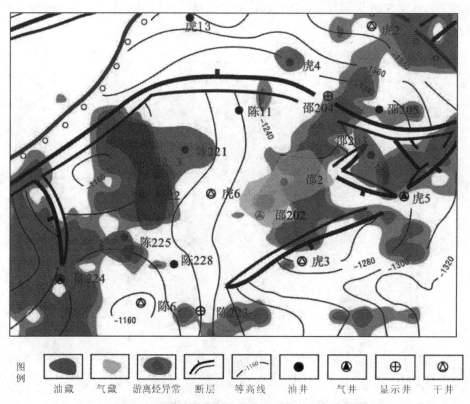

图 4-41　研究区游离烃甲烷浓度异常及油气分布图

　　美国学者 J. H. Haworth 等利用泥浆测井资料（泥浆气）提出了平衡系数 $Bh=[(C_1+C_2)/(C_3+C_4+C_5)]$ 的概念用以判断气体成因类型，后被引入到地球化学勘探判断异常成因，取得了较好的效果。该系数值偏高时，说明烃类成分以轻烃（碳数为 1 和 2 的烃）为主，碳数为 3～5 的烃浓度较低，可以判定异常可能由地表干扰引起。这是由于地表轻烃组分尤其是甲烷，更可能由地表生物化学作用而产生，而较重的碳数为 3～5 的烃在近地表条件下由有机物质转化形成的可能性较小，即使能够在地表生成，生成的量也不会大。一些研究者将烃类异常区平衡系数为 3～16 作为热成运移烃的指标。本次应用该系数来判断异常成因，一方面，考虑到微渗漏的热成因气具有较"湿"的特点，倾向于平衡系数越低越有利的原则；另一方面，考虑到整个研究区由油气微渗漏引起的异常的可能比率（定为 25%左右）。因此，本次求取研究区内的所有样点的游离烃的平衡系数，然而以平衡系数为 3～5.6 作为热成运移烃的指标，进行油气微渗漏异常信息的提取，所获结果如图 4-51 所示。

可以看到热成因平衡系数在研究区内的分布具有明显的规律性。从整体上看，热成因平衡系数主要分布在油气区上方富集，而远离油气区的周边背景地带只有零星分布或无明显分布，尤其是研究区东部的大片游离烃异常得到很好的抑制，说明该片异常可能为地表生物成因烃干扰所致，而不是烃源岩生烃垂向渗漏所致，因为微渗漏的热成因烃应该具有较湿的特点，平衡系数较低（3～5.6）。整个平衡系数富集区又可细分为北西带、南东带，分别包含陈 22 油藏和邵 202 气藏。北西热成因平衡系数带在陈 22 油藏上方及附近呈环状分布。南东热成因平衡系数带主体分为两个内弯曲度块围绕邵 202 气藏分布。值得注意的是，热成因平衡系数在整个研究区的分布规律与微生物指标具有相似性，不同之处在于微生物异常在油气藏上方呈顶端异常分布，游离烃热成因平衡系数则以环状分布（图 4-42）。

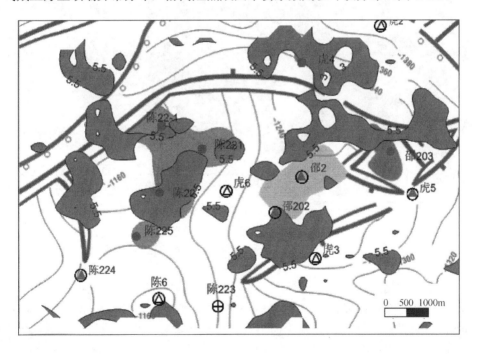

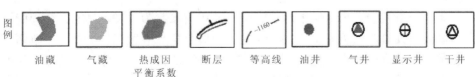

图 4-42 研究区游离烃热成因平衡系数及油气分布图

为了进一步了解微生物指标与游离烃的分布关系，将游离烃平衡系数分布与丁烷氧化菌异常叠合后发现（图4-43），两者分布绝大多数不重合，具有"此起彼伏"的互补特征。说明在油气区上方噬烃微生物大量发育的部位必定消耗掉微渗漏烃类，使微渗漏的热成因烃组构发生变化，而微生物不发育部位，微渗漏的热成因烃则得到了很好的保留。

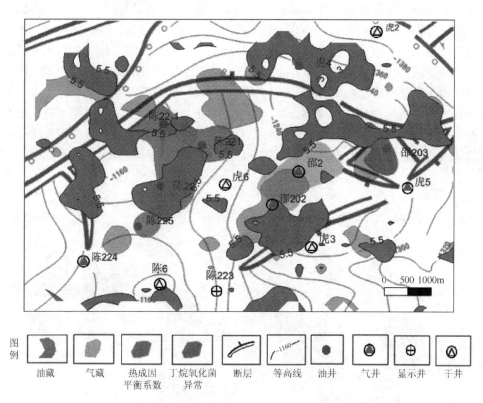

图4-43　研究区游离烃热成因平衡系数与丁烷氧化菌异常叠合图

从以上的结果来看，地球化学、生物地球化学方法手段检测出的异常结果是可以相互补充、相辅相成的。方法指标的检测结果，其油气指示意义有区别，因而它们的异常特征也有差别，但由它们组成的共生异常可以指示地下油气藏的存在。

相关分析表明，热释烃甲烷与重烃之间相关系数为0.33，尽管在数理统计上通过显著性检验认为它们之间显著相关，但是相关系数仍然偏低，一方面可能说明两者的来源存在一定差别；另一方面可能是乙烷以上烷烃系列在热释的过程中容易发生自由基重组，改变了原来微渗漏重烃组分的面貌。因此，两者对于油气微渗漏的指示会有一定的差别。图4-44是研究区热释烃浓度异常及油气分布图。可以看到，热释烃甲烷浓度异常主要以斑块状集中分布于陈 22 井油藏上方及附近，而邵 202 井气藏上方及工区东部均没有明显的异常显示。热释烃重烃浓度异常分布整体上在油气区上方富集，在陈 22 井油藏上方及附近的异常分布模式与热释烃甲烷相类似，而在东部邵 202 井气藏和邵 203 井油藏上方及边缘地带，则与热释烃甲烷浓度异常分布不同，具有明显异常围绕气藏分布。

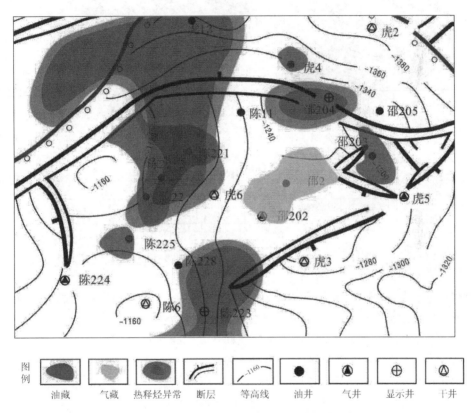

图 4-44　研究区热释烃浓度异常及油气分布图

荧光光谱从另一侧面反映了下伏油气藏的存在，图 4-45 为荧光光谱 320nm 异常分布图，异常区主要为北西向的两个带区，上部带区与陈 22 井油区及虎 4 井区位置相对应，下部带区与邵 203 井油区及虎 3 井区所在区域相对应。邵 2 井气区无异常。

6）微生物指标、地球化学综合指标异常

前面分析知，单一的指标，无论是微生物分子基因、培养法的丁烷氧化菌、烃氧化菌，或是地球化学的游离烃、热释烃等指标，其异常分布均不能完全与已

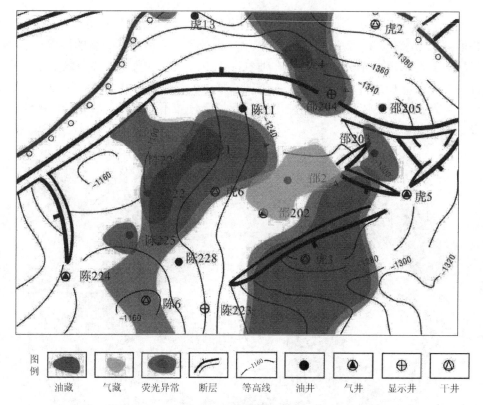

图 4-45　地球化学勘探荧光 320nm 异常及油气分布图

　　知油气区吻合，在研究区显示出难以解释的异常区块。为此，进行了微生物指标、地球化学异常综合信息提取，所提取的综合异常分布如图 4-46 所示。

　　除了个别零星异常之外（如工区西北和东北分布的两个小异常），主要异常集中于两块，一块为邵 2 井气区上方的块状异常，另一块为陈 22 井区上方的块状异常，两个异常体在油气藏上方均为顶端形态。所有的空井和显示井上方均无异常。虎 4 井、邵 203 油井早已关闭，其上方也无综合异常显示。

　　微生物地球化学、地球化学方法手段检测出的异常结果具有互补作用。方法指标的检测结果，其油气指示意义有区别，它们的异常特征也有差别，但由它们组成的共生异常可以很好地指示地下油气藏的存在。

（六）陈家庄区块油气微生物勘查综合解释

　　（1）微生物勘探技术的分子生物学基因拷贝数 *pmoA*、*alkB* 指标、培养法丁烷氧化菌指标在已知油气区的应用试验表明，微生物异常对下伏油气藏微渗漏具有很好的响应，能指示下伏油气藏的"生命体征"，在油气勘探中可以投入应用。

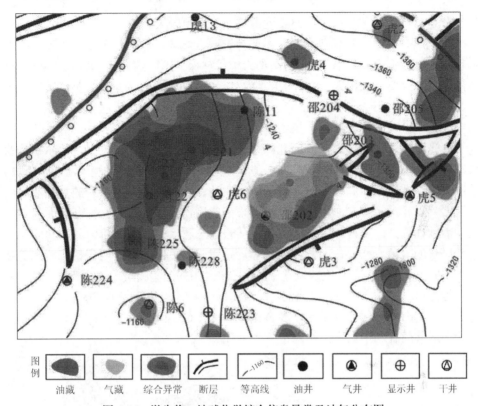

图例

油藏　气藏　综合异常　断层　等高线　油井　气井　显示井　干井

图 4-46　微生物、地球化学综合信息异常及油气分布图

（2）微生物地球化学、地球化学方法手段检测出的异常结果是可以相互补充、相辅相成的。方法指标的检测结果，其油气指示意义有区别，因而它们的异常特征也有差别，但由它们组成的共生异常可以指示地下油气藏的存在。

（3）微生物勘探过程是揭示油气藏微渗漏地质作用所引起的地表微生物地球化学过程，因此，要以石油地质观点认识微生物勘探成果，从整体上把握微生物异常，才能比较深入地做出符合客观地质条件的解释。

（4）由于地质和地表条件及烃类微渗漏的复杂性，任何一种油气地球化学勘探方法都有它的局限性，多方法、多参数综合勘查是勘探成功的必要途径。

三、准噶尔盆地春光区块

（一）研究区地理与石油地质特征

春光区块属于大陆性气候，年平均降雨量为 500～800mm。春季风沙较大，夏季炎热，冬季寒冷、多风雪，最低温度达-40℃。每年的 4 月开始解冻。最佳施工季节是每年的5～11月，北部靠近山前地区风沙较大。

工区地表条件比较复杂，北部主要为戈壁、草场，分布有黄羊等国家二类保护动物，约占工区面积的1/2；西南部为梭梭林保护区，约占工区面积的1/4；东南部及中部主要为农田区，约占工区的1/4；南部边缘为沙漠地貌。整个工区地势较为平坦，高程为285～355m，变化不大，北部山前较高。工区东南村庄密集，沟渠纵横。地表农作物茂密，植物主要有红柳、白杨等。

春光区块位于准噶尔盆地西北缘车排子凸起上，区域构造位于准噶尔盆地西部隆起区东部，面积约1023km^2，是一个具有多层系、多圈闭类型（潜山、断块、地层、岩性油气藏）和多油品（稠油、中质油、轻质油、天然气）的复式油气聚集区[79, 80]。车排子凸起是准噶尔盆地西部隆起区次一级构造单元，凸起面积大且长期继承性隆升，是西部隆起的主体。从整体上看，车排子凸起为一走向北西向东南倾伏的三角形凸起，西部及西北邻近扎伊尔山，南部紧邻四棵树凹陷和伊林黑比尔根山，东以红车断裂带为界与昌吉凹陷及中拐凸起相接。该凸起具有不均衡隆升的特点，在西北部扎伊尔山前隆起最高，向东部、南部及东南部隆起幅度逐渐降低，其东南角至奎屯—安集海一带逐渐隐伏消失（图4-47）。车排子凸起长期隆升，是油气运移的有利指向区，构造位置十分优越[81, 82]。

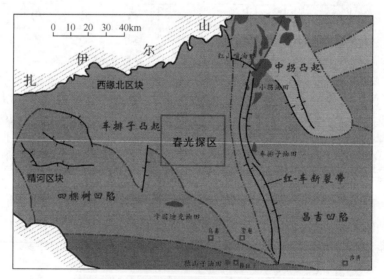

图4-47　春光油田油气微生物工区位置示意图

车排子凸起属于准噶尔盆地西北部地层分区。根据研究区探井钻探情况并结合地震资料分析，凸起主体部位在石炭系基底上，自下而上发育了下白垩统吐谷鲁群，古近系，新近系沙湾组、塔西河组、独山子组及第四系；另外，在车排子凸起东部局部地区（红车断裂带上下盘附近），以及车排子凸起之上部分沟谷之中还发育二叠系、三叠系、侏罗系部分层段的地层。就凸起区整体而言，地层埋藏较浅，地层层序简单，向北、向西层层上超。

石炭系主要由灰黑色凝灰岩与变质岩呈不等厚互层组成。凝灰岩主要为灰色凝灰质泥岩，深灰色、灰黑色凝灰岩；变质岩类主要为褐红色、棕红色、红褐色变质砂岩，褐红色板岩，红褐色、深灰色、褐色、棕红色片岩，灰黄色、杂色变质粗面岩。

侏罗系在车排子凸起与昌吉凹陷相接的红车断裂带及中拐凸起地区的拐4井、拐5井、拐10井、车2井、车7井、车27井、车45井等部分探井钻遇，主要是八道湾组、三工河组、西山窑组、头屯河组。与下伏石炭系包谷图组呈角度不整合接触。在车排子凸起主体部位侏罗系大面积缺失，只在少数地区或部分沟谷内有沉积。

白垩系在区内分布较为局限。在车排子地区主要发育吐谷鲁群。其岩性主要以杂色、灰绿色、褐灰色泥岩夹薄层泥质粉-细砂岩不等厚互层组成，在砂质泥岩中常含钙质结核。在排103井、排7井等井底部见深灰色厚层砂砾岩。与底部石炭系顶面角度不整合接触。

古近系准噶尔盆地构造以垂直升降作用为主，在车排子区主要在东南部较小的范围内接受沉积。古近系地层在车排子地区主要分布在红车断裂带下盘及上盘部分地区，与下伏地层呈角度不整合接触。岩性可分成上部细碎屑段和下部粗碎屑段。其中上部细碎屑段为紫红、紫、暗灰绿、灰绿色泥岩、砂质泥岩组成的不等厚互层。下部粗碎屑段为灰色、灰白色泥岩、泥质粉砂岩与中细砂岩、粉砂岩互层。在排7井-排208井-排2井区、艾4井区发育辫状河三角洲相厚层砂砾岩、中细砂岩、粉砂岩夹泥质岩沉积，在两者之间为滨岸平原、滨浅湖相的泥质岩夹砂岩的细碎屑岩沉积。

新近系准噶尔盆地再次整体沉降接受沉积，并具有由盆地腹部向四周超覆沉积的特点。新近系在车排子地区主要发育沙湾组、塔西河组、独山子组[83]。

其中沙湾组在车排子地区广泛分布，总体由东南向西北方向由厚变薄至尖灭，在东南部可达400m以上。在地震剖面上表现为：与上覆的塔西河组呈削截不整合接触，与下伏古近系呈向西北超覆不整合接触。从岩性组合、电性、沉积特征看，沙湾组自下而上可划分为沙湾组一段、二段、三段。

春光探区目前上交探明储量为2602.9万t，控制储量为2672.78万t，预测储量为3408.56万t，共计8684.24万t，探明控制储量主要集中在沙湾组。古近系、白垩系已经成为春光增储上产的主要层系，是春光探区储量的增长点；侏罗系、石炭系作为勘探潜力区有待突破。

（二）油气微生物异常分布特征

为研究春光区块油气微生物异常分布特征，在春光油田北部部署微生物地球

化学勘探剖面 AA' 剖面，剖面穿过春 23 井区沙湾组沟谷油藏、春 10 井-春 17 井区沙湾组及白垩系地层断层复合油气藏和春 51 井-56 井区白垩系岩性圈闭油气藏；剖面同时兼顾稀油和稠油区。同时，在春光油田西南部沙湾组岩性油藏和古近系岩性油藏上方部署一块 8km×17km 的面积采样区（图 4-48）。

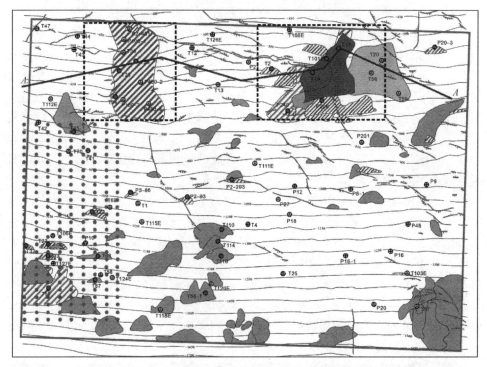

图 4-48　春光油田微生物及地球化学勘探面积样品采集部署示意图

　　AA' 剖面从西向东穿过春 23 井沙湾组稀油区和春 10 井-春 17 井白垩系稠油区，新近系沙湾组油层埋深为 1000m，白垩系油层埋深为 3000m，由于两个区块油气属性有差异。对 AA' 剖面上土壤样品进行油气微生物培养检测，包括甲烷氧化菌和丁烷氧化菌的数量检测。图 4-58 为 AA' 剖面上油气指示微生物的分布情况。

　　剖面所处工区为荒漠-沙漠环境，植被较少，干燥、土壤湿度小的地表环境造成土壤中微生物丰度普遍较低，根据实验检测结果，并对比不同环境下微生物数量的变化趋势，在数据统计的基础上，将荒漠-沙漠环境下的微生物值分为三个等级，大于 50 为高值异常区，30～50 为异常区，小于 30 为背景区。

　　从图 4-49 中可以观察到，甲烷氧化菌异常高值集中分布在春 23 井区，形成了明显的顶端异常，剖面西段、中部及东段的甲烷氧化菌数量基本低于 30，形成了低值背景区。丁烷氧化菌在春 23 井区和春 10 井、春 17 井区均显示出高异常值，在剖面两端也形成了低值背景区，丁烷氧化菌分布也呈顶端异常模式。

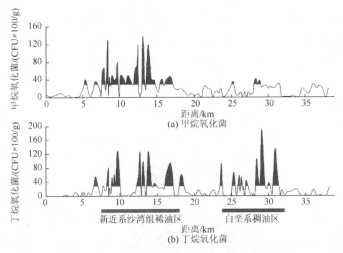

(a) 甲烷氧化菌

新近系沙湾组稀油区　　白垩系稠油区

(b) 丁烷氧化菌

图 4-49　春光区块 AA' 剖面油气微生物异常分布

　　分析可以看出，春 23 井区油藏主要为新近系沙湾组稀油，油藏逸散至地表的轻烃组分中甲烷气体含量较高，地表土壤中的甲烷氧化菌能够异常发育，因此，甲烷氧化菌对稀油油藏的分布有很好的指示意义，而在春 10 井、春 17 井稠油区地表土壤中甲烷氧化菌含量极少，说明稠油区油藏渗漏至地表的甲烷极少，甲烷氧化菌在稠油区并不发育，对稠油区的分布没有指示意义。

　　由于油藏中丁烷气体普遍含量较高，因此丁烷氧化菌在该区块油藏上方数量较高，无论对稀油区还是对稠油区的分布都有较准确的指示性，这与普光气田中甲烷氧化菌指标优于丁烷氧化菌指标形成了明显的对比性。因此可以得出一个结论：在西部沙漠区油气微生物勘探中，对甲烷氧化菌和丁烷氧化菌异常分布的对比可预测出下伏油气藏的油气属性。

　　研究区西南部分布古近系、白垩系和侏罗系三套储层，其中春 22 井、春 27 井投产日产油为 42t，春 33 测井解释 3.3m 油层，预计沙湾组岩性油藏探明储量为 247 万 t；春 29 井侏罗系试油获 1.5t 轻质油，预计新增地质储量为 832

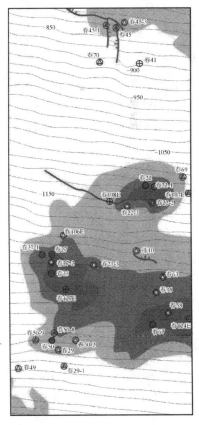

图 4-50　春光区块西南部
甲烷氧化菌异常分布

万 t。图 4-50 为春光区块西南部甲烷氧化菌异常分布图。从图中可以看出，甲烷氧化异常高值区分布集中，在油气藏上方显示出顶端异常模式。其中在春 33 井区以东和春 22 井区形成了高值异常区，该区沙湾组和侏罗系岩性油气藏分布较广，且为轻质油，因此甲烷氧化菌在该区块油藏分布有很好的指示意义。表 4-7 为微生物异常与井位分布关系，大部分油气井、油气层井及油气显示井均分布于异常范围内。

表 4-7　微生物异常与井位分布关系表

井号	含油气性	微生物异常分布	符合情况
春 23	产油井	异常区	相符
春 37	低产油井	异常区	相符
春 10	产油井	异常区	相符
春 10-9	产油井	异常区	相符
春 70	油气显示井	背景区	不相符
春 17	产油井	异常区	相符
春 17-9	产油井	异常区	相符
春 51	产油井	异常区	相符
春 50-2	油气显示井	弱异常区	基本相符
春 20	产油井	异常区	相符
春 45	低产油井	弱异常区	相符
春 45-1	低产油井	弱异常区	相符
春 41	干井	背景区	相符
T127E	干井	高异常区	不相符
春 22	产油井	高异常区	相符
春 50	产油井	若异常区	基本相符
春 27-1	产油井	异常区	相符
春 33	产油井	高值异常区	相符
春 67	产油井	异常区	相符
春 27	产油井	高异常区	相符
春 22-3	油气显示井	异常区	基本相符
春 39	产油井	异常区	相符
春 124E	低产油井	高值异常区	基本相符

四、塔里木盆地玉北 1 构造带

（一）研究区地理及地质概况

玉北地区勘探登记区块位于塔里木盆地西部，构造位置位于塔西南拗陷区的麦盖提斜坡[84,85]。中国石油化工集团公司登记矿权区块 3 个，总面积为 12957.933km²，构造位置处于塔里木盆地西部麦盖提斜坡，地理位置大部属于新疆维吾尔自治区和田地区，跨越叶城、皮山、墨玉、和田、洛浦、策勒等县、市，西北角跨喀什地区麦盖提县（图 4-51）。

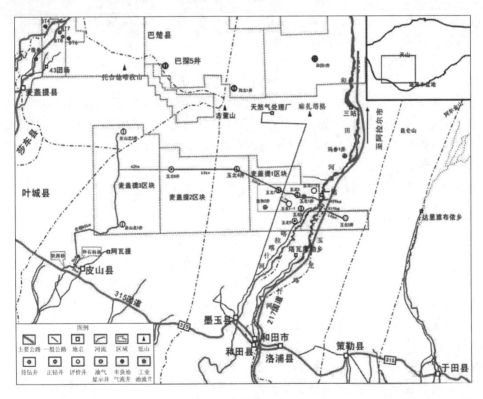

图 4-51 工区位置示意图

工区地处沙漠腹地，属极端干旱型大陆荒漠气候，春季风沙较大，气候干燥，昼夜温差大，日照长，降水量少，年降水量为 33mm，夏季炎热（40℃），冬季寒冷（−20℃），最佳施工季节是每年的 10～11 月。

　　玉北油气藏位于玉北 1 断裂带，该构造带主要是在加里东期—海西期多期构造叠加的作用下形成的双层断裂组合：基底逆冲断裂和盖层前展式滑脱逆冲断裂组合，断开层位自早寒武系至石炭系；中、下奥陶统鹰山组在加里东中期—海西早期遭受剥蚀，多期岩溶作用叠加，其上覆的石炭系巴楚组和卡拉沙衣组为盖层，共同组成了断层相关岩溶裂缝不整合圈闭。钻井揭示，玉北 1 井奥陶系油气显示段累计厚度为 46.06m，顶底跨度长为 132.32m，玉北 1-2 井奥陶系油气显示段累计厚度为 26.43m，顶底跨度长为 152m，油藏的分布范围主要受分布不均一的岩溶缝洞储集体控制[86, 87]。

　　鹰山组为玉北油藏的主力产油层，厚度为 350～600m。在玉北地区断裂带之上普遍表现为石炭系巴楚组泥岩段直接覆盖于奥陶系鹰山组岩溶储层之上，石炭系巴楚组发育泥岩段和致密碳酸盐岩段，厚度为 250～350m，为一套区域性优质盖层，此外奥陶系碳酸盐岩储层具有较强的非均质性，局部较致密的碳酸盐岩可对岩溶、裂缝型储层起到直接盖层的作用。

　　玉北油气藏位于麦盖提斜坡东部玉北 1 井三维区域玉北 1 构造带上。玉北 1 井 2010 年 8 月完钻，完钻井深 5756m，完钻层位中、下奥陶统鹰山组，玉北 1 井在奥陶系累计见油气显示为 46.06m，初试日产油为 40 余 t；玉北 1-2 井 2011 年 8 月完钻，完钻井深为 5809m，完钻层位中、下奥陶统鹰山组，该井于同年 10 月 1 日开始试油，连续 17 天日产油稳定在 71t 以上。玉北 1 井、玉北 1-2 井均产出工业油流。

（二）微生物地球化学指标特征

　　在玉北 1 构造区部署一条穿越玉北 1 构造带的近南北向联井剖面测线（玉北 13 井—玉北 1 井—玉北 6 井），同时沿联井剖面部署横穿构造带的 10 条东西向剖面（图 4-52）。玉北构造区块油气地球化学勘探项目的工区为沙漠腹地，沙漠以低矮沙丘为主，高差一般不超过 40m，其上植被稀疏，以红柳和梭梭树为主。土壤样品、微生物样品、顶空烃样品采集原则：以沙丘北风面的沙丘低洼处或靠近植被的低洼处采集湿砂为主；游离烃采集也以沙丘低洼处或靠近植被的低洼处为主。由于该研究区处于塔里木盆地沙漠腹地，地貌为统一的沙丘，土壤岩性和色调单一，均为浅灰黄色沙土，因此，该研究区地貌、岩性、颜色对样品分析的干扰因素小。

　　玉北区块地球化学指标数据统计表（表 4-8）显示：变异系数大于 1.0 的指标有丁烷氧化菌、甲烷氧化菌、F360、F405、F320、YC_2^+；变异系数小于 1.0 的指标有 ΔC、YC_1、SC_2^+、SC_1、WC_2^+、WC_1。

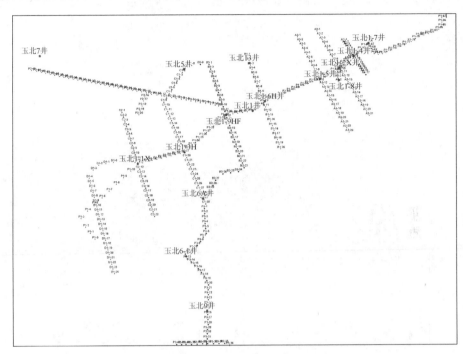

图 4-52　玉北 1 构造带采样部署图

表 4-8　玉北区块地球化学指标数据统计表

指标	丁烷氧化菌	甲烷氧化菌	F360	F405	F320	YC_2^+	ΔC	YC_1	SC_2^+	SC_1	WC_2^+	WC_1
min	0.00	0.00	11.98	4.01	10.86	0.00	0.01	0.00	1.98	37.72	0.00	2.49
max	45.00	80.00	558.53	245.92	308.84	7.61	8.46	18.86	108.78	869.58	1.41	11.08
C	0.91	3.43	28.43	12.76	20.60	0.64	0.64	4.41	29.34	484.17	0.26	5.52
S	4.33	9.16	45.35	18.13	25.39	0.70	0.53	2.51	14.34	222.73	0.10	1.30
V	4.75	2.67	1.59	1.42	1.23	1.09	0.82	0.56	0.49	0.46	0.38	0.23

min 为最小值；max 为最大值；C 为均值；S 为方差；V 为变异系数，$V=S/C$；F360、F405、F320 为荧光指标；SC_1 为酸解烃甲烷；SC_2^+ 为酸解烃重烃；WC_1 为顶空气甲烷；WC_2^+ 为顶空气重烃

　　地球化学背景场是一种分布形式。各指标具有对数正态分布或近似对数正态分布（图 4-53～图 4-56），反映常见的油气地球化学指标的分布形式，具有明显的后期矿化叠加效应。

　　荧光类指标（F320、F360、F405）具有对数正态或近似对数正态分布，反映它们的分布形式具有明显的后期矿化叠加效应。

　　微生物指标（甲烷氧化菌、丁烷氧化菌）、游离烃重烃具有对数正态或近似对数正态分布，反映它们的分布形式具有明显的后期矿化叠加效应。

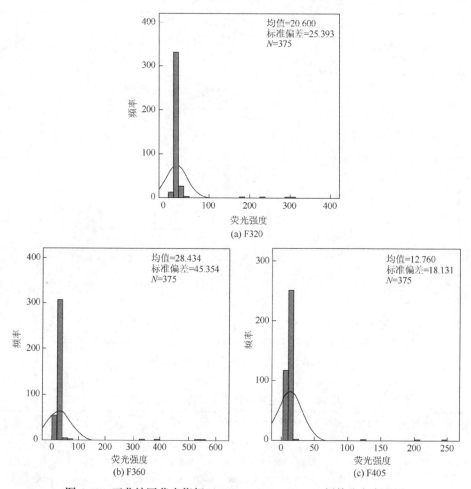

图 4-53　玉北地区荧光指标（F320、F360、F405）频数分布直方图

　　蚀变碳酸盐、顶空气甲烷、顶空气重烃指标具有对数正态或混合正态分布，反映它们的分布形式具有明显的后期矿化叠加效应。

　　玉北地区酸解烃甲烷、酸解烃重烃、游离气甲烷指标具有对数正态或混合正态分布，反映它们的分布形式具有明显的后期矿化叠加效应。

　　由表 4-9 可知：酸解烃、蚀变碳酸盐、游离烃、顶空气、微生物等地球化学指标间的相关系数中，同类指标间的相关性存在差异性。酸解烃指标（SC_1、SC_2^+）间的相关系数较高，为 0.9384；其次，荧光类指标（F320、F360、F405）间的相关系数较高，分别为 0.9851、0.9502；游离烃指标（YC_1、YC_2^+）间的相关系数为 0.5764；顶空气指标（WC_1、WC_2^+）间的相关系数为 0.2045；微生物指标（甲烷氧化菌、丁烷氧化菌）间的相关系数为 0.0607。

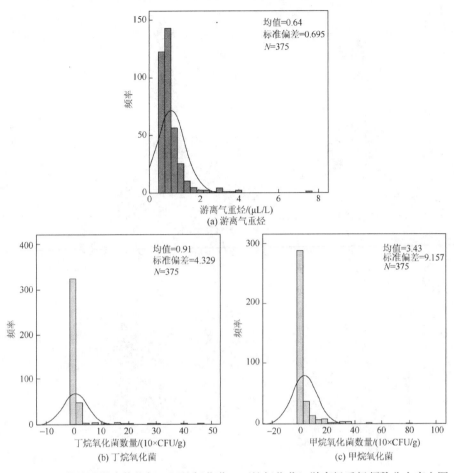

图 4-54　玉北地区微生物指标（甲烷氧化菌、丁烷氧化菌）游离烃重烃频数分布直方图

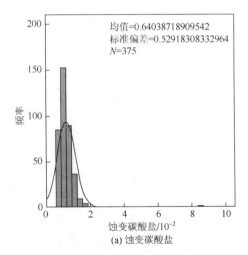

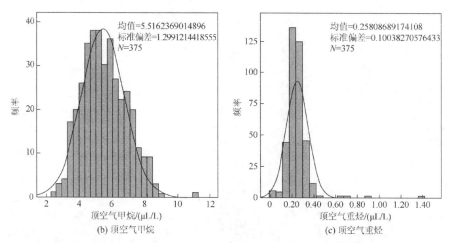

图 4-55　玉北地区蚀变碳酸盐、顶空气甲烷、顶空气重烃频数分布直方图

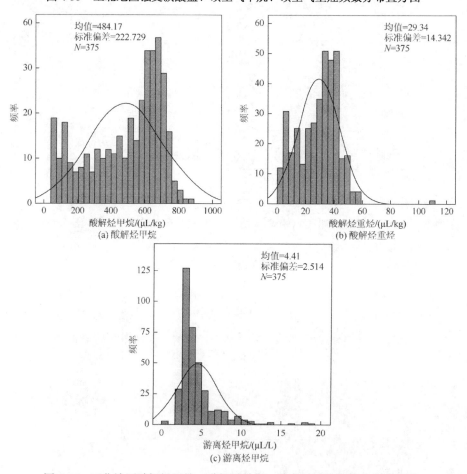

图 4-56　玉北地区酸解烃甲烷、酸解烃重烃、游离烃甲烷频数分布直方图

由此可见，该地区同类地球化学指标间的相关系数间存在着差异性；不同类油气地球化学指标间因烃物质（或蚀变产物）的不同赋存状态，其地球化学指标间的相关关系也存在着一定差异性，表明不同地球化学指标的油气指示意义不同。

由表 4-9 可见，F1 因子主要为荧光指标（F320、F360、F405）指标的反映，其他指标如蚀变碳酸盐、微生物指标（甲烷氧化菌、丁烷氧化菌）也有少量贡献，F1 因子轴方差贡献率为 25.36%；F2 因子以酸解烃指标（SC_1、SC_2^+）为主的反映，蚀变碳酸盐指标也有少部分载荷，方差贡献为 17.43%；F3 因子主要为游离烃指标（YC_1、YC_2^+）的反映，顶空气甲烷指标（WC_1）也有部分载荷，方差贡献为 13.17%；F4 因子主要为顶空气指标（WC_1、WC_2^+）的反映，蚀变碳酸盐（ΔC）、甲烷氧化菌等指标也有部分载荷，方差贡献为 10.43%；F5 因子主要为丁烷氧化菌指标的反映，顶空气指标（WC_2^+）、游离烃指标（YC_2^+）等指标也有部分载荷，方差贡献为 8.26%；F6 因子主要为甲烷氧化菌指标的反映，酸解烃指标（SC_1）、顶空气指标（WC_1）也有部分载荷，方差贡献为 7.62%。由此推测：各地球化学指标在不同因子轴上的反映是不同的，它们对油气的指示意义存在差异性；这为多指标综合异常的提取和解释提供了数学地质解释的基础。

表 4-9　玉北地区微生物指标及地球化学指标相关矩阵表

指标	WC_1	WC_2^+	YC_1	YC_2^+	ΔC	甲烷氧化菌	丁烷氧化菌	SC_1	SC_2^+	F320	F360	F405
WC_1	1											
WC_2^+	0.2045	1										
YC_1	0.2111	−0.0147	1									
YC_2^+	0.0776	0.0222	0.5764	1								
ΔC	0.0006	−0.0248	−0.0011	−0.0022	1							
甲烷氧化菌	0.0723	0.0872	−0.0485	−0.0956	−0.0071	1						
丁烷氧化菌	−0.019	0.0402	−0.0558	−0.038	−0.0021	0.0607	1					
SC_1	−0.0729	−0.0423	−0.0553	−0.1123	0.2321	0.0823	−0.0038	1				
SC_2^+	−0.053	−0.0362	−0.0665	−0.1308	0.2425	0.0757	0.0078	0.9384	1			
F320	−0.056	−0.039	−0.0479	−0.0505	0.325	0.0054	0.0813	0.0291	0.0327	1		
F360	−0.0649	−0.0475	−0.0604	−0.0636	0.2476	0.0363	0.0557	0.0098	0.0103	0.9502	1	
F405	−0.0709	−0.0534	−0.0705	−0.0753	0.2264	0.046	0.0382	−0.005	−0.0063	0.8907	0.9851	1

由指标聚类图 4-57 可见，以 $R=0.01$ 为临界值可将地球化学指标近似分为两大类，即 F320、F360、F405、蚀变碳酸盐、酸解烃甲烷、酸解烃重烃、丁烷氧化

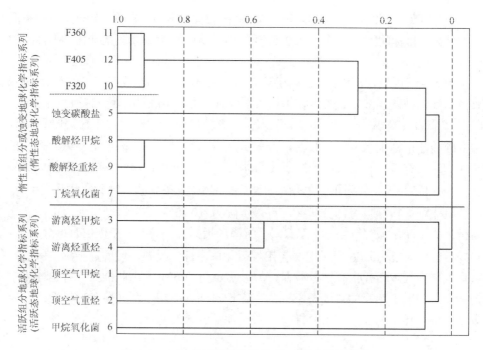

图 4-57　玉北地区地球化学指标 R 型聚类谱系图

菌为一类，游离烃甲烷、游离烃重烃、WC_1、WC_2^+、甲烷氧化菌指标为一类，由此可以认为这两类指标分别为惰性态地球化学（惰性组分或蚀变地球化学指标）指标和活跃态地球化学指标系列；而惰性态地球化学（惰性组分或蚀变地球化学指标）指标双可进一步划分为荧光类指标与蚀变类地球化学指标。由此说明：该地区各地球化学指标具有各自独特的地球化学特征和地球化学指示意义，选取 F360、ΔC、SC_2^+、丁烷氧化菌、WC_2^+、甲烷氧化菌作为玉北地区油气地球化学异常评价的主要应用指标。

　　玉北井区 P2、C1、P3 地质剖面示意图与甲烷氧化菌异常曲线图对比可知（图 4-58）：甲烷氧化菌在玉北 1-3H 井区位置有很好的异常显示，它很好地对应了玉北构造带；此外在玉北 5 井区西南、玉北 7 井区东、玉北 6-1 井、玉北 9 井南等也有异常出现。

　　对玉北 1 井区油气微生物地球化学勘探资料进行综合研究，油气微生物在工区内共有 5 个环状异常区，工区内甲烷氧化菌异常空间展布如图 4-59 所示。

　　其中工区内 3 个 A 级异常沿玉北 1 井构造破裂带分布：玉北 1-2X 区、玉北 1 区、玉北 1-3H 区，该区带中是本区内最有利的油气勘探区带。玉北 1-2X 区（I_1）位于工区东北部，异常区面积为 21.4km²，呈近南北向展布。玉北 1 井区（I_2）综合异常位于工区的中部靠北，该异常面积约 5km²，呈近东西向展布。玉北 1-3H

井区（Ⅰ₃）综合异常位于工区的中部，该异常面积约 14.6km²，呈近北东向展布，区内有玉北 1-3H 产油井。玉北 5 井区（Ⅱ₁）西南区异常位于工区的中部偏西，该异常面积约 2.6km²，呈近东西向展布。玉北 9 井南区（Ⅲ₁）异常位于工区的中部偏西，该异常面积约 1.9km²，呈近南北向展布。

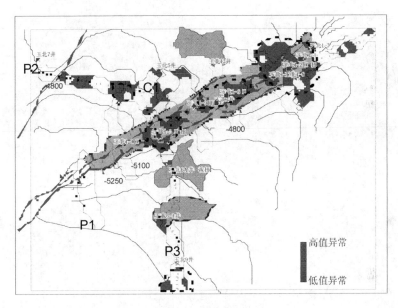

(a) P2、C1、P3地质剖面示意

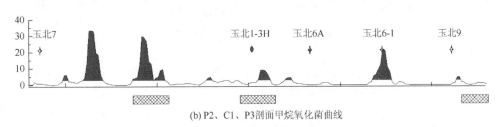

(b) P2、C1、P3剖面甲烷氧化菌曲线

图 4-58　玉北井区 P2、C1、P3 地质剖面示意图及甲烷氧化菌异常曲线图

五、顺北地区

（一）顺北地区地质概况

顺北区块行政区划属新疆维吾尔自治区阿克苏地区沙雅县，地理位置：东经81°30′～83°00′，北纬 40°20′～40°50′。塔里木河从顺北区块穿过，两岸为农区、

河沼和胡杨林。区内地表条件复杂，气候恶劣，工区及外围仅有 314 国道（西北部）和两条省级公路穿过，交通不便。油气地球化学勘探工区为顺托果勒北区块顺 8 井北地区，也是三维地震部署工区。

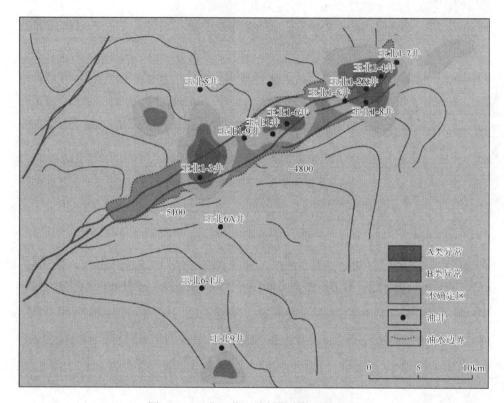

图 4-59　玉北 1 井区油气微生物异常分布

工区冬寒干燥，夏热少雨，属典型的内陆性气候。春季风沙大，夏季炎热（40℃），冬季寒冷（–20℃），年平均气温为 7～14℃，日平均温差一般在–30～20℃；年降水量为 35mm，年蒸发量高达 2558mm。每年的 3～6 月为风季，7～9 月为高温天气，施工极为困难。该区的最佳施工季节为 9～11 月。

·　顺托果勒北区块顺 8 井北地区位于塔克拉玛干沙漠北部边缘、塔里木河南部，有沙漠区、红柳和胡杨林（浮土）区，工区地形较为平坦，大体呈西高东低、北高南低的趋势，海拔为 900～1050m，地表起伏不大。周边为多民族聚居区，人口密度较小，经济以农牧业为主，属于不发达地区。工区远离居民区，为无人区，无可行车的道路，野外施工条件恶劣，生产生活资料保障较为困难。

工区地表条件较为复杂，主要为沙漠区、沙地（浮土）。地表植被分布不均，北部有少量胡杨林，西部主要为红柳等低矮植被，东部和南部植被稀少。各类地表特征如下：①沙漠区，主要分布于工区西部地区，沙丘大多呈沙垄状和新月状分布，起伏不大；②沙地（浮土）区，在工区内分布广，地表多为 30～50cm 厚的粉尘，其下为硬碱土，地表浮土使车辆通行困难，施工难度增大。

顺北工区奥陶系具有和塔河油田南部托甫台—跃参区块相同的成藏地质背景，碳酸盐岩缝洞型储层发育。西部阿瓦提—阿满过渡带寒武系—奥陶系烃源岩发育，经历了多次生排烃过程，邻区托甫台、跃参区块钻井在中-下奥陶统一间房组和鹰山组获工业油气流或高产工业油气流，已形成产能建设阵地，表明南西方向油源充足，该区为油气聚集的有利区。为了实现高效勘探，拟开展顺托果勒北区块顺 8 井北油气地球化学勘探有利富集区预测及评价研究。

两北区块自 20 世纪 60 年代开展勘探工作，至今已有 50 多年，总体上油气勘探程度较低，目前已完成二维地震勘探 112 条约 5856.3km，其中 2003～2006 年实施 3480.6km，61 条；2010 年实施 2375.7km，51 条，测网密度 4km×4km（图 4-60）。已有顺北三维满叠面积为 302.4km^2，三维资料覆盖率为 9.67%。

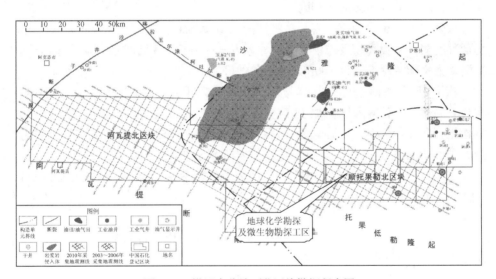

图 4-60 塔里木盆地两北区块勘探程度图

区块内部已有钻井 7 口，顺北区块 2 口，顺 8 井和顺北 1 井；阿北区块 5 口，阿北 1 井、沙参 1 井、阿参 1 井、胜利 1 井（中石油）、柯 1 井（中石油）。以中-下奥陶统为目的层的钻井仅有顺北 1 井一口。前期顺北三维地震工区内落实圈闭 6 个，提交 3 个，预提交 1 个，顺北 1 井所在 1 号圈闭面积为 24.98km^2。区块周边钻井主要有：阿满 1 井、阿满 2 井、满西 2 井、伊敏 4 井、跃南 1 井、跃南 2 井、跃参 1 井、跃进 1 井、跃进 2 井、跃进 3 井、英买 1 井、英买 2 井、英买 3 井、英买 31 井、玉东 2 井、马纳 1 井、马纳 3 井、沙南 1 井、沙南 2 井等。除位于沙西凸起上的英买 2 井、英买 1 井、英买 3 井及玉东 2 井，跃参区块奥陶系均获得油气突破，沙南 1 井、沙南 2 井、满西 2 井及跃南 1 井获得较好油气显示外，其他均未获得可动或较好的油气显示。

顺 8 井钻探部署目的：重点了解顺托果勒低隆顺北低幅度背斜构造带泥盆系东河砂岩、志留系下砂岩段含油气情况，兼探石炭系油气藏。钻探周期：2005 年 1~8 月。油气显示：在古近系 14.5m/4 层气测异常，泥盆系东河砂岩段 2.0m/层测异常，志留系钻遇沥青砂岩，说明该区志留纪早期成藏，晚期受到破坏。另外，在顺 8 井古近系的包裹体中见到发蓝色和黄色荧光的成熟油包体，表明研究区晚期也存在油气充注过程。

顺北工区奥陶系具有和塔河油田南部托甫台—跃参区块相同的成藏地质背景，碳酸盐岩缝洞型储层发育。西部阿瓦提—阿满过渡带寒武系—奥陶系烃源岩发育，经历了多次生排烃过程，邻区托甫台、跃参区块钻井在中-下奥陶统一间房组和鹰山组获工业或高产工业油气流，已形成产能建设阵地，表明南西方向油源充足，该区为油气聚集的有利区。

该区在加里东中晚期—喜马拉雅期的构造运动中一直位于构造低部位，构造变形程度弱，上奥陶统及志留系—泥盆系发育较齐全，后期遭受破坏程度较弱，特别是上奥陶统厚度超过 800m，盖层条件好。

该区中-下奥陶统碳酸盐岩与邻区跃参、托甫台等地区具有相似的形成、演化背景，中-下奥陶统在加里东中期可能存在短暂的暴露，发育地表淡水岩溶作用，即加里东中期 I 幕岩溶作用。研究区内加里东中期走滑断裂体系发育，沿断裂带溶蚀作用较强，有利于碳酸盐岩缝洞系统的发育。同时，据跃参区块的奥陶系研究认为顺北地区奥陶系还经历了后期热液改造作用。顺北地区近南北向、北东向断裂发育，断裂带为储集体发育的有利部位，也是油气聚集的有利部位[88]。

综合目前的研究认识，在顺 8 井北三维中-下奥陶统取得油气勘探突破的概率较大。

（二）微生物指标异常分布

微生物丁烷氧化菌在研究区内共有 3 个顶端异常区，指标特征见表 4-10。丁烷氧化菌异常空间展布如图 4-61 所示。其中工区西部有一个很强的顶部异常，异常强度向南偏弱，其特点是异常范围大、强度大、连续性好；中部有一个较强的顶部异常，异常强度偏弱，异常连续性相对较差。此外在东南角有一较小的微生物异常区。

表 4-10　微生物丁烷氧化菌异常区指标特征统计表

异常区编号	均值	异常点/个	异常下限	空间分布位置	异常衬度	异常面积/km²
1	29.68	45	16.45	顺北工区西	1.80	49
2	22.75	14	16.45	顺北工区中部	1.38	13.3
3	42.35	2	16.45	顺北工区东北	2.57	1

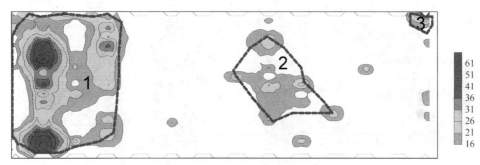

图 4-61　顺北地区油气微生物丁烷氧化菌指标异常图

（三）地球化学指标异常分布

从图 4-62 中可以看到，热释烃重烃（RC_2^+）指标有 4 个异常，指标特征见表 4-11。工区西部有两个相对较好的环状异常，异常强度高，成环较好；工区的中部，异常强度较高，异常范围中等；东北部的异常强度较弱。

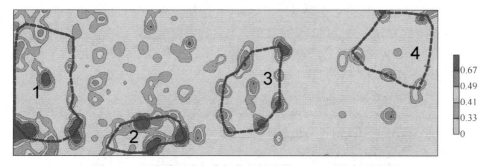

图 4-62　顺北地区油气化探热释烃重烃（RC_2^+）指标异常图

表 4-11　热释烃重烃异常区指标特征统计表

异常区编号	均值	异常点/个	异常下限	空间分布位置	异常衬度	异常面积/km²
1	0.53	58	0.33	顺北工区西部	1.61	24.5
2	0.62	26	0.33	顺北工区西南部	1.88	7.25
3	0.61	22	0.33	顺北工区中部	1.85	14.5
4	0.53	16	0.33	顺北工区东北部	1.61	15.8

酸解烃重烃（SC_2^+）指标（图 4-63）有 4 个异常，指标特征见表 4-12。在工区西北部有一个相对较弱的环状异常（1 号异常），异常范围中等，异常连续性较好。在工区西南部有一个较强的环状异常（2 号异常），异常强度高，连片性相对较好。此外在工区的中部和东北部有两个较好的中等强度异常（3 号、4 号异常）。

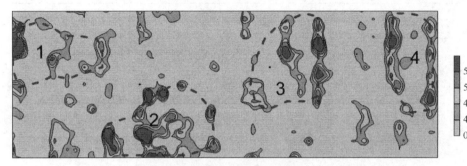

图 4-63　顺北地区油气地球化学酸解烃重烃（SC_2^+）指标异常图

表 4-12　酸解烃重烃异常区指标特征统计表

异常区编号	均值	异常点/个	异常下限	空间分布位置	异常衬度	异常面积/km²
1	52.87	29	44.31	顺北工区西北部	1.19	15.5
2	57.56	57	44.31	顺北工区西南部	1.29	21
3	51.62	40	44.31	顺北工区中部	1.16	18.8
4	51.12	42	44.31	顺北工区东北部	1.15	14

荧光 320nm 指标有 4 个异常（图 4-64），指标特征见表 4-13。其中位于工区中部的 3 号异常异常强度高，成环较好。1 号异常位于工区西部，呈环状，异常强度较弱。2 号异常位于工区的西南部，异常弱，异常范围小。东北部的 4 号异常强度较强，呈环状。

表 4-13　荧光 320nm 异常区指标特征统计表

异常区编号	均值	异常点/个	异常下限	空间分布位置	异常衬度	异常面积/km²
1	56.80	48	45.16	顺北工区西部	1.26	20.5
2	59.91	21	45.16	顺北工区西南部	1.33	9.5
3	75.85	48	45.16	顺北工区中部	1.68	17
4	63.48	41	45.16	顺北工区东北部	1.41	14.3

（四）顺北微生物地球化学综合评价

根据各指标的单指标异常分布特征及异常的叠合关系，在顺北地区形成 4 个

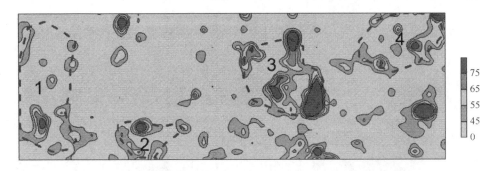

图4-64 顺北地区油气地球化学荧光 320nm（F320）指标异常图

油气微生物地球化学综合异常（图4-65），其中Ⅰ级异常两个，Ⅱ级异常1个，Ⅲ
级异常1个。

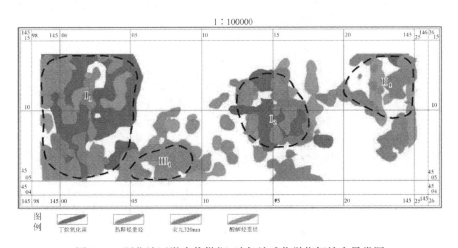

图4-65 顺北地区微生物勘探-油气地球化学指标综合异常图

综合异常参数特征见表4-14。指标异常丰度是依据异常涉及范围内的异常值
综合统计而得，并据此计算出衬度值。

现按异常级别分述如下。

1. 顺北工区西部综合异常（Ⅰ₁）

该综合异常位于工区的西部，异常面积为 51km²，为南北向异常。

异常主要指标组合为微生物丁烷氧化菌、热释烃重烃、酸解烃重烃和荧光
320nm。主要指标微生物丁烷氧化菌构成了一个强度高、面积大的顶端异常；热
释烃重烃和荧光 320nm 均为环状异常，两者之间有较好地叠合关系；次要指标酸
解烃重烃为环状异常，与热释烃重烃和荧光 320nm 之间有部分叠合。总体上看，

表 4-14 顺北地区地球化学综合异常统计表

异常编号	异常名称	异常面积/km²	异常类型	丁烷氧化菌 丰度	丁烷氧化菌 衬度	热释轻重烃 丰度/(μL/kg)	热释轻重烃 衬度	酸解轻重烃 丰度/(μL/kg)	酸解轻重烃 衬度	荧光320nm 丰度	荧光320nm 衬度	多指标异常配置	叠合指标异常数/个	熵值异常	三维荧光判别	评价级别
1	顺北工区西部	51	环状（顶）	29.68	1.80	0.53	1.61	52.87	1.19	56.80	1.26	好	4	有	轻质油	I_1
2	顺北工区中部	20	环状（顶）	22.75	1.38	0.61	1.85	51.62	1.16	75.85	1.68	好	4	有	轻质油	I_2
3	顺北工区东北部	16	环状（顶）	42.35	2.57	0.53	1.61	51.12	1.15	63.48	1.41	中	4	无	轻质油	II_1
4	顺北工区西南部	8.75	环状	—	—	0.62	1.88	57.56	1.29	59.91	1.33	差	3	无	轻质油	III_1

该异常多指标综合配置好，丁烷氧化菌的顶端异常与常规地球化学的环状异常之间匹配较好，特别是有一较强的熵值异常叠置其上，形成一个好的综合异常。

该综合异常的丁烷氧化菌值为 29.68，衬度为 1.80；热释烃重烃浓度值为 0.53μL/kg，衬度为 1.61；酸解烃重烃浓度值为 52.87μL/kg，衬度为 1.19；荧光 320nm 强度值为 56.80，衬度为 1.26。

该异常为 I 级综合异常，是本工区油气地球化学评价的有利油气富集区，应作为工区内下一步油气勘探的重点地区。

2. 顺北工区中部综合异常（I₂）

该综合异常位于顺北工区的中部，异常面积为 20km²。

异常主要指标组合为微生物丁烷氧化菌、热释烃重烃、酸解烃重烃和荧光 320nm。主要指标微生物丁烷氧化菌构成了一个较好的顶端异常；主要指标热释烃重烃为环状异常，次要指标酸解烃重烃和荧光 320nm 也均为环状异常，单指标异常叠合的多，叠合程度也较好。微生物丁烷氧化菌的顶端异常与常规地球化学的环状异常之间匹配较好，并有熵值异常叠置其上，形成一个很好的地球化学综合异常。

该综合异常的微生物丁烷氧化菌值为 22.75，其衬度为 1.38；热释烃重烃浓度值为 0.61μL/kg，衬度为 1.85；酸解烃重烃浓度值为 51.62μL/kg，衬度为 1.16；荧光 320nm 强度值为 75.85，衬度为 1.68。

该综合异常位于工区内落实的古生界构造圈闭上方（即顺北 2 号构造圈闭，该圈闭在志留系、泥盆系及石炭系都有构造形态）。

综合以上异常特征，将该异常定为 I 级综合异常。是本工区油气地球化学评价的有利油气富集区，应作为工区内下一步油气勘探的重点地区。

3. 顺北工区东北部综合异常（II₁）

该综合异常位于顺北工区的东北部，异常面积为 16km²。

异常主要指标组合为丁烷氧化菌、热释烃重烃、酸解烃重烃和荧光 320nm。主要指标丁烷氧化菌为一个较小的顶端异常；主要指标热释烃重烃为环状异常，次要指标酸解烃重烃和荧光 320nm 也均为环状异常，常规地球化学单指标异常叠合程度也较好。丁烷氧化菌的顶端异常与常规地球化学的环状异常之间匹配一般，其上无熵值异常叠置，形成一个较好的地球化学综合异常。

该综合异常的丁烷氧化菌值为 42.35，其衬度为 2.57；热释烃重烃浓度值为 0.53μL/kg，衬度为 1.61；酸解烃重烃浓度值为 51.12μL/kg，衬度为 1.15；荧光 320nm 强度值为 63.48，衬度为 1.41。

　　根据地球化学异常特征，将该异常定为Ⅱ级综合异常，是本工区油气地球化学评价的比较有利油气富集区，在下一步的油气勘探中应予以重视。

　　4. 顺北工区西南部综合异常（Ⅲ₁）

　　该综合异常位于顺北工区的西南部，异常面积为 8.75km²。

　　异常主要指标组合为热释烃重烃、酸解烃重烃和荧光 320nm。主要指标热释烃重烃为环状异常，次要指标酸解烃重烃和荧光 320nm 也均为环状异常，常规地球化学单指标异常叠合程度较好，其上无熵值异常叠置，形成一个较弱的地球化学综合异常。

　　该综合异常的热释烃重烃浓度值为 0.62μL/kg，衬度 1.88，酸解烃重烃浓度值为 57.56μL/kg，衬度为 1.29；荧光 320nm 强度值为 59.91，衬度为 1.33。

　　根据油气微生物地球化学异常特征，将该异常定为Ⅲ级综合异常，应在下一步的勘探中给以重视。

参 考 文 献

[1]　赵文智，窦立荣. 中国陆上剩余油气资源潜力及其分布和勘探对策[J].石油勘探与开发，2001，28（1）：125.

[2]　赵政璋，吴国干，胡素云，等. 全球油气勘探新进展[J]. 石油学报，2005，26（6）：119-126.

[3]　贾承造，赵文智，邹才能，等. 岩性地层油气藏地质理论与勘探技术[J].石油勘探与开发，2007，34（3）：257-272.

[4]　EHRLICH H L，NEWMAN D. Geomicrobiology[M]. 5th ed. New York：CRC Press，2008.

[5]　阿特拉斯 R M，黄第藩. 石油微生物学[M]. 北京：石油工业出版社，1991.

[6]　梅海，林壬子，梅博文，等. 油气微生物检测技术：理论、实践和应用前景[J]. 天然气地球科学，2008，19（6）：888-893.

[7]　吴传芝. 微生物油气勘探技术及其应用[J]. 天然气地球科学，2005，16（1）：82-87.

[8]　STRAWINSKI R J. A microbiological method of prospecting for oil[J]. World oil，1955，（11）：104-115.

[9]　SOLI G G. Geomicrobiological prospecting[J]. AAPG bulletin，1954，38：2555-2558.

[10]　SOLI G G. Microorganisms and geochemical methods of oil prospecting[J]. AAPG bulletin，1957，41：134-140.

[11]　HITZMAN D O. Comparison of geomicrobiological prospecting methods used by various investigators[J]. Developments in industrial microbiology，1961，2：33-42.

[12]　HANSON R S，HANSON T E. Methanotrophic bacteria[J]. Microbiological reviews. 1996，60（2）：439-471.

[13]　PARMAR N，SINGH A. Geomicrobiology and biogeochemistry[M]. Berlin：Springer Berlin Heidelberg，2014.

[14]　汤玉平，蒋涛，任春，等. 地表微生物在油气勘探中的应用[J]. 物探与化探，2012，36（4）：546-549.

[15]　WILLIAMS R J. Petroleum microbiology an introduction to microbiological petroleum engineering[M]. New York: Elsevier Press，1954.

[16]　胡国全，张辉，邓宇，等. 微生物法在油气勘探中的应用研究[J]. 应用与环境生物学报，2006，12（6）：824-827.

[17]　梅博文，袁志华. 地质微生物技术在油气勘探开发中的应用[J]. 天然气地科学，2004，15（2）：156-161.

[18]　中国科学院微生物研究所地质微生物研究室. 石油微生物区系调查方法[J]. 微生物，1963，2（2）：83-93.

[19]　刘君献. 油气微生物勘探的特点及发展趋势[J]. 国外油田工程，2003，19（6）：18-19.

[20]　梅博文，袁志华，王修恒. 油气微生物勘探法[J]. 中国石油开题，2004，15（2）：156-161.

[21]　汤玉平，赵克斌，吴传芝，等. 中国油气化探的近期进展和发展方向[J]. 地质通报，2009，28（11）：1614-1618.

[22]　张春林，庞雄奇，梅海，等. 微生物油气勘探技术的实践与发展[J]. 新疆石油地质，2010，31（3）：320-322.

[23]　索孝东，石东阳. 油气地球化学勘探技术发展现状与方向[J]. 天然气地球科学，2008，19（2）：286-292.

[24]　林先贵. 土壤微生物研究原理与方法[M]. 北京：高等教育出版社，2010.

[25]　易绍金，熊汉辉，陈斌强. 细菌瓶法用于油气微生物勘探中气态烃氧化菌菌数测定[J]. 油田化学，2006，23：92-95.

[26]　孔淑琼，黄晓武，李斌. 天然气库土壤中细菌及甲烷氧化菌的数量分布特性研究[J]. 长江大学学报，2009，6：56-59.

[27]　杨旭，许科伟，刘和，等. 油气藏上方土壤中甲烷氧化菌群落结构分析-以沾化凹陷某油气田为例[J]. 应用与环境生物学报，2013，19（3）：478-483.

[28]　邵明瑞，杨旭，刘和，等. 油气田土壤 DNA 提取方法及油气指示菌基因定量结果的比较[J]. 工业微生物，2014，44（2）：57-62.

[29]　满鹏，齐鸿雁，呼庆，等. 利用 PCR-DGGE 分析未开发油气田地表微生物群落结构[J]. 环境科学，2012，33（1）：305-313.

[30]　袁志华，赵青，王石头，等. 大庆卫星油田微生物勘探技术研究[J]. 石油学报，2008，29（6）：827-831.

[31]　袁志华，徐丽雯. 松辽盆地泰康隆起东翼杜 20-3 井区油气微生物勘探[J]. 物探与化探，2014，38（2）：304-308.

[32]　袁志华，习晔. 阿拉新气田东部汤池构造油气微生物评价应用研究[J]. 科学技术与工程，2014，14（11）：151-154.

[33]　袁志华，苗成浩. 大港油田港 104 井区微生物异常勘探与含油气预测[J]. 石油地质与工程，2010，24（2）：29-32.

[34]　苗成浩，袁志华. 大庆宋芳屯油田石油微生物勘探[J]. 断块油气田，2010，17（6）：722-725.

[35]　付晓宁，袁志华. 大庆长恒太平屯油田微生物异常辅助识别油气区[J]. 内蒙古石油化工，2008，18：122-124.

[36]　张建培，王飞. 微生物方法在东海某区油气勘查中的应用效果[J]. 石油实验地质，1997，19（3）：292-295.

[37]　袁志华，梅博文，余跃惠，等. 天然气微生物勘探研究-以蠡县斜坡西柳构造为例[J]. 天然气工业，2003，23（2）：26-30.

[38]　袁志华，梅博文，余跃惠，等. 二连盆地马尼特坳陷天然气微生物勘探[J]. 天然气地球科学，2004，15（2）：26-30.

[39]　向廷生，周俊初，袁志华. 利用地表甲烷氧化菌异常勘探天然气藏[J]. 天然气工业，2005，25（3）：41-43.

[40]　袁志华，王明. 黄骅坳陷港西构造西端歧 81 断块微生物异常研究[J]. 地质与勘探，2010，46（6）：1106-1111.

[41]　赵邦六，何展翔，文百红. 非地震直接油气检测技术及其勘探实践[J]. 中国石油勘探，2005，10（6）：29-37.

[42]　张胜，张翠云，张云，等. 地质微生物地球化学作用的意义与展望[J]. 地质通报，2005，24（11）：1027-1031.

[43]　袁志华，付晓宁. 鄂尔多斯盆地太昌-和盛区块油气微生物勘探研究[J]. 内蒙古石油化工，2008，20：75-76.

[44]　袁志华，田军，孙宏亮. 石油微生物勘探技术在滨北地区的应用[J]. 长江大学学报，2010，7（3）：245-247.

[45]　杨帆，汤玉平，许科伟，等. 海安凹陷富安油气区微生物异常分布研究[J]. 西安石油大学学报，2014，21（1）：83-87.

[46]　袁志华，张玉清. 利用油气微生物勘探技术寻找页岩气有利目标区[J]. 地质通报，2011，30（2）：406-409.

[47]　李勇梅，袁志华. 阳信洼陷石油微生物勘探研究[J]. 特种油气藏，2009，16（5）：44-47.

[48]　段金宝. 普光与元坝礁滩气田天然气成藏特征对比[J]. 西南石油大学学报，2016，38（4）：9-18.

[49]　孙利，刘家铎，王俊，等. 普光陆相地层天然气成藏条件与主控因素分析[J]. 西南石油大学学报，2016，34（6）：9-16.

[50] 李贺岩. 普光气藏成藏模式分析[J]. 科学技术与工程, 2011, 11 (7): 1051-1052.

[51] 刘昭, 梅廉夫, 郭彤楼, 等. 川东北地区海相碳酸盐岩油气成藏作用及其差异性——以普光、毛坝气藏为例[J]. 石油勘探与开发, 2009, 36 (5): 552-561.

[52] 安福利, 张焱林, 郭忻. 川东黄金口构造带普光构造演化及油气成藏模式[J]. 海洋地质动态, 2009, 25 (5): 25-29.

[53] 秦建中, 孟庆强, 付小东. 川东北地区海相碳酸盐岩三期成烃成藏过程[J]. 石油勘探与开发, 2008, 35 (5): 548-556.

[54] 马永生. 四川盆地普光超大型气田的形成机制[J]. 石油学报, 2007, 28 (2): 9-14.

[55] 马永生, 郭旭升, 郭彤楼, 等. 四川盆地普光大型气田的发现与勘探启示[J]. 地质评论, 2005, 51(4): 477-480.

[56] 徐子远. 柴东生物气勘探的实践与思考[J]. 中国石油勘探, 2006, 11 (6): 33-37.

[57] 徐凤银, 彭德华, 侯恩科. 柴达木盆地油气聚集规律与勘探前景[J]. 石油学报, 2003, 24 (4): 2-8.

[58] 徐子远. 柴达木盆地第四系生物气的勘探历程与储量现状[J].新疆石油地质, 2005, 26 (4): 437-440..

[59] 吴广大. 柴达木盆地东部台南气田的发现[J]. 天然气工业, 1994, 14 (1): 18-23.

[60] 姜桂凤, 孔红喜, 侯泽生, 等. 柴达木盆地生物气资源潜力评价[J].新疆石油地质, 2005, 26 (4): 363-366.

[61] 张春林, 庞雄奇, 梅海, 等. 微生物油气勘探技术在岩性气藏勘探中的应用——以柴达木盆地三湖坳陷为例[J]. 石油勘探与开发, 2010, 3: 310-315.

[62] 罗小龙, 汤良杰, 谢大庆, 等. 塔里木盆地雅克拉断凸中生界底界不整合及其油气勘探意义[J]. 天然气地球科学, 2012, 33 (1): 30-36.

[63] 胡纯心. 长岭断陷构造特征及白垩纪以来的构造演化[J]. 石油与天然气地质, 2013, 34 (2): 229-235.

[64] 康怡亭, 肖永军, 徐春华. 松南长岭断陷圈闭类型与成藏期次的差异性[J]. 内蒙古石油化工, 2013, 39 (6): 148-151.

[65] 孙迪, 张楠, 辛铁强, 等. 长岭断陷烃源岩分布特征研究[J]. 当代化工, 2014, 43 (10): 2104-2107.

[66] 燕继红, 李启贵, 石文斌. 镇巴区块飞仙关组沉积演化及其对储层的控制作用[J]. 成都理工大学学报, 2010, 37 (2): 140-146.

[67] 林壬子, 梅博文. 镇巴区块微生物勘探成果报告[R]. 成都: 中石化股份有限公司南方勘探分公司, 2007: 34-35.

[68] 张春林, 庞雄奇, 梅海, 等. 烃类微渗漏与宏渗漏的识别及镇巴长岭-龙王沟地区勘探实践[J]. 天然气地球科学, 2009, 20 (5): 794-800.

[69] 李易隆, 贾爱林, 吴朝东. 松辽盆地长岭断陷致密砂岩成岩作用及其对储层发育的控制[J]. 石油实验地质, 2014, 6: 698-705.

[70] 刘曼丽, 高福红, 徐文. 长岭断陷东岭鼻状构造带沙河子组烃源岩特征及评价[J]. 世界地质, 2016, 35 (1): 184-190.

[71] 李丹, 樊薛沛. 长岭断陷结构特征及成因演化模式分析[J]. 长江大学学报, 2016, 13 (4): 11-15.

[72] 冯晓双, 李贵友. 热释烃技术在油气化探中的应用[J]. 石油实验地质, 1999, 21 (1): 91-94.

[73] 王周秀, 徐成法, 姚秀斌. 化探热释烃方法机理及影响因素[J]. 物探与化探, 2003, 27 (1): 63-68.

[74] 宁丽荣 汤玉平 赵克斌, 等. 油气勘探荧光光谱法在土壤与其上方积雪的对比实验[J]. 物探与化探, 2011, 35 (3): 337-339.

[75] 宁丽荣, 沈洪久, 李武, 等. 影响荧光光谱分析质量的因素[J]. 物探与化探, 2008, 32 (6): 675-677.

[76] 程同锦, 王国建, 范明, 等. 油气藏烃类垂向微渗漏的实验模拟[J]. 石油实验地质, 2009, 31 (5): 522-527.

[77] 杨俊. 油气微渗漏方式定量判别思考[J]. 石油实验地质, 2011, 33 (3): 317-322.

[78] 黄臣军, 王国建, 卢丽, 等. 烃气在泥岩和砂岩中的微渗漏特征及油气勘探意义[J]. 石油实验地质, 2013,

4：445-448.

[79]　白兆丰，毛丽华. 春光区块古近系储层特征研究[J]. 内将科技，2016，37（3）：75-75.

[80]　于群达，贾艳霞，李秋菊，等. 准噶尔盆地西缘春光区块沙湾组沉积相及含油规律分析[J]. 石油地质与工程，2010，5：23-27.

[81]　胡秋媛，董大伟，赵利，等. 准噶尔盆地车排子凸起构造演化特征及其成因[J]. 石油与天然气地质，2016，37（4）：556-564.

[82]　丁安军，张驰，赖广华，等. 准噶尔盆地春光区块构造特征及沉积充填特征[J]. 石油地质与工程，2016，30（1）：14-17.

[83]　陈轩，杨振峰，王振奇，等. 大型斜坡区冲积-河流体系沉积特征与岩性油气藏形成条件——以准噶尔盆地春光区块沙湾组为例[J]. 石油学报，2016，37（9）：1090-1101.

[84]　贾承造. 中国塔里木盆地构造特征与油气[M]. 北京：石油工业出版社，1997：110-114.

[85]　张仲培，刘士林，杨子玉，等. 塔里木盆地麦盖提斜坡构造演化及油气地质意义[J]. 石油与天然气地质，2011，32（54）：909-918.

[86]　马海科，戴寒冰，张体田. 塔里木盆地玉北1油藏油气富集规律研究[J]. 工业，2015，（4）：171-172.

[87]　余琪祥，史政，李强，等. 塔里木盆地玉北1井区奥陶系地层水成因及成藏条件分析[J]. 新疆石油天然气，2016，12（1）：1-5.

[88]　翟晓先，云露. 塔里木盆地塔河大型油气田地质特征及勘探思路回顾[J]. 石油与天然气地质，2008，29（5）：555-573.